普通高等学校交通土建类精品教材

高等工程地质概论

刘德仁 高岳◎编著

西南交通大学出版社

·成 都·

图书在版编目（C I P）数据

高等工程地质概论 / 刘德仁，高岳编著. —成都：
西南交通大学出版社，2021.5
ISBN 978-7-5643-7874-5

Ⅰ. ①高… Ⅱ. ①刘… ②高… Ⅲ. ①工程地质－高
等学校－教材 Ⅳ. ①P642

中国版本图书馆 CIP 数据核字（2020）第 243880 号

GaoDeng Gongcheng Dizhi Gailun

高等工程地质概论

刘德仁　高　岳　**编著**

责任编辑	韩洪黎
封面设计	曹天擎

出版发行　西南交通大学出版社
　　　　　（四川省成都市金牛区二环路北一段 111 号
　　　　　西南交通大学创新大厦 21 楼）
邮政编码　610031
发行部电话　028-87600564　028-87600533
网址　http://www.xnjdcbs.com
印刷　四川森林印务有限责任公司

成品尺寸　185 mm×260 mm
印张　15
字数　333 千
版次　2021 年 5 月第 1 版
印次　2021 年 5 月第 1 次
定价　39.00 元
书号　ISBN 978-7-5643-7874-5

课件咨询电话：028-81435775

前言
PREFACE

作者在承担研究生"高等工程地质"课程的教学过程中，一直选用高等工程地质学方面的经典书籍作为研究生教学用书。这些书籍所述内容丰富、全面，书中案例层出不穷，作为土木工程专业研究生教学用书绰绰有余。但在小课时研究生"高等工程地质"课程的教学过程中，这些书籍内容繁多，在讲授过程中存在内容安排困难、在交通工程方面重点不突出等问题。

因此，作者参考了高等工程地质学的一些经典著作，在基本内容全面、突出交通特色的原则下，编撰而成《高等工程地质概论》一书。本书内容精炼、结构简洁，突出了高等工程地质学的重点内容。在地质灾害章节中，对由人类工程活动引起的次生工程地质问题，尤其是在交通工程中常见的次生地质灾害问题进行了重点介绍。另外，为突出工程应用环节，将工程勘察与原位测试内容专门作为一章进行介绍。

本书由兰州交通大学刘德仁统稿，具体编写分工如下：第二章、第三章及第四章由兰州交通大学刘德仁编写；第一章、第五章由兰州交通大学高岳编写。

本书既能满足小课时研究生课程教学使用，也可作为专业技术人员的参考用书。

书中欠妥之处，敬请批评指正，不胜感谢。

作 者
2020 年 10 月

目 录
CONTENTS

地球是人类赖以生存和发展的家园，人类的工程建设活动主要发生在地球表面。随着人类科技水平的发展，对于我们生活的地球，仍然有许多疑问。地球是如何形成的？地球是什么时间形成的？就目前来说，我们对地球的认识和了解仍然是有限的。对其内部的物质组成、结构及性质的研究仍然具有重要意义。关于地球的起源问题，不得不从宇宙的起源说起。

第一章

宇宙起源及地球形成

第一节　宇宙的起源

空间和时间的本质是什么？这是从 2 000 多年前的古代哲学家到现代天文学家一直都在苦苦思索的问题。经过了哥白尼、赫歇尔、哈勃从太阳系、银河系到河外星系探索的宇宙三部曲，宇宙学已经不再是幽深玄奥的抽象哲学思辨，而是建立在天文观测和物理实验基础上的一门现代科学。

宇宙是广袤空间和其中存在的各种天体以及弥漫物质的总称。宇宙起源是一个极其复杂的问题。千百年来，科学家们一直在探寻宇宙是什么时候、如何形成的。

一、大爆炸理论

直到今天，许多科学家认为，宇宙是由大约 137 亿年前发生的一次大爆炸形成的。大爆炸理论认为，宇宙起源于一个单独的无维度的点，即一个在空间和时间上都无尺度但却包含了宇宙全部物质的奇点。至少是在 120 亿年以前，宇宙及空间本身由这个点爆炸形成。宇宙内的所存物质和能量都聚集到了一起，并浓缩成很小的体积，温度极高，密度极大，瞬间产生巨大压力，之后发生了大爆炸，这次大爆炸的反应原理被物理学家们称为量子物理。根据大爆炸宇宙论，早期的宇宙是一大片由微观粒子构成的均匀气体，温度极高，密度极大，且以很大的速率膨胀着。这些气体在热平衡下有均匀的温度。这统一的温度是当时宇宙状态的重要标志，因而称为宇宙温度。气体的绝热膨胀将使温度降低，使得原子核、原子乃至恒星系统得以相继出现。

关于大爆炸理论，20 世纪 20 年代后期，爱德温·哈勃（Edwin Hubble）发现了红移现象，说明宇宙正在膨胀。20 世纪 60 年代中期，阿尔诺·彭齐亚斯（Arno Penzias）和罗伯特·威尔逊（Robert Wilson）发现了宇宙微波背景辐射。这两个发现给大爆炸理论以有力的支持。

1927 年，比利时天文学家和宇宙学家勒梅特（Georges Lemaître）首次提出了宇宙大爆炸假说。1929 年，爱德温·哈勃总结出了一个具有里程碑意义的发现，即：不管你往哪个方向看，远处的星系正急速地离我们而去，而近处的星系正在向我们靠近。换言之，宇宙正在不断膨胀。这意味着，早先星体相互之间更加靠近。事实上，似乎在 100 亿 ~ 200 亿年之前的某一时刻，它们刚好在同一地方，所以哈勃的发现暗示存在一个叫作大爆炸的时刻，当时宇宙处于一个密度无限的奇点。

1946 年，美国物理学家伽莫夫正式提出大爆炸理论，认为宇宙由大约 140 亿年前发生的一次大爆炸形成。这个创生宇宙的大爆炸是一种在各处同时发生，从一开始就充满整个空间的那种爆炸，爆炸中每一个粒子都离开其他粒子飞奔。事实上应该理解为空间的急剧膨胀。"整个空间"可以指的是整个无限的宇宙，或者指的是一个就像球面一样能弯曲地回到原来位置的有限宇宙。

早在 20 世纪 40 年代末，大爆炸宇宙论的鼻祖伽莫夫（George Gamov）认为，我们的宇宙正沐浴在早期高温宇宙的残余辐射中，其温度约为 6 K。正如一个火炉虽然不再有火了，还可以冒一点热气。

1964 年，美国贝尔电话公司年轻的工程师彭齐亚斯和威尔逊，在调试他们那巨大的喇叭形天线时，出乎意料地接收到一种无线电干扰噪声，各个方向上信号的强度都一样，而且历时数月而无变化。难道是仪器本身有毛病吗？或者是栖息在天线上的鸽子引起的？他们把天线拆开重新组装，依然接收到那种无法解释的噪声。这种噪声的波长在微波波段，对应于有效温度为 3.5 K 的黑体辐射出的电磁波（它的谱与达到某种热平衡态的熔炉内的发光情况精确相符，这种辐射就是物理学家所熟知的"黑体辐射"）。他们分析后认为，这种噪声肯定不是来自人造卫星，也不可能来自太阳、银河系或某个河外星系射电源，因为在转动天线时，噪声强度始终不变。后来，经过进一步测量和计算得出辐射温度是 2.7 K，一般称之为 3 K 宇宙微波背景辐射。这一发现，使许多从事大爆炸宇宙论研究的科学家们获得了极大的鼓舞。因为彭齐亚斯和威尔逊等人的观测竟与理论预言的温度如此接近，这是对宇宙大爆炸论的一个非常有力的支持。宇宙微波背景辐射的发现，为观测宇宙开辟了一个新领域，也为各种宇宙模型提供了一个新的观测约束，这一发现，使我们能够获得很久以前宇宙创生时期所发生的宇宙过程的信息。

2014 年 3 月 17 日，美国物理学家宣布首次发现了宇宙原初引力波存在的直接证据。最初引力波是在爱因斯坦 1916 年发表的广义相对论中提出的，它是宇宙诞生之初产生的一种时空波动，随着宇宙的演化而被削弱。科学家说，原初引力波如同创世纪大爆炸的"余响"。美国哈佛-史密森天体物理学中心等机构物理学家利用架设在南极的 BICEP2 望远镜，观测宇宙大爆炸的"余烬"——微波背景辐射。微波背景辐射是由弥漫在宇宙空间中的微波背景光子形成的，计算表明，原初引力波作用到微波背景光子，会产生一种叫作 B 模式的特殊偏振模式，其他形式的扰动，都产生不了这种 B 模式偏振，因此 B 模式偏振成为原初引力波的"独特印记"。观测到 B 模式偏振即意味着引力波的存在。研究人员在南极发现了比"预想中强烈得多"的 B 模式偏振信号，随后经过 3 年多分析，排除了其他可能的来源，确认它就是原初引力波导致的。

二、大爆炸历程

大爆炸开始时：约 150 亿年前，体积无限小，密度无限大，温度无限高，时空曲率无限大的点，称为奇点。空间和时间诞生于某种超时空——部分宇宙学家称之为量子真空（假真空），其充满着与海森堡不确定性原理相符的量子能量扰动。

大爆炸后 10^{-43} s（普朗克时间）：温度约为 10^{32} K，宇宙从量子涨落背景出现，此阶段称为普朗克时间。在此之前，宇宙的密度可能超过 10^{94} g/cm^3，超过质子密度的 10^{78} 倍，物理学上所有的力都是一种。（超对称）在这个阶段，宇宙已经冷却到引力可以分离出来，开始独立存在，存在传递引力相互作用的引力子。宇宙中的其他力（强、弱相互作用和电磁相互作用）仍为一体。

大爆炸后 10^{-35} s：温度约为 10^{27} K，此阶段为暴涨期。引力已分离，夸克、玻色子、轻子形成。此阶段宇宙已经冷却到强相互作用可以分离出来，而弱相互作用及电磁相互作用仍然统一于所谓电弱相互作用。宇宙也发生了暴涨，暴涨仅持续了 10^{-33} s，在此瞬间，宇宙经历了 100 次加倍（2^{100}），得到的尺度是先前尺度的 10^{30} 倍（暴涨的是宇宙本身，即空间与时间本身，并不违反光速藩篱）。暴涨前宇宙还在光子的相互联系范围内，可以平滑掉所有粗糙的点，暴涨停止时，今天所探测的东西已经在各自小区域稳定下来，而这被称为暴涨理论。

大爆炸后 10^{-12} s：温度约为 10^{15} K，此阶段为粒子期。质子和中子及其反粒子形成，玻色子、中微子、电子、夸克以及胶子稳定下来。宇宙变得足够冷，电弱相互作用分解为电磁相互作用和弱相互作用。轻子家族（电子、中微子以及相应的反粒子）需要等宇宙继续冷却 10^{-4} s 才能从与其他粒子的平衡相中分离出来。其中中微子一旦从物质中退耦出来，将自由穿越空间，原则上可以探测到这些原初中微子。

大爆炸后 100 s 后：温度约为 10^9 K，此阶段为核时期。当宇宙冷却到 10^9 K 以下（约 100 s 后），粒子转变不可能发生了。核合成计算指出，重子密度仅占拓扑平宇宙所需物质的 2%～5%，非重子暗物质和暗能量充满了宇宙。

大爆炸后 10^4 年后：温度约为 10^5 K，此阶段为物质期。在宇宙早期历史中，光主宰着各能量形式。随着宇宙膨胀，电磁辐射的波长被拉长，相应光子能量也跟着减小。辐射能量密度与尺度（R）和体积（$4\pi R^3/3$）的乘积成反比例减小，即按 $1/R^4$ 减小，而物质的能量密度只是简单地与体积成 $1/R^3$ 反比例减小。一万年后，物质密度追上辐射密度且超越它，从那时起，宇宙和它的动力学开始为物质所主导。

大爆炸后 30 万年后：温度约为 3 000 K，此阶段为原子期。物质成为宇宙中能量的主导后不久，温度就降到了足够低，从而电子可以与核结合形成原子。光子和物质的解耦，也意味着物质最终可以不受辐射场的阻挠，并在相互间引力作用下自由集结在一起。宇宙主要成分为气态物质，并逐步在自引力作用下凝聚成密度较高的气体云块，直至恒星和恒星系统。

大爆炸理论是现代宇宙学中最有影响的一种学说，又称大爆炸宇宙学。与其他宇宙模型相比，它能说明较多的观测事实。它的主要观点是认为我们的宇宙曾有一段从热到冷的演化历程。在这个时期里，宇宙体系并不是静止的，而是在不断地膨胀，使物质密度从密到稀地演化。这一从热到冷、从密到稀的过程如同一次规模巨大的爆发。根据大爆炸宇宙学的观点，大爆炸的整个过程是：在宇宙的早期，温度极高，在 100 亿 K 以上。物质密度也相当大，整个宇宙体系达到平衡。宇宙间只有中子、质子、电子、光子和中微子等一些基本粒子形态的物质。但是因为整个体系在不断膨胀，结果温度很快下降。当温度降到 10 亿 K 左右时，中子开始失去自由存在的条件，它要么发生衰变，要么与质子结合成重氢、氦等元素；化学元素就是从这一时期开始形成的。温度进一步下降到 100 万 K 后，早期形成化学元素的过程结束。宇宙间的物质主要是质子、电子、光子和一些比较轻的原子核。当温度降到几千开尔文，辐射减退，宇宙间主要是气态物质，气体逐渐凝聚成气云，再进一步形成各种各样的恒星体系，成为我们今天看到的宇宙。

大爆炸模型能统一地说明以下几个观测事实：

（1）大爆炸理论主张所有恒星都是在温度下降后产生的，因而任何天体的年龄都应比自温度下降至今天这一段时间短，即应小于 200 亿年。各种天体年龄的测量证明了这一点。

（2）观测到河外天体有系统性的谱线红移，而且红移与距离大体成正比。如果用多普勒效应来解释，那么红移就是宇宙膨胀的反映。

（3）在各种不同天体上，氦丰度相当大，而且大都是 30%。用恒星核反应机制不足以说明为什么有如此多的氦。而根据大爆炸理论，早期温度很高，产生氦的效率也很高，则可以说明这一事实。

（4）根据宇宙膨胀速度以及氦丰度等，可以具体计算宇宙每一历史时期的温度。大爆炸理论的创始人之一伽莫夫曾预言，今天的宇宙已经很冷，只有绝对温度几度。1965年，果然在微波波段上探测到具有热辐射谱的微波背景辐射，温度约为 3 K。大爆炸后宇宙微波背景如图 1-1 所示。

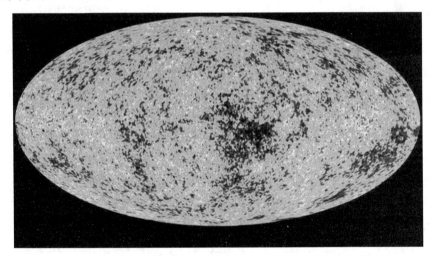

图 1-1　WMAP 拍摄到大爆炸发生后宇宙微波背景的影像

三、新的怀疑

宏观宇宙是相对无限延伸的。大爆炸宇宙论关于宇宙当初的描述仅仅是一个点，而它周围却是一片空白，这种将人类至今还不能确定范围也无法计算质量的宇宙压缩在一个极小空间内的假设只是一种臆测。况且从能量与质量的正比关系考虑，一个小点无缘无故地突然爆炸成浩瀚宇宙的能量从何而来呢？

人类把地球绕太阳转一圈所需要的时间确定为衡量时间的标准——年。宇宙中所有天体的运动速度都是不同的，在宇宙范围，时间没有衡量标准。譬如地球上东西南北的方向概念在宇宙范围内就没有任何意义。既然年的概念对宇宙而言并不存在，大爆炸宇宙论又如何用年的概念去推算宇宙的确切年龄呢？

宇宙中的物质分布出现不平衡时，局部物质结构会不断发生膨胀和收缩变化，但宇宙整体结构相对平衡的状态不会改变。仅凭从地球角度观测到的部分（不是全部）可见星系与地球之间距离的远近变化，不能说明宇宙整体是在膨胀或收缩。就像地球上的海洋受引力作用不断此长彼消的潮汐现象并不说明海水总量是在增加或减少一样。这种能量辐射现象说明，在引力作用，宇宙中的物质在大尺度空间的整体分布是均匀的，以及星际空间里确实存在我们目前还观测不到的"暗物质"。

1964 年，美国工程师彭齐亚斯和威尔逊探测到的微波背景辐射，是因为布满宇宙空间的各种物质相互之间能量传递产生的效果。宇宙中的物质辐射是时刻存在的，3 K 或 5 K 的温度值也只是人类根据自己判断设计的一种衡量标准。这种能量辐射现象说明，在引力作用下，宇宙中的物质在大尺度空间的整体分布是均匀的，以及星际空间里确实存在我们目前还观测不到的"暗物质"。

至于大爆炸宇宙论中的氦丰度问题，氦元素原本就是宇宙中存在的仅次于氢元素的数量极丰富的原子结构，它在空间的百分比含量和其他元素的百分比含量同样都属于物质结构分布规律中很平常的物理现象。在宇宙大尺度范围中，不仅氦元素的丰度相似，其余的氢、氧等元素的丰度也都是相似的。而且，各种元素是随不同的温度、环境而不断互相变换的，并不是始终保持一副面孔，所以微波背景辐射和氦丰度与宇宙的起源之间看不出有任何必然的联系。

大爆炸宇宙论面临的难题还有，如果宇宙无限膨胀下去，最后的结局如何呢？德国物理学家克劳修斯指出，能量从非均匀分布到均匀分布的那种变化过程，适用于宇宙间的一切能量形式和一切事件，在任何给定物体中有一个基于其总能量与温度之比的物理量，他把这个物理量取名为"熵"，孤立系统中的"熵"永远趋于增大。但在宇宙中总会有高"熵"和低"熵"的区域，不可能出现绝对均匀的状态。那种认为由于"熵"水平的不断升高而达到最大值时，宇宙就会进入一片死寂的永恒状态，最终"热寂"而亡的结局，当宇宙膨胀到一定程度，所有星系行星会疏离，分子分解至夸克，而至更小。整个宇宙继续膨胀，变成死寂状态。这是根据数百个 A1 超新星的亮度作出的预测。

根据天文观测资料和物理理论描述宇宙的具体形态，星系的形态特征对研究宇宙结构至关重要，从星系的运动规律可以推断整个宇宙的结构形态。而星系共有的圆形旋涡结构就是整个宇宙的缩影，那些椭圆、棒旋等不同的星系形态只是因为星系年龄和观测角度不同而产生的视觉效果。

奇妙的螺旋形是自然界中最普遍、最基本的物质运动形式。这种螺旋现象对于认识宇宙形态有着重要的启迪作用，大至旋涡星系，小至 DNA 分子，都是在这种螺旋线中产生。大自然并不认可笔直的形式，自然界所有物质的基本结构都是曲线运动方式的圆环形状。从原子、分子到星球、星系直到星系团、超星系团无一例外，毋庸置疑，浩瀚的宇宙就是一个大漩涡。因此，确立一个"螺旋运动形态宇宙模型"，比那种作为所有物质总和的"宇宙"却脱离曲线运动模式，以直线运动方式从一个中心向四面八方无限伸展的"大爆炸宇宙模型"，更能体现真实的宇宙结构形。

还有一点，大爆炸是循环的，有科学家声称：宇宙将变成一个高密度、小体积的球体。缩小到一定程度后，将再次发生大爆炸。根据能量守恒定律，宇宙的能量并没有消亡。

宇宙起源于大爆炸？其实还有一种可能：宇宙在大爆炸之前也是存在的，只不过它一直在收缩，后来由于某种原因发生"反弹"，转而进入膨胀的状态，演化为我们现在所知的世界。我们可以想象大爆炸之前，宇宙也是存在的，只不过它一直在收缩。而其微妙之处在于，由于某种原因，宇宙没有撞到一起变成密度无限大的诡异状态，而是发生"反弹"，转而进入膨胀的状态，演化为我们现在所知的世界。

但是为什么呢？我们还是不知道，不过这并未阻碍理论物理学家通过丰富的想象力做出有理有据的猜测。有种简单的论调：我们对引力的理解还不够。当然，爱因斯坦的广义相对论通过了所有已有实验的验证，但是这些实验进行的环境与早期宇宙的极端条件完全不同。在足够致密的条件下，引力说不定不再是引力，而变成斥力。我们没有客观理由来认定它是对是错，但这确实是一种可能。

四、量子力学中的无限可能

量子力学改变了一切。量子力学与它的前辈——经典牛顿力学，最明显的差别在于，量子理论只允许我们预测系统处于某种状态的概率，我们无法提前知晓确切的结果。

但是两者的区别远不止此。经典的粒子拥有可被测量的位置和速度。但量子力学中不存在"位置"和"速度"，我们认为的"位置"和"速度"只是用于观测、量度物理系统的人工产物。

在量子力学中，真正存在的是波函数。波函数是一些由薛定谔方程演化而来的数学对象，我们可以通过波函数来计算实验中观测到的某现象的概率。波函数是我们用于确定系统所处状态的最完整方式，即便它们总是为不同的测量对象赋予不同的概率（不确定性）。在这一点上，我们应当注意，对量子力学的解释是公认的棘手问题，在细节方面大家的意见并不一致。

量子力学中粒子的"位置"和"速度"并非基本概念，同样，"空间"本身也不是基本的。将"空间在膨胀"这一经典的陈述用量子语言改写后，就成了"宇宙的波函数是这样演化的：如果要测量宇宙的几何形态，我们很有可能观察到它是随时间膨胀的。"

预言了大爆炸奇点的广义相对论是个经典的理论。然而不幸的是，我们没有能够取代广义相对论的完整量子理论，至少现在还没有。所以我们所能做的最好表述就是："宇宙的波函数极有可能这样演化：如果测量它在大爆炸附近的行为，我们很有可能观察到它发生反弹。"

表面上看，薛定谔方程无可争议地主宰着波函数的演化：时间不断流逝，从无穷远的过去到无穷远的将来。但其中有个可能的漏洞：如果时间不是现实的基本要素。

物理学家们在讨论这样一种情况：时间可能是"涌现"的。涌现是讨论宏观物体的有效方法，但它并不讨论更深层结构。从这种观点看来，我们所感受到"时间的流逝"并非真正基本的自然运作方式，而只是有效的近似。它反映了宇宙波函数各部分之间的联系。

告诉我们波函数如何演化的薛定谔方程高度依赖于系统包含的能量。更恰当地说，薛定谔方程依赖于系统可能所处的各个不同状态的能量（归根到底，这是量子"力学"）。高能态演化得快，低能态"悠哉"些，而零能态根本不发生演化。如果时间是涌现的而非基本的，那么宇宙的总能量很可能为零。这看起来很荒唐——包罗万物的宇宙中肯定会包含能量。

如果仔细研究广义相对论的数学形式，你会发现时空不但是弯曲的，而且它的曲率还常常与负能量相关。所以零能量的宇宙是完全有可能的。具体而言，我们的宇宙从物质、辐射中获得正能量，但这些正能量被由时空曲率带来的负能量完全抵消。所以，宇宙的总能量恰好为零。

如果真是这样，时间就可能是涌现的，存在一个时钟开始"滴答"的最早时刻，在那以前不存在时间的概念。那便是大爆炸发生的时刻。

第二节 地球的形成

地球的形成源于 137 亿年前发生的一次大爆炸。爆炸的特点是温度极高，密度极大。地球是太阳系的一员，它的起源和太阳系的起源基本是一样的。太阳系是由受太阳引力约束的天体组成的系统，其最大范围可延伸到约 1 光年以外。太阳系的主要成员有太阳（恒星）、八大行星（包括地球）、无数小行星、众多卫星（包括月亮），还有彗星、流星体以及大量尘埃物质和稀薄的气态物质，太阳的质量占太阳系总质量的 99.8%，其他天体的质量总和不到太阳系的 0.2%。太阳是太阳系的中心天体，它的引力控制着整个太阳系，使其他天体绕太阳公转，太阳系中的八大行星（水星、金星、地球、火星、木星、土星、天王星、海王星）都在接近同一平面的近圆轨道上，朝同一方向绕太阳公转（金星例外）。宇宙有起源也会有消亡，科学家预计，若干亿年后，宇宙会急剧收缩，以至于回到大爆炸以前的相貌。

地球的起源自古以来一直是人们关心的问题。研究地球的起源不仅由于它的哲学意义，也由于地学中许多重要现象的根本原因都要到地球的形成过程中去寻求答案。例如：地球内部的构造和能源分布，地震的成因，等等。

在古代，人们就曾探讨过包括地球在内的天体万物的形成问题，关于创世的各种神话也广为流传。自 1543 年波兰天文学家哥白尼提出了日心说之后，天体演化的讨论才开始步入科学范畴，逐渐形成了诸如星云说、遭遇说等学说。但事实上，任何关于地球起源的假说都有待证明。

　　地球形成于 46 亿年前，初期的痕迹在地面上已很难找到了，以后的历史面貌也极为残缺不全。若想从地球面貌往前一步一步地推出它的原始情况，困难极大。任何地球起源的学说都包含有待证明的假设。而且，不同的假说常常分歧很大。200 多年来，地球起源的假说曾提出过几十种。到了人造卫星时代，可直接探测的领域已扩展到星际空间。这个问题的探索也进入到一个新的活跃阶段。

　　早期假说属于系内成因理论，认为绕太阳运动的行星等天体是在太阳系内形成的，地球也是在太阳系内形成的。

　　1. 太阳星云和星云盘

　　约在 50 亿年以前，银河系中存在着一块太阳星云。它是怎样形成的，尚无定论，不过对于研究地球的起源，不妨以它为出发点。

　　太阳星云是一团尘、气的混合物，形成时就有自转。在它的引力收缩中，温度和密度都逐渐增加，尤其在自转轴附近更是如此。于是在星云的中心部分便形成了原始的太阳。其余的残留部分围绕着太阳形成一个包层。由于自转，这个包层沿着太阳赤道方向渐渐扩展，形成一个星云盘。星云盘形成的具体物理过程至今还不很清楚，不过一个中心天体外边围绕着一个盘状物，这种形态在不同尺度的天文观测中都是存在的，例如星系 NGC 4594、恒星 MWC 349 和土星。

　　星云盘的物质不是太阳抛出来的，而是由原来的太阳星云残留下来的。因为行星上氢的两个同位素 2H 和 1H 的比值约为 2×10^{-5}，同在星际空间的一样；但在太阳光球里，这个比值小于 3×10^{-7}。这是因为在太阳内部发生着热核反应，2H 大部分消耗掉了。星云盘是行星的物质来源，所以行星不是由太阳分出来的。太阳星云原含有不易挥发物质的颗粒，它们互相碰撞。如果相对速度不大，化学力和电磁力可以使它们附着在一起成为较大的颗粒，叫做星子，星子最大可达到几厘米。在引力、离心力和摩擦力（可能还有电磁力）的作用下，星子如尘埃物质将向星云盘的中间平面沉降，在那里形成一个较薄、较密的尘层。因为颗粒的来源不同，尘层的化学成分是不均匀的，但有一个总的趋势：随着与太阳的距离增加，高温凝结物与低温凝结物的比值减小。尘层形成后，除在太阳附近外，温度是不高的。

　　太阳带有磁场，辐射着等离子体（见太阳风）和红外线，不断地造成大量的物质和角动量的流失。有些天文学家认为在太阳的发展过程中，曾经历一个所谓"金牛座 T"阶段。这个阶段的特征是：高度变化快、自转速度快、磁场和太阳风特别强烈等。不过这个阶段的存在是有争议的。另一方面，由于磁场（或湍流）的作用，太阳的角动量也有一部分转移给尘层，使它向外扩张。在扩张的过程中，不易挥发和较重的物质就落在后面。这就使尘层的成分在不同的太阳距离（即不同的温度区域）处大有不同，并且反映在以后形成的行星的物质成分上。

　　2. 行　星

　　尘层是一个不稳定的系统，在太阳的引力作用下，很快瓦解成许多小块的尘、气团。

按照萨夫龙诺夫（В.С.Сафронов，1972）的理论，这些尘、气团由于自引力收缩，又积聚成小行星大小的第二代星子。由星云盘产生尘层所需的时间比较短，但形成小行星大小的星子则需约 104 年。

星子绕太阳运行时常发生碰撞。碰撞时，有的撞碎，有的合并增长。当一个星子增长到半径几百千米时，它的引力就足以干扰附近星子的运行轨道而使它们变形和倾斜，于是原来扁平的运行系统就变厚起来。同时，星子越大，它的引力增长也越快。在一个空间区域里的最大星子很容易将它附近的较小星子吞并而积聚成一个行星的核心，最后将一定区域内的尘粒和星子基本扫光而形成行星。在尘层中，只有几个星子能增长成为行星，其余的都被吞并，太阳系仍是扁平的。这是许多星子和尘埃物质积聚后的结果。

3. 陨　石

地球上另一重要线索是陨石。陨石是来自地外空间的天体碎片，年龄和地球是同量级的，可能与地球同一来源。陨石有多种类型，最常见的一类叫做球粒陨石。它的化学成分，除了容易挥发的元素外，与太阳光球中的元素成分或地球的估计成分很接近，但也有几种元素，与球粒陨石相比，地球上显得奇缺。正是通过将这种差异与其他的内行星作比较，地球化学家对地球的形成机制和演化作出了重要的贡献。

4. 星云盘的成分

星云盘的成分包括 3 类物质：氢和氦约占总质量的 98%；冰质物，主要是 O、C、N、Cl、S 的氢化物和 Ne、Ar，约占 1.5%；石质物，主要是 Na、Mg、Al、Si、Ca、Fe、Ni 的氧化物和金属，约占 0.5%。随着星云盘中尘层密度的增大，太阳辐射的透明度降低。

考虑到太阳的光度可能突然增强过（金牛座 T 阶段），估计那时地球区的温度也不会超过 300 K。在内行星的区域，只有少量的冰质物可以凝固，成星的物质主要是石质物。在天王星和海王星的区域，冰质物和石质物都已凝固，行星的成分主要是冰质物。土星和木星的成分主要是氢和氦。可能它们的石质物和冰质物的核心已经大到可以有足够的引力以使附近的尘层失稳，从而俘获了大量的氢和氦（这只是一种设想）。在行星形成的过程中，易挥发的物质经历了明显的分馏作用。行星的质量只是星云盘极小的一部分。

现代假说属于系外成因理论，认为绕太阳运动的行星等天体是在太阳系外的宇宙空间形成的，当这些天体运动到距离太阳适合位置时，被太阳捕获而成为绕太阳运动的天体。地球是在太阳系外形成的，在距今 5.4 亿年左右，被太阳捕获而成为绕太阳运动的行星。

地球被太阳捕获后，地球开始有了阳光，地质时期进入显生宙，生物爆发式出现和发展，冰川融化，形成大量的生物碎屑灰岩等沉积建造。

以上地球形成和演化的轮廓可以基本上解释前述的天文以及地球物理观测事实。又由于太阳系不是一个封闭的系统，发生过大量的物质及角动量的流失，以前的角动量分布问题，已无重要的意义。但进一步分析也发现，有些情况还需澄清，有些关键性的论据还有分歧的意见。以下简述几个仍在引人注意的问题。

1. 地球的化学组成

地球岩石的化学成分和球粒陨石很相近，但也有显著的差别，特别是地球上层的硫和钾极为匮乏。为了解释这个现象，林伍德（A.E.Ringwood，1966）采用第一类碳质球粒陨石作为内行星成分的模型，并假定地核是 FeO 在高温下还原而形成的。这样，钾、硫及一些易挥发的物质就在这个过程中丢失了。但这个模式将产生极大量的大气，无法处理掉。它也不能解释水星的密度（平均 5.42 g/cm³）和火星的高氧化状态。地球上保留着 H_2O、N_2、CO_2，但挥发掉大量的碱金属的事实也是不易解释的。还有一些其他的假说，例如利用不同类型陨石混合物，或不同假设条件下，行星物质的凝结物等作为行星积聚时的初始成分，也都带有任意性，没有足够的说服力。

近来测试技术有了很大的进展。对太阳光球、普通球粒陨石、质球粒陨石的重复测试结果，以及对全太阳系的元素丰度的估计，都表明它们的钾和硅的原子数比值（N_k/N_{Si}）变化范围不大，约在百万分之三千二百到四千二百之间。如果地球的 N_k/N_{Si} 比值和太阳相近，则地球的含钾量约为百万分之六百五十至九百（质量），其中约有 80%～90%可能存在于地幔下部及地核中。值得注意的是，刘易斯（J.S.Lewis，1973）采用平衡-均匀的积聚模式作过仔细计算，得到的结果是地球可能有一个 Fe 和 FeS 的核，并且它的 N_k/N_{Si} 比值和太阳的很相近。这表明地球的钾和硫其实并不匮乏。地球物理的观测表明地核中除铁、镍外，还须含有 10%～20%的轻元素。钾原是亲硫的元素，所以钾和硫都存在于地核是可能的。同时，地核含钾也有利于解释地磁场起源于地核的能源问题。

2. 地球积聚的模式

地球积聚的模式有均匀和不均匀两类。均匀模式认为地球是由硅酸盐、金属和金属氧化物固体颗粒的均匀混合物积聚而成的。这个混合物是经过复杂的物理和化学过程在积聚时或积聚之前就已经形成了。不均匀模式则认为积聚过程是按照星云中物质凝固先后顺序进行的，先凝固的先积聚。因此，在地球生长过程中所积聚的物质是有变化的。经典的均匀积聚模式假定积聚的物质成分和球粒陨石很相近，积聚持续时间很长，约为 107～108 年。初始地球的平均温度估计不超过 1 000 ℃，整个地球最初处于固态。这个模式虽可基本上解释许多地球物理观测事实，但也遇到一些地球化学上的质疑。按照这样缓慢的过程，地球内部应处于化学平衡的，但地幔中有些金属的相对丰度似乎又比化学平衡时所应具有的丰度高得多。有些科学家企图对以上均匀模式做些修正，但迄今仍存在分歧。

不均匀积聚模式要求初始温度高，太阳星云的质量大，积聚过程的时间短（只需 103～104 年）。行星基本上应有化学分层的趋势，越先凝固的物质应处于地球越深的地方，浅处的物质应比较易于挥发，但实际地球的情况并非如此。不均匀模式所遇到的质疑比较多，而且是严重的。

3. 行星积聚的时间

行星积聚所需的时间影响行星的成分、构造和内部能源，是一个重要的数据。但各家的估计相差甚远，由 103 年到 108 年。瑞典天文学家 H.阿尔文等人认为星子运行时可以形成一种激流，从而产生积聚。由这个前提出发，他计算出的积聚时间为 108 年。但对于这种激流的存在和它的机制，许多学者都持保留态度。萨夫龙诺夫研究了由尘埃物质积聚成行星的全过程，他得到由星子积聚成地球约需 108 年。萨夫龙诺夫的工作是迄今最详尽、最严谨的，但他的方法若用于天王星、海王星和火星时，所得结果却不能令人满意。其他一些著名学者如 H.C.尤里、伯奇（F.Birch）和埃尔萨塞（W.M.Elsasser）等，也都倾向于长的时间尺度，即约 108 年。不均匀积聚模式的支持者，大都倾向于短时间尺度，即 103 ~ 105 年。显然，行星积聚过程的物理机制和条件还研究得很不够，有待进一步探索。

4. 太阳星云的质量

太阳星云的质量是一个重要的数据，许多人对它做过估计。最简单的方法是将现有行星和太阳的总质量补上它们丢失的质量，这样得到的结果只是一个极粗略的下限。其他的估计方法也很粗略，但结果很不一致。总之，多数学者倾向于太阳星云的质量约等于太阳的质量加上它的百分之几。例如：霍伊尔（F.Hoyle）取 M_n=（1+0.01）$M_\odot$，$M_\odot$ 是太阳的质量，M_n 是星云的质量；萨夫龙诺夫取 M_n=(1+0.05 ~ 0.1)$M_\odot$，沙兹曼（E.Schatzman）取 M_n=（1+0.1）$M_\odot$，但卡梅伦（A.G.W.Cameron）和列文（Б.Ю.Левин）则取 M_n=（1+2）$M_\odot$。取大质量时，如何将多余的质量在行星形成过程中去掉是一个困难。可以证明，若取小质量，则星云演化为星云盘时，温度是不高的（低于 0 ℃）；若取太阳质量的 3 倍，则在内行星的区域，温度将高达 1 000 ~ 2 000 ℃。

地球形成时基本上是各种石质物的混合物，如果积聚过程持续 10^7 ~ 10^8 年，则短寿命放射性元素的衰变和固体颗粒动能的影响都不大。初始地球的平均温度估计不超过 1 000 ℃，所以全部处于固态。形成后，由于长寿命放射性物质的衰变和引力位能的释放，内部慢慢增温，以致原始地球所含的铁元素转化成液态，某些铁的氧化物也将还原。液态铁由于密度大而流向地心，形成地核（这个过程何时开始，现在已否结束，意见颇有分歧）。由于重的物质向地心集中，释放的位能可使地球的温度升高约 2 000 ℃。这就促进了化学分异过程，由地幔中分出地壳。地壳岩石受到大气和水的风化和侵蚀，产生了沉积和沉积岩，后者受到地下排出的气体和溶液，以及温、压的作用发生了变质而形成了变质岩。这些岩石继续受到以上各种作用，可能经受过多次轮回的熔化和固结，先形成一个大陆的核心，以后增长成为大陆。原始地球不可能保持大气和海洋，它们都是次生的。海洋是地球内部增温和分异的结果，但大气形成的过程要更复杂。原生的大气可能是还原性的。当绿色植物出现后，它们利用太阳辐射使水气（H_2O）和二氧化碳（CO_2）发生光合作用，产生了有机物和自由氧。当氧的产生多于消耗时，自由氧才慢慢积累起来，在漫长的地质年代中，便形成了主要由氮和氧所组成的大气。

地球演化时期特征、固体地球结构分别如表 1-1、表 1-2 所示。

表 1-1　地球演化时期特征

地质时期	特征	代（界）	宙（宇）	距今年数/Ma
新生时期	这一时期是一颗彗星撞击地球而开始的。 　这颗彗星在太阳系裂解，形成绕太阳的小行星带。彗星的组成物里既有岩石又有冰和大气，在冰里存在着各种生物。 　在这一地质时期，地球增加了水、大气和新的生物物种，原有的生物发生变异或进化	新生代		65
地月系形成时期	这一时期是月球被地球俘获形成地月系而开始的。 　月球绕地球转动，使地球的引力场、磁场发生了变化。在月球引力所形成的晃动作用下，地球的外球发生了旋转，形成地极和磁极的移动。 　在生物界，动物和植物都发生了变异，形成高大的树木和大型的动物	中生代	显生宙	230
进入太阳系时期	这一时期是地球进入太阳系成为行星而开始的。 　在这一地质时期，地球有了太阳的光照，形成了绕太阳的公转和自转，有了昼夜的变化。 　在地球的内部，地核或内球偏向太阳引力的反方向，不在地球中心。在地壳，由于地球自转形成由两极向赤道的离心力；在太阳引力作用下，由于地球自西向东转动，地壳形成自东向西的运动，形成高山、高原、沟谷洼地和平原。在生物界，物种开始爆发式出现。 　随着太阳系的演化，地球由进入太阳系时的轨道面即轨道面与太阳赤道面夹角约 23°26′，演化到如今的地球轨道面与太阳赤道面近平行，地轴由垂直轨道面变为倾斜在轨道上运行，形成一年的四季变化。在岩石建造上，出现大量的石灰岩	古生代		540
进入太阳系前时期	这一时期是地壳已经形成到地球进入太阳系前的一段地质时间。 　这是一段没有阳光的地质时期。 　在这一阶段的前期，地壳的风化、剥蚀、搬运和沉积作用强，高山被剥低，在沟谷和坑洼地中沉积了巨厚的原始沉积。在这一段的后期，地壳活动变弱，地表温度渐渐降低，到了冰点以下，形成全球性的冰川	元古宙		2 500

续表

地质时期	特征	代（界）	宙（宇）	距今年数/Ma
地壳形成时期	这一时期是由地表熔融物质凝固开始到有沉积岩形成的一段地质时间。 熔融物质凝固形成收缩，在地表形成张裂沟谷高山。宇宙天体撞击，在地表形成大坑洼地。随着温度降低，熔融物质凝固过程中产生的水流动汇聚到张裂沟谷和大坑洼地中，产生的气留在地球表面，形成大气圈。地核俘获宇宙物质的不均，地表各处温度高低不均而产生大气流动。 在这一地质时期，地表形成了沟谷高山、大坑洼地，有了水和大气，产生了风化、剥蚀和搬运作用，开始形成沉积岩。原始生命蛋白质出现，进化出原核生物（细菌、蓝藻）	太古宙		4 600
地球形成时期	这一时期是由地核俘获熔融物质开始到地表熔融物质凝固的一段地质时间。在距今约46亿年前，由铁镍物质组成的地核俘获了熔融物质形成巨厚熔融层。熔融层与地核接触部位温度降低，形成内过渡层。地表温度降低凝固，形成地壳。熔融层与地壳间形成外过渡层。 在这一地质时期，形成了圈层状结构的地球	始古宙		

表 1-2　固体地球结构

地球圈层名称			深度/km	地震纵波速度/（km/s）	地震横波速度/（km/s）	密度/（g/cm³）	物质状态
一级分层	二级分层	传统分层					
外球	地壳	地壳	0~33	5.6~7.0	3.4~4.2	2.6~2.9	固态物质
	外过渡层 外过渡层（上）	上地幔	33~980	8.1~10.1	4.4~5.4	3.2~3.6	部分熔融物质
	外过渡层（下）	下地幔	980~2 900	12.8~13.5	6.9~7.2	5.1~5.6	液态—固态物质
液态层	液态层	外地核	2 900~4 700	8.0~8.2	不能通过	10.0~11.4	液态物质
内球	内过渡层	过渡层	4 700~5 100	9.5~10.3		12.3	液态—固态物质
	地核	地核	5 100~6 371	10.9~11.2		12.5	固态物质

我们由地球的内部结构知道，固体地球的最外层为地壳。地壳是由岩石组成的，岩石是由矿物组成的，矿物则是由各种元素及化合物组成的。人类的工程活动主要集中在地表及地表附近一定的范围，属于地壳浅表。地表及附近的介质一般为岩石以及岩石风化的产物——土所组成。人类的工程活动离不开地表的岩土体。因此，我们需要掌握岩土体的工程性质，开发和利用岩土体介质，同时避免发生工程病害问题。

第二章

岩土体的
工程特性

第一节　岩石的形成、分类和风化

一、岩石的形成及分类

地球最初形成时是宇宙尘埃的混合物，基本上处于固态。形成后，由于长寿命放射性物质的衰变和引力位能的释放，内部慢慢增温，以致原始地球所含的铁元素转化成液态，某些铁的氧化物也被还原。液态铁由于密度大而流向地心，形成地核。由于重的物质向地心集中，释放的位能可使地球的温度升高，促进了化学分异过程，由地幔中分出地壳。轻的物质逐渐上升，逐渐形成海洋和大气。地壳和上地幔是由岩石组成的，地表岩石受到大气、水、温度及重力等因素影响发生侵蚀和风化，产生了大量碎屑物沉积，在漫长的地质历史过程中，又形成了新的岩石。新形成的岩石受到地下排出的气体和溶液，以及温度、压力的作用发生了变质。由于地球内部的动力作用，地幔中的岩浆上升、喷发、冷凝形成岩石。我们把这种在地球漫长的地质作用过程中形成的矿物或岩屑的集合体称为岩石。

自然界岩石种类繁多，根据其成因可分为岩浆岩、沉积岩、变质岩三大类。三大岩类构成了地壳和岩石圈，但它们在地壳中的分布是不均匀的。若按质量计算，沉积岩仅占地壳质量的 5%，变质岩占 6%，岩浆岩占 89%。若按各类岩石在地表的分布面积计算，则沉积岩占陆地面积的 75%，变质岩和岩浆岩合计只占 25%。从分布特点看，岩浆岩主要分布于岩石圈的深处，沉积岩分布于岩石圈最外层且呈厚度不均的不连续分布，而变质岩则主要分布于地下较深处的构造活动带和岩浆活动带的周围。

岩浆沿着地壳薄弱带向上侵入地壳或喷出地表逐渐冷凝最后形成的岩石称为岩浆岩。从岩浆的产生、活动到岩浆冷凝固结成岩的全过程称为岩浆作用。按岩浆活动的特点可分为侵入作用和喷出作用。岩浆喷出地表而冷凝成岩浆岩的活动过程称为喷出作用，也叫火山作用，形成的岩浆岩也叫火山岩。岩浆从地球深处向地面上升运移过程中，在地壳岩石内冷凝成为岩浆岩的活动过程叫侵入作用，形成的岩浆岩称为侵入岩。根据侵入深度的不同，可将侵入岩分为深成侵入岩（深度大于 3 km）和浅成侵入岩（深度小于 3 km）。

沉积岩是在地表或接近地表的条件下，由母岩（岩浆岩、变质岩和早期的沉积岩）风化剥蚀的产物经搬运、沉积，而后硬结形成的岩石。沉积岩在地壳表层呈层状广泛分布，这是区别于其他类型岩石的重要标志之一。由于沉积岩形成的地表环境十分复杂（如海陆分布、气候条件、生物状况等），同一时代不同地区或同一地区不同时代，其地理环境往往不同，从而所形成的沉积岩也互有差异，各种沉积岩都毫无例外地记录下了沉积当时的地理环境信息。因此，沉积岩是重塑地球历史和恢复古地理环境的重要依据。同时，沉积岩中还蕴藏着大量的沉积矿产，如煤、石油、天然气、盐类等。据统计，沉积岩中的矿产占世界全部总矿产值的 70% ~ 75%。

沉积岩的形成可概括为以下几个过程：

1. 母岩的风化剥蚀作用

暴露于地表或接近地表的各种岩石，由于温度变化、水及水溶液的作用、大气及生物作用而在原地发生的破坏作用，称为风化作用。风化作用是一切外力作用的开端，使得地壳表层岩石逐渐崩裂、破碎、分解，同时也形成新环境条件下的新稳定矿物。风化作用是破坏地表和改造地表的先行者，是使地表不断变化的重要力量，是沉积物质的重要来源之一。岩石遭受风化之后，为风、流水、地下水、冰川、湖泊、海洋等外动力对岩石的破坏提供了物质条件。各种外动力在运动状态下对地面岩石及风化产物的破坏作用，总称为剥蚀作用。剥蚀作用不仅破坏地壳的组成物质，还不断改变着地球表面的形态。剥蚀作用包括风的吹蚀作用、流水的侵蚀作用、地下水的潜蚀作用、海水的海蚀作用和冰川的冰蚀作用等。

2. 沉积物的搬运作用和沉积作用

母岩的风化产物除了少部分残留原地组成堆积风化壳外，大部分被搬运走，并在新的环境中沉积下来。由于三种风化产物的性质不同，它们的搬运、沉积方式也不同。按其搬运的方式可分为机械搬运、化学搬运和生物搬运。

3. 成岩作用

沉积物被埋置以后，直至固结为岩石以前所发生的作用称为沉积物的成岩作用。归纳起来，沉积物在成岩阶段的变化有以下几个方面：

（1）压固脱水作用。沉积物不断沉积，厚度逐渐加大。先沉积在下面的沉积物，承受着上覆越来越厚的新沉积物及水体的巨大压力，使下部沉积物孔隙减小、水分排出、密度增大，最后形成致密坚硬的岩石，称为压固脱水作用。

（2）胶结作用。各种松散的碎屑沉积物被不同的胶结物胶结，形成坚固完整岩石的作用称为胶结作用。最常见的胶结物有硅质、钙质、铁质和泥质。

（3）重新结晶作用。非晶质胶体溶液脱水转化为结晶物质，微小晶体在一定条件下能长成粗大晶体。这两种现象都可称为重新结晶作用，从而形成隐晶或细晶的沉积岩。

（4）新矿物的生成。沉积物在向沉积岩的转化过程中，除了体积、密度上的变化外，同时还生成与环境相适应的稳定矿物，例如：方解石、燧石、白云石、黏土矿物等新的沉积岩矿物。

变质岩是由原岩（岩浆岩、沉积岩、早期的变质岩）在地壳中受到高温、高压及化学成分加入的影响，在固体状态下发生矿物成分及结构、构造变化后形成的新的岩石。由岩浆岩形成的变质岩为正变质岩，由沉积岩形成的变质岩为副变质岩。

在漫长的地质历史过程中，三大类岩石可以互相转化，如图 2-1 所示。

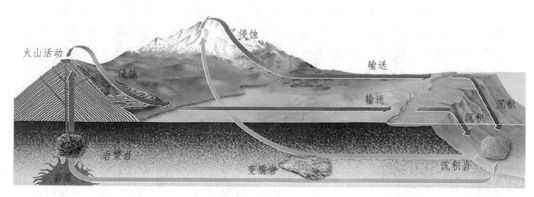

图 2-1　三大岩类转化示意图

三大类岩石在矿物成分、结构和构造等方面有着自己的特性，使得我们能够较为方便地将各类岩石区分开来，如表 2-1 所示。

表 2-1　三大岩类分类

大类	次类	细分
岩浆岩	火山岩	流纹岩，粗面岩，响岩，英安岩，安山岩，粗安岩，玄武岩
	浅成岩	斑岩，霏细岩，伟晶岩，玢岩，粒玄岩，煌斑岩
	深成岩	花岗岩，正长岩，二长岩，花岗闪长岩，闪长岩，辉长岩，斜长岩，橄榄岩，辉石岩，角闪石岩，蛇纹岩，蛇纹大理岩，碳酸岩
沉积岩	碎屑岩	碎屑岩，砾岩，角砾岩，砂岩（又分为长石砂岩、杂砂岩），泥岩，页岩
	火山碎屑岩	集块岩，凝灰岩
	生物岩	石灰岩，燧石，硅藻土，叠层岩，煤炭，油页岩
	化学岩	石灰岩，白云岩，燧岩
变质岩	接触变质岩	角页岩，大理岩，石英岩，硅卡岩，云英岩
	区域变质岩	千枚岩，片岩，片麻岩，混合岩，角山岩，麻粒岩，斑岩
	动力变质岩	糜棱岩

二、岩石的风化

1. 风化作用

岩石在各种自然力的作用下，在原地产生崩解、破碎、变质作用，叫做岩石的风化作用。风化是外动力地质作用的一种形式。风化以后形成的岩块、岩屑在各种自然力的作用下，可能继续变质，可能被搬运，这就叫做侵蚀、剥蚀作用。风化作用和侵蚀、剥蚀作用结合起来，不断地改造着地表形态，形成新的地貌特征。

按产生风化的自然营力不同，风化作用分为物理风化、化学风化、生物风化等。物理风化、化学风化、生物风化三者并不是单独存在的，而是同时存在、综合作用、互为因果、互相加剧的。

　　岩石风化总是从出露面、临空面、裂隙面首先开始，逐渐向深处及内部发展。研究岩石的风化作用在工程上具有极其重要的意义。

　　2. 岩体风化

　　（1）破坏岩石中矿物颗粒之间的联结。

　　无论何种岩石，其中各矿物颗粒的膨胀收缩率各不相同，在日温差、月温差、年温差的温度应力作用下，岩石中的矿物颗粒便会发生不均匀胀缩，冰的冻融也会对岩石产生破坏作用。水、气体同岩石中的矿物颗粒进行化学反应，产生变质或溶解、溶蚀、水化、水解等，也会显著破坏岩石的整体性，如果水质不良或是下酸雨，则破坏作用更强。由于整体性被破坏，岩石由连续介质变成块裂介质，也导致其坚固性降低，物理性质变化，力学强度降低，透水性增加，这对基坑、边坡、地下工程影响很大。

　　（2）形成或扩（延）展岩石的裂隙。

　　在自然界中的岩石，宏观而言，都有裂隙，这些裂隙由各种各样的原因形成。岩石风化必然会扩（延）展这种裂隙，如原有裂隙的增宽、加深、延展，规模扩大，产状复杂，这叫风化裂隙。它主要是由于水的存在和冻胀（冰）的楔入作用引起的。

　　（3）降低岩石裂隙面的粗糙程度。

　　最初的裂隙壁面是比较粗糙、凸凹不平且凸处是刚性的，凸凹处互相咬合，摩擦作用强。风化后的岩体，降低了凸凹度即粗糙度，这就降低了摩擦强度，趋向平滑，也使抗剪、抗拉强度降低。

　　（4）使岩石中原有的矿物变为次生矿物。

　　在成岩过程中形成的矿物称为原生矿物。经过多次甚至无数次的反复风化、分解、变质，化学成分变化了，物理、化学、物理化学、力学等性质也都有了变化，这样的矿物称为次生矿物，如黏土矿物包括高岭石、伊利石、蒙脱石等。黏土矿物与水作用后，产生一系列复杂物理化学变化，降低了岩石的力学强度，改变了岩石的物理性质和水理性能。岩石裂隙中的黏土夹层、夹泥层、泥化夹层等这些弱面几乎控制着岩体强度和变形特征。

三、风化岩层

　　风化对岩体的破坏，首先从表面开始，逐渐地向地壳内部深入，在表面形成一个风化层，也称风化壳。风化还会沿着裂隙发展，沿着岩脉发展，沿着不整合面发展，形成风化带、袋状风化、穴状风化、槽状风化、风化夹层、古风化层，由表及里的风化过程还会形成球状风化，如黄山花岗岩球状风化地貌。长江三峡地区的花岗岩及粉砂岩，风化壳厚度约 30 m，个别地方可超过 100 m，深部还有古风化层存在。风化层（壳、带）是岩体中的薄弱带，强度低，稳定性差，如有渗水，就会变成泥化夹层或夹泥层，对岩体工程影响很大，应予以特别重视。

对于风化岩体，依风化程度不同，一般用四分法进行分类即全风化带（已接近残积土）、强风化带、弱风化带、微风化带。在工程中应对其分类进行评价。除了风化程度、风化带不同外，还应重视风化带（层）的产状，其与工程的关系等。

第二节　岩体的工程性质

一、概　述

（一）岩石与岩体

从工程上讲，岩石指完整的块体，也称岩块。而在山体、岩层中存在各种各样的断裂面、裂隙面及不连续面，包括各种接触面、界面等。这些断裂面、不连续面的产状及延展特性各不相同，它们将山体、岩层切割成大小不同、形状各异的岩块。将这些岩块和切割、包围它们的各种断裂面统一起来，作为整体称为岩体。岩块的大小、形状及它们之间的接触、联系情况，称为岩体结构；岩块称为结构体；各种断裂面、接触面、界面统称为结构面。从工程方面讲，在岩石力学的基础上，正在发展岩体力学的学科体系。

（二）岩体结构面的成因类型及特征

岩体结构面的成因类型及特征如表 2-2 所示。

（三）岩体结构的分类及特征

岩体结构的分类及特征如表 2-3 所示。

表 2-2　岩体结构面的成因类型及特征

成因类型		地质类型	分布状况及特征	工程地质评价
原生结构面	岩浆岩结构面	1.侵入体与围岩界面 2.岩脉界面 3.冷凝节理（张性）	延展性较强，比较稳定，冷凝节理短小而密集	沿结构面岩体破碎，是渗水通道
	沉积岩结构面	1.层理、层面 2.假整合、不整合面 3.软弱夹层 4.干缩裂隙	呈层状分布，延展性较强。陆相及三角洲地层中常有斜交层理、尖灭等，层面及夹层较为平整，假整合和不整合较粗糙	结构面不均匀、不稳定，易产生较大沉降及滑动。假整合、不整合面常是含水层

续表

成因类型		地质类型	分布状况及特征	工程地质评价
原生结构面	变质岩结构面	1.板劈理 2.片理 3.麻理 4.片岩弱夹层	分布密集，产状与岩层一致，走向与区域构造线一致，软弱夹层延展性较强，结构面平整、光滑，矿物颗粒被压扁、拉长、定向排列、重新结晶等	岩体破碎，易滑动及塌方，水理性较差
构造结构面		1.节理 2.破劈理 3.断层 4.褶皱中层间错动	张性节理较短，结构面粗糙，常有充填。结构面延展性较强，常呈羽状分布。压性、剪性断裂规模很大，常有断裂破碎带	对岩体稳定影响较大，在褶皱带，断层带上常造成塌方、滑动、涌水。地应力（构造应力）大
次生结构面		1.卸荷裂隙 2.风化裂隙或夹层 3.泥化夹层和夹泥层 4.震动裂隙 5.滑坡、崩塌、塌陷形成裂隙	分布受地形地貌及原结构面控制，常不连续延展性较差。裂隙中常有泥质充填，水理性质差	对工程稳定性有显著危害，强度低，变形不均匀、不稳定

表 2-3 岩体结构分类及特征

岩体结构类型	结构体特征	结构面特征	工程地质评价
整体结构	巨型块状巨厚层状（厚度>1.5～2.0 m）	以原生结构面为主，裂隙多呈闭合型，间距大于 1.5 m，一般不超过 2～3 组，无结构面组合切割而成的落石、掉块	岩体整体性好、强度高。应力-应变特征似弹性体。可能有个别危岩块体
块状、厚层状结构	大、中型块状，厚层状（厚度为 0.5～1.5 m）	只有少量的贯通性裂隙，结构面间距 0.5～1.5 m，一般有 2～3 组，分离体很少	整体性好、强度高，接近弹性体。应注意贯通大裂隙及一般裂隙交错切割形成的危岩体对工程的危害
层状结构	一般层状，楔形体（厚度为 0.2～0.5 m）	存在层理、节理、劈理，也有片理，次生结构面以风化裂隙为主，常有层间错动	强度及变形特征受层面产状及其组合特征的控制。层间常有夹泥层，易产生塑性变形及滑动
碎裂结构	碎块，角砾，菱形体，薄层，片状	存在片理、叶理、麻理（强烈褶皱带及断层破碎带），裂隙很发育，纵横切割，岩体破碎，互相交错咬合	已失去整体性，强度较低。岩块间的咬合作用影响大，稳定性差，易形成大塌方，有时出现涌水、涌泥
松散体结构	碎屑状，颗粒状，残积土	石夹土，土夹石，岩屑，土状	已是松散体，应按在土体中进行工程作业考虑

二、岩体强度

(一) 岩体强度的定义

岩体强度用岩石(块)的强度乘以龟裂系数来表示,分为抗压强度、抗剪强度和抗拉强度,一般通过直接的试验(岩块)和相应的演绎得到。

岩石的抗压强度表示为

$$\sigma_{cr} = \frac{P}{A} \tag{2-1}$$

式中:P——岩石受到的压力(N);

　　　A——岩石截面面积(m^2)。

岩体的抗压强度表示为

$$\sigma_{cm} = \frac{\sigma_{cr}}{0.778 \times 0.222\dfrac{d}{h}} K_V \tag{2-2}$$

式中:σ_{cr}——岩石的抗压强度(MPa);

　　　σ_{cm}——岩体的抗压强度(MPa);

　　　K_V——岩体完整性系数,$K_V = \left(\dfrac{v_{pm}}{v_{pr}}\right)^2$,$v_{pm}$ 为岩体的弹性波纵波速度(m/s),v_{pr} 为岩样(块)的弹性波纵波速度(m/s)。

(二) 影响岩体强度的主要因素

岩体中甚至岩石中会有各种裂纹、裂隙,微观的、宏观的、原生的、次生的等,如界面、层理、节理、劈理、片理、不整合面、岩脉边界、断层、褶皱等各种断裂面、不连续面、夹层,这些都是弱面。弱面对岩体强度、岩体稳定起着控制作用,所以有人说岩体力学就是弱面力学。因此,岩体的强度低于岩石,岩体的变形大于岩石,岩体的渗透性大于岩石。除上述特点之外,弱面还有明显的各向异性。弱面的产状与工程构筑物的相互关系不同,其直接地、显著地影响工程的稳定和安全。

岩石在短期外力作用下表现为弹性体,如果在长期外力作用下,强度降低,表现出塑性,甚至流变性。在漫长的地质年代里,造山运动、造陆运动、地幔对流等作用的时间,远远超过了岩石松弛期,所以岩石表现出很大的塑性,具有很明显的流变性,岩体出现如褶曲、褶皱等大变形构造。

水对岩体的力学作用表现为水对岩体——多孔连续介质施加的静水压力和动水压力,这是一种荷载,是广义孔隙水压力的一种形式,其中也包括超静孔隙水压力。

三、岩体变形

（一）岩石在单向荷载作用下的变形

在中、低压力作用下，应力-应变关系可分为三类，如图 2-2 所示。

（1）弹性、似弹性，应力-应变曲线呈直线型，弹性模量 $E \geqslant (6 \sim 11) \times 10^4$ MPa。

（2）半弹性，应力-应变曲线稍显弯曲，有的岩石凸向斜上方，有的岩石凸向斜下方，弹性模量 $E = (4 \sim 7) \times 10^4$ MPa。

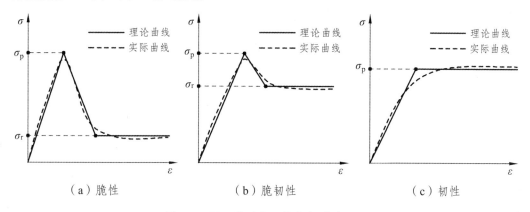

（a）脆性　　　　　　（b）脆韧性　　　　　　（c）韧性

图 2-2　不同类型岩石的应力-应变关系

（3）无弹性或弹塑性应力-应变呈曲线，凸向斜上方，弹性模量 $E < 5.0 \times 10^4$ MPa。

除典型的线性弹性岩石之外的多种岩石，特别是微裂隙发育的岩石，在加荷的初始段，应力-应变关系均呈曲线，因为这是微裂隙的压密阶段，所以不呈直线。工程上不使用这一段曲线。

上述的弹性、似弹性类岩石，在卸荷时的表现又分两种情况，一类是卸荷时沿加荷时的直线回到原点，这是典型的线性弹性；另一类是卸荷后应变不直接回到原点，再经过一段时间，应变还会回到原点，这叫非线性弹性，最后的一段时间叫弹性后效（滞后）。

在高应力时，可能出现脆性破坏，也可能出现屈服，还可能出现加工硬化（应力-应变曲线的斜率增大）或软化（应力-应变曲线的斜率降低）。

（二）岩石在三向荷载作用下的变形

三向荷载和单向荷载相比，就是有了围压。围压很小时，基本上同单向应力状态，呈脆性破坏。随着围压增大，越来越表现出塑性，即破坏前的变形明显增大，甚至表现出黏性。致密砂岩在不同围压下的三轴应力-应变关系如图 2-3 所示。

三向应力作用不只和围压大小有关，还和最大最小主应力的差值 $\sigma_1 - \sigma_3$ 的有关。根据莫尔强度理论 $\tau_{max} = (\sigma_1 - \sigma_3)/2$，剪应力大时，会产生剪切破坏，岩体中经常存在两组交叉节理称 X 形节理，即剪切破坏的结果，两组节理中一组和水平面成 $45° + \varphi/2$ 夹角，另一组节理成 $135° - \varphi/2$ 夹角。

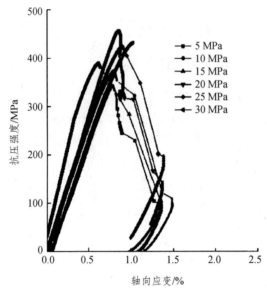

图 2-3　致密砂岩在不同围压下的三轴应力-应变关系

（三）岩石在反复加荷和卸荷条件下的变形

在反复加载、卸载条件下，如果卸载点在弹性极限以内，则应变沿加载曲线回到原点；如果卸载点超过了弹性极限，则会出现弹性后效现象，甚至会出现塑性变形。

卸载曲线和加载曲线不重合，两者所夹的面积称塑性滞回环。在不断加载的情况下，继续加载曲线仍沿着单向连续加载曲线上升，只是加载曲线斜率有所减小，塑性滞回环面积有所增加。

在同一级荷载作用下，卸载曲线和加载曲线的斜率大致平行。在同一级荷载下反复加载卸载，塑性滞环不断缩小，经过多次加载卸载后，卸载曲线和加载曲线几乎重合，这一点对岩石、岩体试验很重要，在同一级荷载作用下，经过多次加荷卸荷，弹性、弹塑性参数就趋于稳定了，甚至趋于常数。岩石的循环加载曲线如图 2-4 所示。

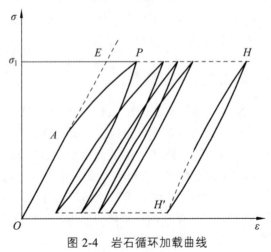

图 2-4　岩石循环加载曲线

（四）岩石（体）的流变特性

材料的流变（蠕变、徐变）和两方面的因素有关，一是应力水平，应力（剪应力）不大于某个界限时，不发生流变；二是时间因素。从本质上说，弹性变形、塑性变形、流变变形都需要时间因素。在弹性变形中因时间极短而忽略不计，在塑性变形中，时间也不出现在方程中，只有在流变方程中，时间作为一个参数，明显出现在方程中。岩石蠕变试验曲线如图 2-5 所示。

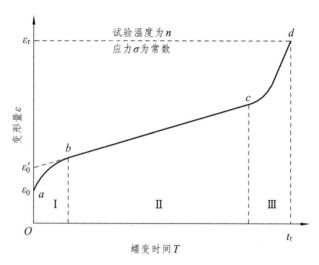

图 2-5　岩石蠕变试验曲线

岩石的流变可表示为

$$\varepsilon = A\ln t = \left(\frac{\sigma}{E}\right)^n \ln t = \left(\frac{\sigma_1 - \sigma_2}{2G}\right)^n \ln t \qquad (2\text{-}3)$$

式中：n——试验温度（℃）；

E——变形模量（MPa）；

G——剪切模量（MPa）；

A——试验常数；

t——流变时间（s）；

σ——试验应力（kPa）；

σ_1——轴向应力（kPa）；

σ_2——围压（kPa）。

岩石与岩体应力-应变曲线的区别如图 2-6 所示。

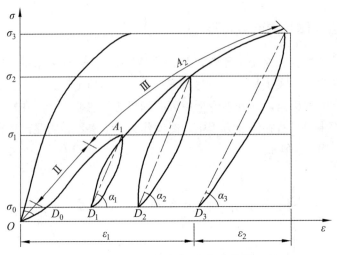

图 2-6　岩石与岩体应力-应变曲线的区别

四、岩石的渗透性

水在岩体中的流动，称为渗透性。最早研究这个问题是在水文学和地下水动力学领域。1856 年，法国工程师达西（Darcy）发表了流体在多孔介质中流动规律的实验结果，即达西定律：

$$v = Ki \tag{2-4}$$

式中：v——渗流速度（cm/s）；

　　　i——水力梯度；

　　　K——渗透系数（cm/s）。

当水流速度较慢，符合层流运动时，达西定律才完全适用。可用雷诺数来判断渗流水流是否符合层流运动。

岩石的种类不同，其渗透系数可以相差好几个量级。

五、岩石的强度理论

岩石（岩体）的断裂（破裂）也称破坏，断裂（破裂）的准则又称强度理论。

（一）脆性断裂

岩石（体）断裂（破裂）前很少有永久变形，即使有永久变形，总应变也不超过 1%~3%，岩石断裂属于突变。岩石的强度（可以是压应力、拉应力或者剪应力等）超过某一极限值就发生破坏，适用的理论如最大正应力理论（$\sigma_{拉} < [\sigma_t]$）、最大剪应力理论和应变能理论等。

（二）莫尔强度理论——剪切破裂

莫尔强度理论是建立在试验数据统计分析的基础之上的。1910 年，莫尔提出材料的剪切破坏。在复杂应力状态下，某一斜面上的剪应力达到极限值时，材料沿该斜面发生剪切滑移破坏，破坏面上的剪应力是该斜面上的法向应力 σ 的函数，可表示为 $\tau_f = f(\sigma)$。莫尔强度包络线是指各极限状态下应力圆上破坏点所组成的轨迹线。由于岩性条件不同，莫尔强度包络线、莫尔圆圆心的位置、莫尔圆半径的大小决定了抗剪强度的大小。实际破裂面分为两组，一组和最大主应力作用面成 $45° + \varphi/2$ 的夹角，另一组和最大主应力作用面成 $135° - \varphi/2$ 的夹角。

莫尔强度理论用两向应力状态来表示三向应力状态，未考虑中值主应力的影响，由此带来了一定的误差，约 15% 左右。

在三向应力状态下，三向抗压强度可以写为 $\sigma_{c3} = \sigma_{c1} + q\sigma_3$。当 $\sigma_3 = 0$ 时，得到单向抗压强度 $\sigma_{c1} = 2c[(\tan^2 \varphi + 1)^{1/2} + \tan \varphi]$，其中 q 为三向抗压强度的提高系数，$q = [(1 + \tan^2 \varphi)^{1/2} + \tan \varphi]^2$，其中 c、φ 分别为岩（土）材料的内聚力和内摩擦角。

强度线是由一系列极限状态下的莫尔圆拟合得到的包络线，可以是直线、抛物线及双曲线等形式，由试验拟合得到，如图 2-7 所示。

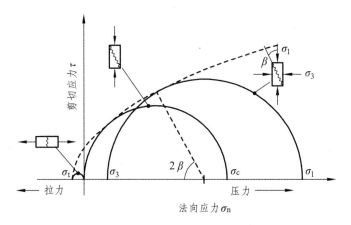

图 2-7　莫尔-库仑强度包络线

（三）岩石断裂力学理论基础——格里菲斯理论

1920 年，格里菲斯（Griffith）基于脆性断裂理论，认为在脆性材料内部存在着许多杂乱无章的扁平微小张开裂纹。在外力作用下，这些裂纹尖端附近产生很大的拉应力，导致新裂纹产生，原有裂纹扩展、贯通，从而使材料产生破坏。按照孔附近应力集中和能量平衡概念，得出了裂纹扩张的规律及解析式。这是线弹性断裂力学的理论基础。

岩体中裂纹将沿着与最大拉应力作用方向相垂直的方向扩展（图 2-8），即：

$$\tan \gamma = -\tan 2\beta \tag{2-5}$$

式中：γ——新裂纹长轴与原裂纹长轴的夹角（°）；

$\quad\quad \beta$——原裂纹长轴与最大主应力的夹角（°）。

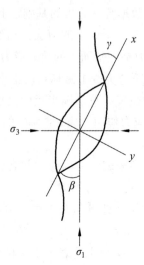

图 2-8 裂纹发展方向

根据扁平孔应力状态的解析解，得出格里菲斯强度（图 2-9）判据：

（1）当 $\sigma_1 + 3\sigma_3 > 0$，破裂条件为：$\dfrac{(\sigma_1 - \sigma_3)^2}{8(\sigma_1 + \sigma_3)} = -\sigma_t$，最可能裂纹方位角：

$$\cos 2\beta = \frac{\sigma_1 - \sigma_3}{2(\sigma_1 + \sigma_3)};$$

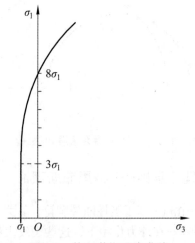

图 2-9 格里菲斯强度曲线

（2）当 $\sigma_1 + 3\sigma_3 \leqslant 0$，破裂条件为：$\sigma_3 = \sigma_t$，最可能裂纹方位角：$\sin 2\beta = 0$。

如果应力点（σ_1，σ_3）落在强度曲线上或者曲线左边，岩石发生破坏，否则不破坏。

断裂力学已不把岩石看成连续的均质体，而看作由裂隙构造组合而成的介质。断裂力学分为线性断裂力学、弹塑性断裂力学；按研究裂纹的尺度可分为微观断裂力学和宏观断裂力学。运用断裂力学分析岩石的断裂强度可以比较实际地评价岩石的开裂和失稳，可用以分析工程中裂纹的出现以及预测岩石结构的破裂和扩展。

1962 年，麦克·克林脱克等人认为，当应力 σ_y 达到某一临界值时，裂纹便闭合（图 2-10），在裂纹表面产生法向应力和摩擦力，影响新裂纹的发生和发展。这种摩擦力是格里菲斯断裂理论中没有考虑到的。因此，对格里菲斯理论进行修正，得到：

$$\sigma_1(\sqrt{f^2+1}-f)-\sigma_3(\sqrt{f^2+1}+f)=-4\sigma_t \tag{2-6}$$

式中：f——为裂纹面之间的摩擦系数。

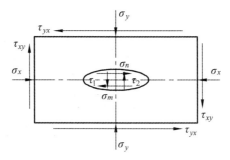

图 2-10　裂纹闭合后的情况

（四）Hoek-Brown 经验准则

霍克（Hoek）和布朗（Brown）发现，大多数岩石材料（完整的岩块）在三轴压缩试验破坏时的主应力之间可用式（2-7）来描述。

$$\frac{\sigma_1}{R_C}=\frac{\sigma_3}{R_C}+\left(m\frac{\sigma_3}{R_C}+1\right)^{\frac{1}{2}} \tag{2-7}$$

式中：m——与岩石的类型有关，取值范围 7~25，如节理发育的灰岩可取 7，节理不发育的砂岩可取 15，花岗岩可取 25；

R_C——岩石单轴抗压强度（MPa）。

以上为岩石（岩块）的破坏准则，对于岩体，霍克和布朗建议如下的经验破坏准则：

$$\frac{\sigma_1}{R_C}=\frac{\sigma_3}{R_C}+\left(m\frac{\sigma_3}{R_C}+s\right)^{\frac{1}{2}} \tag{2-8}$$

式中：s——为常数，取值范围 0~1。反映了在承受破坏应力 σ_1 和 σ_3 之前，岩石扰动或损伤的程度。$s=1$，为完整岩体，$s=0$，为完全破碎的岩体。

岩体单轴抗压强度：$R_{Cm}=R_C\sqrt{s}$

岩体单轴抗拉强度：$R_{tm}=\frac{1}{2}R_C\left[m-\sqrt{m^2+4s}\right]$

岩体剪应力表达式：$\tau = AR_C \left(\dfrac{\sigma}{R_C} - T \right)$

Hoek-Brown 强度准则如图 2-11 所示。

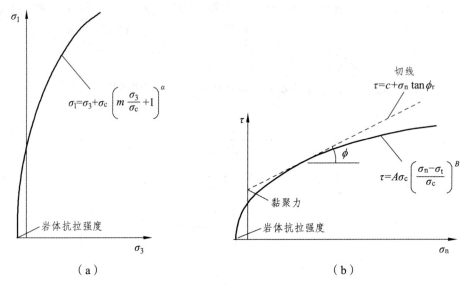

图 2-11　Hoek-Brown 强度准则

六、岩体质量评价

关于岩体质量评价，有的是客观评价，有的是工程评价，有的是物理力学指标的单项或综合评价。

（一）按风化程度进行分类

一般用四分法进行分类，即全风化岩、强风化岩、弱风化岩、微风化岩。

（二）按物理、力学指标分类（岩体完整性分类）

按岩体完整性系数进行分类，如表 2-4 所示。

表 2-4　岩体完整性系数划分

岩体完整程度	完整	较完整	较破碎	破碎	极破碎
岩体完整性系数 K_v	>0.75	0.75 ~ 0.55	0.55 ~ 0.35	0.35 ~ 0.15	<0.15

（三）按岩石饱和单轴抗压强度（MPa）分类

按岩石饱和单轴抗压强度进行分类，如表 2-5 所示。

表 2-5 岩石坚硬程度划分

坚硬程度	坚硬岩	较坚硬岩	较软岩	软岩	极软岩
岩石饱和单轴抗压强度/MPa	>60	6 ~ 30	3 ~ 15	15 ~ 5	<5

（四）按岩石质量指标（RQD）分类

按岩石质量指标分类是笛尔（Deer）1964 年提出的。它是根据钻探时的岩芯完好程度来判断岩体的质量，对岩体进行分类，即将钻探岩芯柱状块体长度大于等于 10 cm 的累计长度占钻孔总长的百分比，称为岩石质量指标（RQD），如表 2-6 所示。

表 2-6 岩石质量标准（RQD）

分类	很差	差	一般	好	很好
RQD/%	<25	25 ~ 50	50 ~ 75	75 ~ 90	>90

这种分类方法简单易行，是比较实用的岩体质量评价方法，在一些国家得到了广泛的应用，但它没有反映出节理、裂隙的方位、填充物的影响等，因此它的应用也有局限性。

（五）巴顿（Barton）岩体质量（Q）分类

挪威岩土工程研究所巴顿等人于 1974 年提出了岩体隧道开挖质量分类法，用 Q 表示，即：

$$Q = \frac{RQD}{J_\mathrm{n}} \cdot \frac{J_\mathrm{r}}{J_\mathrm{a}} \cdot \frac{J_\mathrm{w}}{SRF} \tag{2-9}$$

式中：RQD——岩石质量指标；

　　　J_n——节理组数；

　　　J_r——节理粗糙系数；

　　　J_a——节理蚀变系数；

　　　J_w——节理水折减系数；

　　　SRF——应力折减系数；

　　　$\dfrac{RQD}{J_\mathrm{n}}$——岩体完整性；

　　　$\dfrac{J_\mathrm{r}}{J_\mathrm{a}}$——结构面（节理）的形态、粗糙度、充填物特征及其次生变化程度；

　　　$\dfrac{J_\mathrm{w}}{SRF}$——水与其他应力存在时对岩体质量的影响。

上述九个指标的定性、定量划分，除 RQD 外，其他八个指标虽有明确的物理意义，但要定量的确定它们比较难，带有明显的经验特征，即也含有不确定性。

按式（2-9）计算出各个参数后，再计算出 Q 值，Q 取值 0.001 ~ 1 000，可以根据经验图表查出支护压力和可以开挖的洞室尺寸，直接用于工程实践。

（六）岩体基本质量分级

岩体基本质量分级，应根据岩体基本质量的定性特征和岩体基本质量指标（BQ）两者相结合，按表 2-7 确定。

表 2-7　岩体基本质量分级

基本质量分级	岩体基本质量的定性特征	岩体基本质量指标（BQ）
I	坚硬岩，岩体完整	>550
II	坚硬岩，岩体较完整； 较坚硬岩，岩体完整	550～451
III	坚硬岩，岩体较破碎； 较坚硬岩或软硬岩互层，岩体较完整； 较软岩，岩体完整	450～351
IV	坚硬岩，岩体破碎； 较坚硬岩，岩体较破碎～破碎； 较软岩或软硬岩互层，且以软岩为主，岩体较完整～较破碎； 软岩，岩体完整～较完整	350～251
V	较软岩，岩体破碎 软岩，岩体较破碎～破碎； 全部极软岩及全部极破碎岩	≤250

岩体基本质量指标（BQ），应根据分级因素的定量指标 R_c 的兆帕数值和 K_v，按式（2-10）计算。

$$BQ = 90 + 3R_c + 250K_v \qquad (2\text{-}10)$$

注：① 当 $R_c > 90K_v + 30$ 时，应以 $R_c = 90K_v + 30$ 和 K_v 带入计算 BQ 值；

② 当 $K_v > 0.04R_c + 0.4$ 时，应以 $K_v = 0.04R_c + 0.4$ 和 R_c 带入计算 BQ 值。

如遇地下水、岩体稳定性受软弱结构面及高地应力现象影响时，应对岩体基本质量指标（BQ）进行修正，并以修正后的（BQ）值确定岩体级别。

岩体基本质量指标修正值（$[BQ]$），可按式（2-11）计算。

$$[BQ] = BQ - 100(K_1 + K_2 + K_3) \qquad (2\text{-}11)$$

式中：$[BQ]$——岩体基本质量指标修正值；

BQ——岩体基本质量指标值；

K_1——地下水影响修正系数；

K_2——主要软弱结构面产状影响修正系数；

K_3——初始应力状态影响修正系数。

K_1、K_2、K_3的值可以分别按表2-8、表2-9、表2-10确定。无表中所列情况时，修正系数取零。[BQ]出现负值时，应按特殊问题处理。

表2-8　地下水影响修正系数 K_1

地下水出水状态	BQ			
	>450	450～351	350～251	≤250
潮湿或者点滴状出水	0	0.1	0.2～0.3	0.4～0.6
淋雨状或涌流状出水，水压小于等于 0.1 MPa 或单位出水量小于等于 10 L/（min·m）	0.1	0.2～0.3	0.4～0.6	0.7～0.9
淋雨状或涌流状出水，水压大于 0.1 MPa 或单位出水量大于 10 L/（min·m）	0.2	0.4～0.6	0.7～0.9	1.0

表2-9　主要软弱结构面产状影响修正系数 K_2

结构面产状及其与洞轴线的组合关系	结构面走向与洞轴线夹角小于30°，结构面倾角为30°～75°	结构面走向与洞轴线夹角大于30°，结构面倾角大于75°	其他组合
K_2	0.4～0.6	0.4～0.6	0.2～0.4

表2-10　初始应力状态影响修正系数 K_3

初始应力状态	BQ				
	>550	550～451	450～351	350～251	≤250
极高应力区	1.0	1.0	1.0～1.5	1.0～1.5	1.0
高应力区	0.5	0.5	0.5	0.5～1.0	0.5～1.0

第三节　土的工程性质及分类

一、土的形成

在土木工程中，土是指岩石分化后形成的碎散的、覆盖于地表的、没有胶结和弱胶结的矿物颗粒和岩石碎屑组成的堆积体。

地球表面的整体岩石　$\xrightarrow[\text{破碎后}]{\text{风化作用}}$　形状不同、大小不一的颗粒　$\xrightarrow[\text{不同环境沉积下来}]{\text{受自然力作用在}}$　土反过来，土也会发生以下变化：

土 $\xrightarrow[\text{物理化学变化、压密、岩化}]{\text{在很长的地质年代里，发生复杂}}$ 岩石（沉积岩、变质岩）

工程上遇到的大多数土都是第四纪地质历史时期内所形成的，土的生成年代如表 2-11 所示。

表 2-11　土的生成年代

纪（或系）	世（或统）		年代（距今）
第四纪（Q）	全新世（Q_4）	Q_4^3（晚期）	<0.25 万年
		Q_4^2（中期）	（0.75～0.25）万年
		Q_4^1（早期）	（1.3～0.75）万年
	更新世（Q_p）	晚更新世（Q_3）	（12.8～1.3）万年
		中更新世（Q_2）	（71～12.8）万年
		早更新世（Q_1）	（260～71）万年

二、土的组成

土的组成受到土的形成过程的影响，土的形成过程（不同的相，即沉积环境）是土的组成的基础。土形成之后，又受到许多条件的影响，使土的组成发生一些变化，通常土是三相物质（所谓"相"，指沉积环境及物态特征，也指微观结构构造），即固体、液体（包括气态水、液态水和冰）和气体。也有的学者主张把冰作为一个特殊相，因为冰不同于水。土的三相组成如图 2-12 所示。

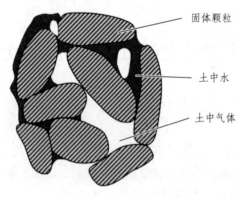

图 2-12　土的三相组成

（一）固体颗粒

粒径的大小及其在土中所占的百分比，称为土的粒径级配。

1. 粒径级配

工程上按粒径大小的分组称为粒组，工程上广泛采用的粒组如图 2-13 所示。

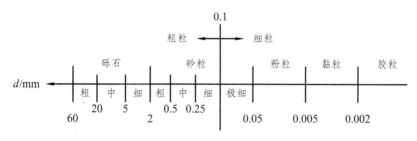

图 2-13 土的粒组划分

（1）粒径分析方法。

粒径分析试验有两种方法：① 筛分法（0.075 mm＜d＜60 mm）；② 水分法（d＜0.075 mm）。对于粒径大于 60 mm 的土，可直接测定；对粗细颗粒兼有的土，可联合使用筛分法和水分法进行粒径分析。

筛分法：分析筛的粗筛孔径分别为 60，40，20，10，5，2 mm；细筛孔径为 2，1，0.5，0.25，0.075 mm。

水分法：根据斯托克斯定理，先用水使土粒彼此分散，制成悬液，然后根据不同粒径的土粒在静水中下沉速度不同的原理，来测定粒组的百分含量。

（2）粒径级配曲线。

将试验成果绘制成土的粒径级配曲线（图 2-14）。横坐标为土的颗粒直径，以 mm 表示（对数坐标），纵坐标为小于某粒径土的累积含量，用百分数表示。

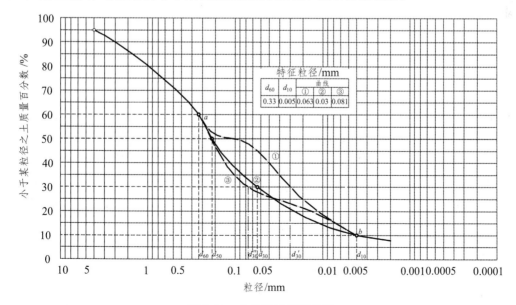

图 2-14 土的粒径级配曲线

（3）粒径级配曲线的工程应用。

按粒径分布曲线可求得：① 土中各粒组的含量，用于粗粒土的分类和大致估计土的工程性质；② 某些特征粒径，用于建筑材料的选择和评价土级配的好坏。

特征粒径：

d_{10}——小于某粒径的土颗粒含量占土颗粒总质量的 10%，称为有效粒径。

d_{30}——小于某粒径的土颗粒含量占土颗粒总质量的 30%。

d_{50}——小于某粒径的土颗粒含量占土颗粒总质量的 50%，称为平均粒径。

d_{60}——小于某粒径的土颗粒含量占土颗粒总质量的 60%，称为控制粒径。

根据某些特征粒径，我们又可得到两个有用的指标，即不均匀系数 C_u 和曲率系数 C_c，它们的定义为

$$C_u = \frac{d_{60}}{d_{10}} \tag{2-12}$$

$$C_c = \frac{(d_{30})^2}{d_{10} \times d_{60}} \tag{2-13}$$

若曲率系数过大，表示粒径分布曲线的台阶出现在 d_{10} 和 d_{30} 的范围内。反之，若曲率系数过小，表示台阶出现在 d_{30} 和 d_{60} 的范围内。

对于纯净的砾、砂，当 $C_u \geqslant 5$，且 C_c 为 1～3 时，它的级配是良好的；不能同时满足上述条件时，它的级配是不良的。

2. 土粒成分

土是岩石风化的产物。因此，土粒的矿物成分取决于成土母岩的矿物成分及其后的风化作用。土粒成分如图 2-15 所示。

图 2-15　土粒成分

（1）黏土矿物的晶体结构和分类。

黏土矿物是一种复合的铝-硅盐晶体，颗粒呈片状，是由硅片（硅-氧四面体）和铝片（铝氢氧八面体）构成的晶包所组叠而成，依铝片和硅片的组叠形式不同，可分成高岭石、伊利石和蒙特石三种类型。三种黏土矿物的对比如表 2-12 所示。

（2）黏土矿物的带电性质。

1809 年，莫斯科大学列伊斯教授通过电泳电渗试验，发现土中的黏土颗粒泳向阳极，而水则渗向阴极。前者称为电泳，后者称为电渗。

颗粒表面的负电荷构成电场的内层，被吸引在颗粒表面的阳离子和定向排列的水分子构成电场的外层，合称为双电层，如图 2-16 所示。

表 2-12　黏土矿物对比

分类	高岭石	蒙脱石	伊利石
示意图	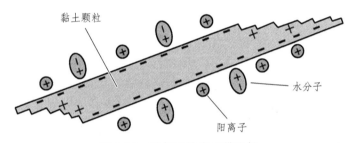		
结构形式	1∶1 的两层结构	2∶1 的三层结构	2∶1 的三层结构
特点	氢键联结，颗粒较粗，亲水能力差	O^{2-} 对 O^{2-} 联结，颗粒细微，亲水能力最强	钾离子联结，颗粒较细，亲水能一般

图 2-16　矿物颗粒表面带电性

（3）颗粒形状和比表面积。

原生矿物颗粒较粗，呈粒状，即三个方向的尺寸基本相同；次生矿物颗粒细微，多呈片状或针状。土的颗粒越细，形状越扁平，则表面积与质量的比值越大。

单位质量土颗粒所拥有的表面积称为比表面积 A_s，可用式（2-14）表示。

$$A_s = \frac{\sum A}{m} \tag{2-14}$$

（二）土中水

土中水可分为矿物内部的结合水和土粒孔隙中的自由水两大类。

1. 结合水

受颗粒表面电场作用力吸引而包围在颗粒四周，不传递静水压力，不能任意流动的水，称为结合水，可以分成强结合水和弱结合水两类，如图 2-17 所示。

（1）强结合水（吸着水）。

紧靠于颗粒表面的水分子，所受电场的作用力很大，几乎完全固定排列，丧失液体的特性而接近于固体，完全不能移动，这层水称为强结合水。

（2）弱结合水（薄膜水）。

弱结合水指强结合水以外，电场作用范围以内的水。弱结合水的存在是黏性土在一含水量范围内表现出可塑性的原因。

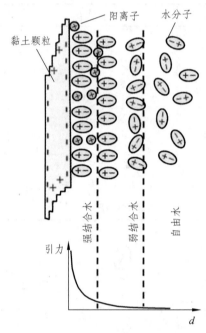

图 2-17   土颗粒固体和水分子间电分子力的相互作用

2. 自由水

不受颗粒电场引力作用的水称为自由水。自由水又可分为毛细水和重力水。

（1）毛细水。

由于表面张力的作用，毛细管内的水被提升到自由水面以上高度 h_c 处（图 2-18）。分析高度为 h_c 的水柱的静力平衡条件，得：

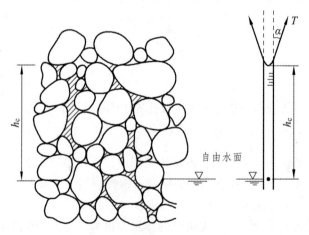

图 2-18   毛细水上升示意图

$$h_c = \frac{2T\cos\alpha}{r\gamma_w}$$

（2-15）

式中，表面张力 T 与温度有关，方向角 α 的大小与土颗粒和水的性质有关。孔隙越细，则毛细水的上升高度越大。

孔角毛细水受拉力，土颗粒则受压力，由于压力的作用，使颗粒黏结在一起。这种湿与稍湿的砂土颗粒间存在的某种黏结作用，称为假黏聚力。

（2）重力水。

重力水是在重力和水位差作用下能在土中流动的自由水。重力水具有溶解能力，能传递静水压力和动水压力，对土粒起浮力作用。

（三）土中气体

非饱和土的孔隙中，土中气体可分为以下几种类型：

（1）自由气体：与大气连通的气体，对土的性质影响不大。

（2）封闭气体：被土颗粒和水封闭的气体，其体积与压力有关，会增加土的弹性；阻塞渗流通道，降低渗透性。

（3）溶解在水中的气体。

（4）吸附于土颗粒表面的气体。

三、土的结构

土的结构指土粒或团粒在空间的排列和它们之间的相互联结。

（一）粗粒土（无黏性土）的结构——单粒结构

单粒结构的特点是在沉积过程中，重力起决定性的作用，颗粒之间点与点的接触，如图 2-19 所示。

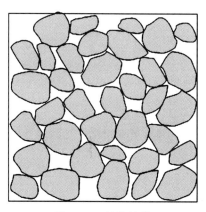

图 2-19 单粒结构

（二）细粒土的结构

土中的细颗粒，尤其是黏土颗粒，在结构形成中，其粒间力起主导作用。这些粒间力包括范德华力、库仑力、胶结作用力和毛细压力。

细粒土常见结构形式有分散结构（片堆结构）和凝聚结构（片架结构），如表 2-13 所示。

表 2-13　细粒土结构

结构形式	分散结构	凝聚结构
示意图		
形成环境	淡水中沉积	海水中沉积
粒间作用力	表面力、胶结力 （粒间斥力占优势）	表面力、胶结力 （斥力减小引力增加）
排列形式	面与面	边、角与面 边、角与边
特点	密度较大、各向异性	孔隙较大各向同性

（三）　反映细粒土结构特性的两种性质

1. 黏性土的灵敏度

定义原状土样的单轴抗压强度（或称无侧阻抗压强度）与重塑土样的单轴抗压强度之比为土的灵敏度 S_t，即：

$$S_t = q_u / q_u' \tag{2-16}$$

式中：q_u——原状土样的单轴抗压强度（kPa）；

$\quad\quad q_u'$——重塑土样的单轴抗压强度（kPa）。

2. 黏性土的触变性

这种含水量和密度不变，土因重塑而软化，又因静置而逐渐硬化，强度有所恢复的性质，称为土的触变性。

四、土的工程分类

根据地质成因，可把土划分为残积土、坡积土、洪积土、冲积土、淤积土、冰积土、风积土和海积土等。

按堆积年代的不同，土可分为老堆积土、一般堆积土和新近堆积土。

从工程实用角度，可把土划分为以下类型：

（一）碎石、砾石类土

严格说这类不是土。粒径大小和级配情况决定着它的工程性质，只要能够使它密实，它的工程性质就好，压缩性低、承载力高、稳定性好，水对它的影响可以忽略不计。

（二）砂类土

这类土属于粗粒土、无黏性土，它的工程性质取决于它的密实度，用相对密实度 D_r 来评价它。水对中、粗砂工程性质的影响不大，对粉、细砂的工程性质影响较大，易发生潜蚀、流砂等事故。砂类土在边坡、筑堤时容易不稳定，易发生滑动破坏。

（三）粉　土

粉土介于砂土和黏性土之间，依其中的黏粒含量小于或大于10%分别称为砂质粉土或黏质粉土。粉土有一些工程特性还没有认识清楚，如粉土的液化特性。许多力学指标和塑性指数 I_p 的关系曲线在 $I_p=10$ 时有转折点（粉土的塑性指数 $3<I_p<10$），对其机理还不完全清楚。粉土难以压实，不宜用石灰加固，沉桩比较困难，这些工程现象还须作深入研究。

（四）黏性土

（1）一般黏土：指全新世早、中期形成的黏性土，在全国分布很广，工程性质往往差别很大。

（2）老黏土：指第四纪晚更新世（Q_3）及其以前形成的黏性土，年代久远，工程性能比较好。有些老黏土具有半成岩化，是半岩石。有些老黏土有网状裂隙，卸荷后有释重裂隙。老黏土不透水，常是隔水层。

（3）新近堆积的黏性土：指晚全新世（2 500～3 000 年前）以来形成的黏性土，因时间短，压密性不够，通常是欠固结的。也包括几百年来，甚至几十年来形成的河漫滩，山前洪积层，山脚坡积层，填塞的河、湖、沟、谷，河流泛滥区，崩塌体，滑坡体等。

从地域性及工程特性方面，可以将土划分为黄土、软土、膨胀土、盐渍土、冻土、人工填土等。区域性土又称特殊土，这类土有两个特点：一是分布在一定的区域内，相对而言不普遍；二是有特殊的工程性质。

在地球的自转以及地球内部的动力作用下，处于地球表层的地壳处于不断的运动中。地壳的运动引起地壳结构与构造的变化，地壳上的各种地质构造现象都是地壳运动造成的，所以地壳运动又称构造运动。构造运动留下的形迹称为地质构造现象，简称地质构造，诸如岩体中的褶皱、节理、断层等地质构造。地壳自形成以来，时刻处于运动过程中，但对现今的地表形态及区域稳定起到决定性作用的是晚第三纪以来的构造运动，本章主要研究晚第三纪以来的构造运动——新构造运动。

第三章

新构造运动及地应力、地震

第一节　新构造运动

一、新构造运动的基本概念和特点

地壳不停地在运动着，即构造运动不断地在进行着。新构造运动的时间界限如何划分呢？这方面主要有两种意见：一种是自新（晚）第三纪以来；二是自第四纪以来。地球表面地形轮廓的形成主要取决于新（晚）第三纪以来的构造运动。第四纪以来的构造运动十分活跃，表现剧烈，至今未已，是形成今日地表形态的内动力。新构造运动对老构造运动既有继承性，又有新生性。新构造运动的研究在我国始于20世纪50年代。

新构造运动的特点如下：

（一）升降运动剧烈、幅度大、速度快

第四纪以来，华北平原沉降幅度达500~1 000 m以上，东北平原、江汉平原的沉降幅度达150~300 m不等。长江流域自镇江向上游，地面沉降量逐步增大，沉降速率也逐步增大。长江三峡地区是以断块的升降运动为主。西南高原地区地壳上升幅度高达1 000~1 500 m，喜马拉雅山的上升速度比剥蚀速度快50~100倍，所以喜马拉雅山地区还在不断上升，在1951—1971年的20年内，总上升约55 m，平均每年上升2.75 m。青藏高原在第三纪末的上升速度约为4 mm/年，到第四纪晚更新世的上升速度为10 mm/年，全新世以来的上升速度为20 mm/年，也是不断加快的变化规律。

关于地壳沉降，有人估算：古生代地壳沉降速率约为9 mm/千年，中生代地壳沉降速率约为200 mm/千年，新生代第二纪前期（早第三纪）则为400 mm/千年，新（晚）第三纪以来则达到10 mm/年，第四纪以来，还有所增加。

（二）新构造运动时期构造应力场发生显著变化

构造应力场的变化包括大小、方向和性质。例如我国华北京、津、唐地区，在早第二纪末，主压应力方向为NW—SE，到了第四纪已转变为NEE—SWW。郯庐断裂带在晚第二纪至第四纪早更新世受到张力作用，产生了NNE向的断层，第四纪中更新世以来又受到了NEE近EW方向的挤压，在老断裂带上出现了许多逆冲断层，将晚更新世、全新世地层压在下面。新构造运动对老构造运动既有继承性，又有新生性。例如，我国黔北褶皱带，新、老构造运动一致，背斜区上升，向斜区下沉，遵义就处在这个下沉带内。更多的新构造运动和老构造运动是不一致的，这是因为构造应力场发生了变化。新、老构造运动形成的构造线之间产生斜交或截切，例如华北地区从晚第三纪以来，由于大幅

度下沉，形成了许多大湖泊，发育着很厚的湖相沉积，随后湖泊消亡，新构造运动形成的构造线与老构造线成斜交或截切。

（三）新构造运动时期产生了普遍的断裂构造和活动断层

这些断裂构造有新生性的，但更多的是老断裂构造的扩展或复活。

新第三纪以来，我国西部地区如天山地区、河西走廊地区、青藏高原地区都有显著的新断裂活动并且均以挤压性的逆冲断层占优势。我国的东部地区，由于构造体系不同，构造部位不同，新构造运动的性质也不同，就整体而言，是以上盘下降的正断层为主，但华北地区也有一些逆冲断层。秦岭北麓的 EW 向大断裂继续在活动，华山上的一些老剥蚀面不断在上升，渭河地堑又不断在下降，这里的错断差高达 2 000 m 左右。由于侵蚀速度小于错断速度，所以在秦岭、华山北麓形成了许多断崖三角面。

全新世以来，宁夏贺兰山东麓的大断裂错断了宁夏的古长城，邯郸的断裂切断了邯郸古城，使同一地层两侧高差达 7～9 m。华北地区的断裂控制着该地区全新世地层的沉积和古人类文化层的高程，也控制着区域内水系的变迁，在许多地方新的断裂切断了全新世形成的低级阶地，形成了新的断裂阶地。

由于断裂活动频繁即断层活动性强，所以发震断层也多，形成的地震也就频繁，尤其在断裂的转折处、末端处、交汇处、活动强烈区域等最容易成为发震断层的震中区。在我国发生的六级以上的地震中，属于第四纪以来有活动的断裂带上的占 70%，属于晚第三纪有活动的断裂带上的占 20%。新构造活动带也是地震带，新构造活动也使老的断裂带进一步扩展。例如，1920 年宁夏海原地震（$M=8.5$ 级）的新断裂长度为 230 km；1927年甘肃古浪地震（$M=8.0$ 级）的新断裂长度为 140 km；1931 年新疆富蕴地震（$M=8.0$ 级）的新断裂长度为 176 km；1937 年青海都兰地震（$M=7.5$ 级）的新断裂长度为 180～300 km；1970 年云南通海地震（$M=7.7$ 级）的新断裂长度为 60 km；1973 年四川炉霍地震（$M=7.9$级）的新断裂长度为 90 km。

新构造断裂不仅形成了断层及断裂带，而且也在岩体中形成了大量的构造节理裂隙，地下水沿着这些构造裂隙上升出露，形成新的构造裂隙泉。新构造运动对地下水系的状态产生了很大的影响，所以了解、掌握新构造运动及新、老构造运动的关系在水文地质中得到了广泛的应用。

二、新构造运动的主要类型和表现特征

（一）升降运动

升降运动具有间歇性，即阶段性，还具有层次性。有的地方是大规模、大面积的升降运动，有的地方是在下沉地堑内次一级的局部小规模的升降运动。升降运动中的升和降也是相对独立的，有的地方是升，有的地方是降，升和降不是等幅的，也不是同时的。

新构造运动的升降运动也是造山运动，如喜马拉雅山在继续上升，天山、昆仑山的

升降差异达几千米。升降运动也包括形成高原的造陆运动，如青藏高原的形成。升降运动更多地表现为造貌运动，即地貌运动，从地质地理上讲，这是小规模的，局部的。例如，江苏省连云港地区的新构造运动以强烈上升为主，晚第三纪上升很强烈，第四纪以来，上升幅度有所减少。晚第三纪以来，地壳上升的总幅度约有 600 m 以上。全新世以来，曾有过两次地壳下降，均遭到海侵，之后地壳又上升。该地区的云台山脉现在远离海岸，但在岩壁上不同高度处（10~600 m）均有海蚀的浅穴，这就是地壳上升和海侵留下的证据。

第四纪以来，山西汾河地堑和强烈上升的龙门山（山西）相比，虽然它是在下陷，但它仍是处在山西背斜的间歇式的整体隆起区中，所以汾河地堑中除了沉积之外，还有因地壳的整体隆起、河流深切河谷形成的黄河和汾河两岸的多级阶地，甚至在一些小支流两岸也形成了几级阶地。

汾、渭地堑的南、北都有山脉，升降运动造成的高度差都在 1 000 m 以上，甚至达 2 000 m，所以有人估计汾、渭地堑是正在形成的新的大裂谷。

升降运动的产生是和地壳的均衡作用有关。均衡作用指地壳较轻的物质浮在下部较重的物质之上，按浮力定律达到平衡。沉积和剥蚀，冰期和间冰期，气候的变化导致湖泊的形成和干涸，人工水库的修建等都引起地壳均衡作用的调节，即荷载大了就下沉，荷载小了就回升。目前，许多地区的地面下降，除了地下水的因素之外，也有构造下沉的作用，后一种因素不能忽视。由于局部的地壳上升形成山体抬升，迫使河流改变了流向，如汾河和丹江就是如此。局部山体抬升甚至会形成分水岭的迁移，对水系影响更大。

（二）水平运动

从地质力学及板块运动的观点看，地壳的水平运动应是主要的。这包括了海底扩张、海洋盆地与大陆的分异、大陆边缘的拗陷、大陆上高原与盆地的分异；也包括断裂体系的形成、发育，地堑、裂谷的形成、发展，形成新的山脉和海洋，板块的移动、漂动等。水平运动也必然会引起山体、河流、湖岸、地层的变形和错位。例如，嵩山山脊呈 S 形扭动；秦岭北侧渭河的一些支流几乎呈直角拐弯；西藏的一些湖泊岸线错位；敦煌多期洪积扇的明显偏移。

地震是断裂的伴生现象，所以在构造地震中，更容易发现水平运动比垂直运动还要大。例如，1920 年 12 月宁夏海原地震，$M=8.5$ 级，断裂两侧的水平位移 14.0 m，垂直位移 1.0 m；1931 年新疆富蕴地震，$M=8.0$ 级，断裂两侧的水平位移 14.6~20.0 m，垂直位移 1.0~3.6 m；1937 年青海都兰地震，$M=7.5$ 级，断裂两侧的水平位移 8.0 m，垂直位移 6.0~7.0 m；1973 年四川炉霍地震，$M=7.9$ 级，断裂两侧的水平位移 3.6 m，垂直位移 0.5 m。地震时的地壳现象也证明了水平运动很大，如铁路钢轨呈水平状蛇形弯曲，烟囱的某一段被水平抛出等。

许多断块山地、断块升降带、断陷盆地、裂谷及一些隐性（不明显）、潜性地貌的形成及变化都证明：在断裂构造活动中，既有水平运动，又有垂直运动，而水平运动幅度常常大于垂直升降幅度。

（三）褶曲（皱）运动

褶曲和褶皱运动是由巨大的水平挤压运动及其引起的垂直运动，两者共同形成的。新构造运动时期的褶曲和褶皱以我国西部地区发育最好。例如，天山、昆仑山、喜马拉雅山褶皱带，柴达木盆地周围的褶皱带等。在新疆，山前褶曲（皱）很发育，常多达 3～4 排，离山越远，褶曲越新。这些都是背斜成山，主要是晚第三纪至第四纪中更新世的地层，向斜部分多被晚更新世到全新世的沉积物覆盖，两翼坡度常常不对称。褶曲和活动断裂常常伴生，活动断裂也能引起褶曲。河西走廊地区第四纪褶皱运动也很明显。

在汾河地堑中也有次一级的褶曲构造，如陕西韩城和山西万荣之间的背斜轴呈 EW 走向，横跨黄河，这个褶曲也使黄河的三级阶地发生拱曲。又如山西襄汾的褶曲，横跨汾河，也使汾河阶地发生拱曲，在褶曲轴部的汾河二级阶地高出河床约 70 m，褶曲之前仅高出河床约 20 m。在我国东南沿海一带，第四纪以来为褶皱隆起带，褶曲的形成和地应力大小、板块运动状态有关。

（四）海侵、海退及海岸变化

新构造运动时期发生过多次海侵、海退。华北、渤海区域，在 100 万年以前至少发生过三次海侵。第一次被称为永乐店海侵，发生在第三纪末或第四纪初。在汾渭地堑中及运城盆地中，钻孔至 450 m 深度处，就会发现有特殊的标志性（指示性）海洋生物，如孔虫化石、介形虫化石等。第二次是北京海侵，距今 200 万～240 万年，在北京市顺义区钻孔深超过 400 m 以后也发现指示性海洋生物有孔虫化石。第三次是渤海湾海侵，距今约 170 万年，在黄骅市、海兴县钻孔深超过 300 m 后就发现有孔虫化石。

晚更新世以来，华北平原还发生过多次海侵，如河北省海兴县、黄骅市、青县、沧州、献县、白洋淀等地都发生过海侵，有的是发生在全新世。海侵、海退的交互出现，就形成了今日河北省东部海、陆相地层的叠复交互。

长江下游地区至少有四次海侵、海退。规模最大的海侵使海岸的位置在今日的丰县、沛县、洪泽湖、高宝湖、溧阳、丹阳一带。晚更新世的晚期，发生大海退，上海才成陆，当时的海岸线位于今日的大陆架外缘。

杭州湾以南的东南沿海第四纪以来是褶皱隆起带，更新世海侵不明显，更新世晚期发生大规模海退，全新世又有大规模海侵。

在晚更新世晚期（距今 1.5 万～1.8 万年），我国北方和南方的海平面都比今日的海平面低一百多米（有的说约 130 m），全新世又发生了海侵海退，大约在几千年（有的资料为 5 000～6 000 年）前才形成了相对稳定的今日的海、陆边界。

各地的海侵、海退都造成了海相、陆相地层的交互叠复状态。

（五）地震及火山作用

1. 地震活动

地震活动频繁是新构造运动活跃的主要表现形式之一，构造地震是断裂构造运动的新生或扩展或复活的伴生现象。断裂构造的存在极为普遍，断裂活动也很频繁，有感地震全世界每年要发生几千次，强震或破坏地震在全世界每年要发生几十次、几百次。强震是人类遭遇到的最大的地质灾害。

2. 火山活动

岩浆活动，出现火山，形成侵入岩，产生地震，形成造貌运动，这也是新构造运动的主要形式之一。我国第四纪以来火山活动很多，许多地方都有岩浆活动和火山喷发。20 世纪 50 年代新疆还有火山喷发。凡有火山喷发的地方，都留下了大面积的玄武岩或安山岩、流纹岩地层以及火山碎屑、火山灰，还有熔岩流下面被烘烤、烧结、挤压推动的迹象。海底的岩浆活动形成新的海岛，近几十年，欧洲冰岛附近、日本海、夏威夷群岛区域都有新的海岛冒出海面。非洲与阿拉伯半岛之间的红海仍在继续扩张，岩浆物质上涌，形成新的陆地壳。

三、我国的新构造运动

（一）青藏高原的新构造运动

喜马拉雅运动是地质史上的一件大事，对我国各方面影响深远。大约 1.5 亿年前，今天的长江三峡山区是一个分水岭，长江当时向西流入地中海；大约 5 000 万年前，印度洋板块向北与欧亚板块碰撞，青藏高原隆起，中国境内出现了西高东低的形势，长江三峡高山失去了分水岭的作用，长江就改向东流入太平洋，长江在三峡地区长期深切河床，才形成了今日的岸陡谷深的险要地势。长江从向西流入地中海到向东流入太平洋，这对中国的区域稳定、地形地貌、气候、自然环境产生了极深刻的影响，甚至起着控制作用。青藏高原的持续隆起，长江长期强烈深切河床，这就局部改变了地应力场，使中国西部地区的地应力场变得特别复杂，地应力场的复杂特征反过来又影响到板块运动。

（二）中国黄土高原的侵蚀作用

黄土高原是我国水土流失最为严重的地区，其土壤侵蚀模数最大可达 4×10^4 t/（年·km^2），甚至更大，输入黄河的泥沙量高达 $16 \times 10^8 \sim 18.8 \times 10^8$ t/年。流失的水土都是表层耕植土、肥土，这是黄土高原地区长期贫困的重要原因之一。侵蚀作用增强的原因有构造因素、气候因素和人为因素。其中，构造运动上升区会使侵蚀加强；气候因素包括降雨量、蒸发量、风力及其分布和强度；植被稀疏、边坡失稳、陡坡垦殖、不适当的水利工程也会导致深切河床、侵蚀加剧。侵蚀的总体趋势是从第四纪更新世到全新世侵蚀加剧。到了距今 700 年前，自然环境受到破坏，侵蚀速度猛增，其侵蚀速率为更新世的 10 ~ 100 倍。地表坡度和侵蚀正相关，这个界限坡度为 25° ~ 28°。

（三）柴达木盆地新构造运动

青海湖盆地为断层陷落盆地。"柴达木"在蒙语中是"盐泽"的意思。柴达木盆地面积 12 万～20 万 km^2，周围是褶皱带，盆地内湖泊面积很大，矿产资源极为丰富，有"聚宝盆"之称。第四纪初，盆地的沉积范围和湖相范围比现今大得多，而目前盆地内第四纪地层缺失很多，湖泊面积缩小很多，这均是中更新世以来构造运动和改造的结果。第四纪中、晚期以来，柴达木盆地经历了多次构造运动，西部 SN 方向挤压缩短、隆升剥蚀，湖泊总体上在向盆地东部移动，基本上成了今日的面貌。柴达木盆地的地应力与构造运动基本上同青藏高原的地质构造活动连为一体，具体的构造活动和构造特征有所不同。

（四）长江上游水系的演变

长江上游指长江源头至湖北宜昌这一江段。长江上游四川宜宾以上也称金沙江。金沙江和川江段在第三纪末、第四纪初及早期是向西流入滇西盆地、流入地中海，那时水系源于川东、鄂西、秦岭山区。第三纪末、第四纪以来，青藏高原强烈隆起，上升幅度达 3 000～4 000 m，现在仍在缓缓上升。高原周边水系发生重大变化，金沙江上段断陷盆地中又遭到强烈侵蚀切割，新构造运动又使滇西、川西隆升为高原，导致滇西、川西高原汇水四川盆地，又促成了长江三峡河段的河流袭夺和三峡贯通，最终形成了大江东去的形势。

新构造运动既是缓慢的，又是明显的，可通过反复的精密水准测量、地应力测量来监测、发现。

（五）黄河水系的变迁

第四纪中更新世时，黄河中游禹门口以上是大湖，后来由于地震，大湖又扩展到三门峡以上，从禹门口到三门峡是一个大湖盆地带，水位涨落明显。山西芮城匼河遗址有一个断面，三门峡会兴镇也有一个类似的断面都可以证明这种情况。那时，整个晋陕谷地是一个大湖盆，三门峡一带的几条小河流由南向北流入湖盆。后来又由于大地震，使大湖盆大倾斜，河床下跌几十米，大约 250 万年前，青藏高原抬升，湖盆底又上升隆起。大约 160 万年前，构造运动巨变，断裂起伏发育，古湖盆下切明显，上游河水又汇集若干小河流，形成泱泱大川，从三门峡向东，奔腾入海。下游大量的泥沙沉积，形成华北平原。由于黄河中游黄土高原水土流失严重，黄河因河水颜色浑黄而得名。我国的古代文献《尚书·禹贡》中还没有黄河这个名字，直到西汉初，始称黄河，普遍采用黄河这一名称似乎始于宋代。

（六）地震震中的迁移和新构造运动

研究历史地震和 20 世纪的地震，发现地震现象也有规律。这里的所谓"迁移"，包括三个层次，即单个地震震中的迁移、地震带的迁移和地震活动区域的迁移。

1. 迁移现象

我们把喜马拉雅地震和天山地震带算作第一个区域；把祁连山周边及其东部称为第二个区域；南北地震带是一个大的分界线，这个地震带实际上呈 NE—SW 走向，也是中国东、西部的重力异常带，沿贺兰山、六盘山、龙门山（四川）、大小凉山、滇中东部分布。中国的攀西大裂谷就在这条地震带上。这条地震带也称川滇南北构造带，向北延伸到四川岷山，向南延伸到云南哀牢山、元江。这个南北地震带作为第三个区域。将华北和东部活动地块作为第四个区域，这里所说的"东部"，包括环太平洋地震带，我国的台湾地区就处在这条地震带上，新构造运动强烈，主要表现为陆壳抬升和深海下降，地震活动频繁。

上述几个区域，从西向东地震活动有明显的迁移过程、循环现象。展望未来的地震活动，还是这种迁移、循环规律。

2. 地震迁移的机理

地震迁移的机理仍是新构造运动。印度洋板块由南向北挤压，青藏高原和喜马拉雅山向 NE 方向移动；欧亚板块由西向东漂移、挤压；中国大陆东部沿海有某些自由边界的特征。简单地说，这就是中国地震活动迁移、循环规律。这其中还要弄清楚地震的活跃期和平静期的概念。应该说活跃期和平静期是相对的，它包括时间、强度（地震级）和地点（范围），这也是地震预报的三个主要方面。

（七）北京的新构造运动

中生代末期，燕山运动时期使华北地壳出现了一系列的 NE 向和 NW 向断裂，把华北地壳切割成菱形断块。第四纪中更新世末，新构造运动趋于活跃，泥河湾断陷盆地和怀来—延庆断陷盆地形成的古湖泊开始通过永定河向燕山山前地区排泄，古湖消亡，在山前形成古洪积扇，包括石景山至通州区一带。古洪积扇的继续扩大，新构造运动使海侵曾达到顺义，使大厂、顺义、平谷下沉，使大兴隆起，直到全新世，导致永定河南流，并在洪积扇范围内摆动，这必然影响到第四纪沉积过程与河流发育史。发源于燕山山脉的短小河流，出山后流经北京北部及东部，构成潮白河水系最后汇入海河。河流也形成新的洪积层和冲积层，这就是北京平原的今日面貌。

北京平原的形成和发育可以说，在燕山运动的基础上，是第四纪新构造运动的产物。而古湖消亡、新构造运动，永定河的摆动及若干短小河流的冲积、洪积作用发挥了重要作用。

（八）海洋、海岸线变化和新构造运动

根据研究，我国海平面每年上升 0.14 ~ 0.20 cm。21 世纪我国海平面上升率还会提高，与世界海平面上升率相当。海平面在过去三四千年里基本稳定。近百年来，随着工业化的发展，温室效应加剧，气候变化，冰山、冰川溶化，还有新构造运动的影响，海平面也有上升的迹象。

海岸上升所导致的地貌变化是海岸沉积物增厚，海岸带坡降变缓，如连云港的海积阶地高 4～6 m，海南岛北岸的海积阶地高超过 6.0 m。只要沉积加强，会逐步变成海积岸，沉积不断加强，也会形成海滩、砂坝等海积地貌。如果海岸上升快而沉积作用差，则岸坡和海岸会受到海水冲刷和海蚀，久而久之，海积地貌也可能消失，如辽东半岛、山东半岛、连云港附近、海南岛、雷州半岛、台湾岛处于构造上升状态。

海岸下降时，若沉积不多，则发生海蚀，原来的海蚀面，将下沉到海平面以下，如长江口；海岸下降，海岸坡降变缓或沉积增多，则发生海积，相对上涨的海面可将海积阶地推移到新淹没的陆地上，如江浙平原，自雷州半岛以东至闽粤交界处的广东海岸处于构造下沉状态。

四、新构造运动的发现和识别

我们着重考察发现和识别第四纪以来的新构造运动。许多新构造运动是在老构造运动的基础上活动起来的，这是继承性活动的构造体系，也有新产生的构造体系。构造体系是由许多不同形态，不同力学性质、不同等级、不同序次，但有成生联系的各种类型的构造形迹所形成的构造带及其间地块、岩块等组成的整体。这是一定方式的区域构造运动的结果，是一定构造应力场存在并产生作用的产物。新构造运动的迹象表明，它主要不是大面积的升降运动，而是由水平运动引起的升降运动。新构造运动剧烈的地方，地震活动就频繁，它对区域稳定性关系极大。我们从以下几方面去发现、识别和研究新构造运动。

（一）从老构造的存在状态发现新构造运动

弄清了老构造的存在状态，通过精密水准重复测量工作，就能够发现它的变化特征，区别哪些是在老构造的基础上继承性的活动，哪些是新生型的构造活动。新、老构造的关系可分为三类。

1. 新构造继承了老构造活动

根据 1959—1961 年间精密水准重复测量的结果，发现长江三峡万县至秭归段相对下沉，其平均速率为 3～6 mm/年；秭归至宜昌段掀斜上升，上升速率平均为 2～4 mm/年；江汉平原下沉，自西向东的平均速率为 2～24 mm/年。经过与老构造相对比，得知这一带的新构造运动是在老构造运动的基础上继承性的变化。

2. 新生的构造运动

自汾河南段附近区域，横跨汾河和黄河的近 EW 向的褶曲运动，使河岸阶地也发生了明显的拱起。这一带除了褶曲之外，还有山前断裂，褶曲的轴部也有次一级的小型断裂，该地区还有区域性隆起，因此黄河、汾河，甚至一些支流两岸都出现了级数增多的阶地。这些新构造运动是新生的，和老构造体系没有联系。

3. 新构造运动在发展中受到老构造状态的影响而发生变化

一个老构造的存在，如断裂或褶皱，必然要影响到区域应力场，影响到后来的新生构造的发生、发展。而新生构造在其发展过程中如果没有足够强大的力量，则必然会迁就让步于老构造，改变自己本来的发展方向和趋势。例如龙羊峡地区黄河三级阶地上新生的 NS 向扭断裂就受到下伏基岩中的 NW 向的断裂影响。河西走廊第四纪褶皱受到第三纪褶皱的影响而造成新、老褶皱的叠置状态。山西汾河本来由北向南流，到晋南侯马，由于峨眉台（紫金山）隆起，迫使汾河向西南流，由河津入黄河，现在侯马附近的礼元一带还保留有古汾河的河道。

（二）从地貌方面发现新构造运动

1. 新构造运动线（带）与地貌分界线、地震活动带密切相关

贺兰山与银川平原之间，太行山与华北平原之间，大青山（阴山）与内蒙古草原之间，秦岭和渭河地堑之间，这些都是新构造运动中地壳升、降的分界线，也是地貌边界线，又是地震活动带。我国由银川到昆明的 NE—SW 向近 SN 向构造带（也称川滇南北构造带）以西受 SN 向挤压作用力，构造带以东受近 EW 向挤压作用力，这条线是我国东、西分界的重力异常带，也是新构造运动的活动带，也是我国强地震的主要分布带之一。

2. 第四纪地层及地貌的变化

观测第四纪地层及地貌的变化是发现新构造运动既简便又可靠的办法。常见的现象分类如下：

（1）老洪积扇前又发育新的较完整的洪积扇。山前洪积层很厚，呈叠置状，形成了洪积层阶地。这是地壳的升降运动造成的。

（2）河流两岸阶地显著不对称（高差大、阶地级数不同，级差显著），阶地数目增多，阶地发生拱曲或被切割断裂，升降差明显等变形。

（3）第四纪地层的断裂、隆起、沉陷等。如果是断裂，则可以直接观察到，例如河北怀来盆地、山东郯城县、河南三门峡市。河西走廊上的酒泉等地都有第四纪地表层的断裂，这是下伏基岩断裂扩展到地表层的现象。大同市第四纪地表层的断裂也扩展到了地表，在大同市近些年来显著产生地裂缝并伴随地面沉降的现象非常值得注意。

第四纪地层的隆起或沉陷要通过精密水准重复测量来发现。全国许多平原地区和盆地地区在新构造运动时期曾以不同的速率沉陷，如华北平原、江汉平原、准噶尔盆地。

升、降运动的过程是复杂的，有间歇性（分阶段性、不连续），有振荡性（升和降的振荡），还有升、降的相对独立性和层次性（在地堑区或沉陷区内有局部的次一级的上升）。在升、降运动的连结处将出现断裂或掀斜。

（三）从水文及水文地质方面发现新构造运动

从水文及水文地质方面发现新构造运动是既简便又可靠的办法。

（1）河流的拐弯或改道。例如，秦岭北麓的渭河支流几乎拐了直角弯；汾河、丹江改变了流向，拐了大弯；四川西部鲜水河西南方向的 9 条支流在跨越鲜水河断裂时，都作 NW 向转弯。

（2）水系对新构造运动的反应极敏感。例如河北平原地区，水系的分布完全受基底构造单元活动状况的控制。构造运动的升、降不仅影响着地表水系的分布状态，也决定着地下水的升、降。构造下沉区，地下水位上升，可能出现表土层大面积盐碱化，这种新的变化也是新构造运动的标识之一。新构造运动使水系变化的另一个特征是构造裂隙泉的出现，如杭州虎跑泉、青岛崂山泉、泰安的王母池等。

（四）从人文社会变迁方面发现新构造运动

利用文物及人类活动遗迹来判断更近的新构造运动，也是很有效的。利用新石器时代（全新世）人类活动的遗迹，可以判断出我国台湾省西海岸自 2 700～4 000 年前至今，已经上升了 7.5～10.0 m。宋朝时，苏北的海岸线在东台、盐城一线，当时的东台是个著名的港口，现在东台市距海岸约 60 km，这就说明河流的造陆作用、构造作用，海陆变迁使地壳升高了。贺兰山东麓的新构造运动使宁夏石嘴山附近的明代长城被错断，水平错距 1.45 m，垂直错距 0.95 m。湖南、湖北的洞庭湖周围古代的，甚至几十年前的街道、村落、民用砖窑，现今沉到了湖面以下，水深过膝，这说明洞庭湖地区地表在下沉。河南浚县公路两旁高出地面对峙的石质孤山和土质高地则是华北平原连续下沉、沉积的标志之一。

（五）从新近的地裂缝考察新构造运动

陕西、山西、江苏、山东、河南、安徽等省几十年来在无地震的情况下，出现了大范围的地裂缝。根据分析，虽然地裂缝和地下水超采关系很大，但不是气候、土质、水文地质、工程活动及地貌变化引起的。应该指出：地裂缝和新构造应力场形成密切有关，是新构造活动的标志，是过去的隐伏断裂的进一步发展造成了第四纪地层断裂并直达地表层。

西安地裂缝的产生和发展影响巨大。西安的地裂缝最初出现在 20 世纪 20～30 年代。1920 年 12 月宁夏海原大地震之后，是第一个地裂缝活动期，这个时期形成了西安南郊的三条地裂缝，与此同时的渭河地堑中许多地方也都出现了地裂缝。第二个地裂缝活动期是在 20 世纪 50 年代末和 60 年代初，这个时期产生了西安南郊和城区的四条地裂缝。这个时期长安—临潼断裂带也是一个活跃期，在断裂带上产生了许多地裂缝。渭河地堑中的地裂缝也出现活动期。根据水准测量资料表明：从地裂缝开始活动到造成建筑物破坏约需 7～10 年。第三个地裂缝活动期是在 20 世纪 70 年代中期，这个时期出现了西安西郊和北郊至东北郊的三条地裂缝。唐山大地震之后，地裂缝显著活跃，向两端延伸并扩展。自 20 世纪 80 年代中期以来，西安东北郊和东郊原有的地裂缝，其活动显著加强，明显扩展，可能是地裂缝的第四个活动期。这个时期西安地区没有强地震产生，到 2001 年 7 月，西安南郊一个村庄出现了一条长约 1 000 m，NEE 向延伸，最宽达 1 m 的新地裂缝，称为第 11 条地裂缝。

西安市上述众多地裂缝已覆盖了整个城区、市区和郊区，向市区西南部分的分布范围更大些。这些地裂缝的走向都是 NEE 向，大致互相平行，间距 1.0 ~ 1.5 km，全部位于西安古地貌众多的黄土梁南侧陡坡处。地裂缝的平面展布形态为树枝状、羽状、雁列状、锯齿状、S 状，每一条主地裂缝的两侧形成一个地裂缝带，分布着短而细小的地裂缝，地裂缝带的宽度为几十米，可见深度几米至十几米不等，多数为 10 m 左右。主地裂缝的延伸长度为几千米至十几千米，在地裂缝的活动期向两端延伸。地裂缝在地表的宽度多数为 20 ~ 150 mm，也有宽度大的，约为 20 ~ 40 cm。地表面处裂缝两侧的垂直错距为 20 ~ 300 mm，在地下地层的错距要大得多。例如，唐代填土层底部的错距达 40 ~ 60 cm，在晚更新世地层的底部，垂直错距最大达 2.0 ~ 4.0 m。目前探测的地裂缝深度可达 20 m 左右。地裂缝在垂直剖面上的展布形状为斜线、折线、台阶状、羽状、Y 状等。裂缝面上比较粗糙，有张有闭。

西安市地裂缝的分布范围广，发展速度快，所以造成了大量的建筑物墙体和梁、板结构的破坏。地板错开、马路错断、地下管道断裂、农田严重漏水等。地裂缝的发展伴随着地面沉降的产生。自 20 世纪 50 年代末以来，西安地面沉降累积量达 1.0 m 左右，在地裂缝活动的年份里，地面沉降速度约为 20 ~ 100 mm/年。

西安地裂缝及地面沉降的原因应该是以新构造运动为主，西安南郊的长安—临潼断层在秦岭北麓褶皱—断裂带的北缘，长安—临潼断层是一条活动性正断层，走向 NE，倾向 NW。地幔的隆起轴在西安附近呈 NEE 向存在。西安众多地裂缝全部位于西安古地貌若干黄土梁南侧陡坡处。上述构造特征和西安地裂缝的存在及发展基本一致。地下水超采只加剧了地裂缝的发展，地下水下降的漏斗边界应有圆弧形特征，而地裂缝都是 NEE 向直线，显然不一致、不吻合。

（六）根据地球卫星照片发现新构造运动

利用地球卫星照片也可以发现新构造运动。例如在新疆发现沿着断裂发生新的水平运动。昆仑山中段全新世火山群喷发留下的火山口在卫星照片上反映得非常清楚。分析卫星照片还发现了准噶尔盆地东南边缘产生的一些山前断裂带。

五、新构造运动对地应力的影响

由于地应力的存在和积累，造成了新构造运动，地应力是新构造运动的力源。反过来，新构造运动又使地应力释放或积累，又使地应力的大小、方位、状态发生变化。两者是对立统一的关系。

（一）唐山地应力测试

1976 年地震后在凤凰山测点，测得 $\sigma_{h,max} = 2.5\,MPa$，方位为 N47°W，与区域应力场最大主应力方向有较大偏差；1978 年在同一测点测得 $\sigma_{h,max} = 2.3\,MPa$ ，方位变为 N89°W 即近东西（EW）。

（二）北京地应力测试

京西温泉的测试，岩性为石灰岩，测量深度为 12 ~ 22 m，1974 年 8 月测得 $\sigma_{h,max} = 3.6\,MPa$ ，方位为 N65°W；到唐山地震后，1976 年 9 月再测量，$\sigma_{h,max} = 5.4\,MPa$ ，方位为 N67°W。

八宝山断裂的组成部分煤岭弧形断裂的测试。该测点位于北京西南约 35 km 处，为弧顶，向 NW 突出的构造，沿着该弧形断裂附近，各处地应力场有规律的变化，最大主应力的方向由 NW 向变为 NNW、NE、NEE 向，与该地区的区域应力场方位相差较大。

（三）清江断裂和隔河岩水电站

清江在湖北西部恩施地区，隔河岩水电站在湖北长阳县附近清江下游，清江是长江的支流，在宜昌南的宜都入长江。

清江断裂的新构造应力场与喜马拉雅运动的应力场差异较大，喜马拉雅运动的应力场表现为 SN 挤压，EW 拉张，在长江三峡地区主要表现为断块的调整。新构造运动使清江断裂主要是 NWW—SEE 向区域主压应力起控制作用。根基很深的黄陵（长江三峡坝址三斗坪附近）背斜呈椭圆形构造，对区域应力场具有重要的阻抗和干扰作用，从而区域应力场造成局部应力场环绕黄陵背斜周围发生急剧变化。鉴于新构造运动经历的时间较短，所以新构造变动主要表现为大面积构造地貌变化。

（四）黄河上游龙羊峡地应力

龙羊峡坝址区主要断裂是断层 F_7 ，这条断层表示为 N10°W，NE41°，出露长度为 15 km，是继承性复活断层。F_7 断层附近 3 号钻孔最大水平主应力为 NNE 向，与区域最大主应力方向一致，而 F_7 断层的下盘上 5 号钻孔则大不相同，最大水平主应力方向为 NNW 向，最大水平主应力的方位由 NNE 转为 NNW 向，这显然是受断层的影响。

（五）甘肃金昌市矿上 F_1 断层的地应力

测点在龙首山附近，该断层走向 N50° ~ 70°W，倾向 SW，倾角 50° ~ 70°，全长 170 km，为逆断层。断裂带宽百余米，断层面常见断层泥。在断层附近布置测试，岩性为大理岩，测点深度为 11 ~ 44 m，最大主应力 4.2 MPa，最小主应力 3.5 MPa，最大主应力方向为 N20°E，和断层走向夹角为 70° ~ 90°。

（六）川滇南北构造带上的地应力

这个构造带可称为龙门山（四川）—锦屏山（四川雅砻江由南向北猛拐弯处的东侧）

—玉龙雪山（云南）构造带。以此为界，青藏高原东缘川滇地区可分为东、西两个性质截然不同的大地构造单元，青藏高原地壳物质向东—东北蠕散，喜马拉雅山向东楔入川滇地区。这种运动影响深刻，该区域新构造运动以水平构造应力场起控制作用，局部出现挤压变形和伸展变形的应力场，出现了岷山—龙门山构造带，相似地也出现了锦屏山—玉龙山构造带。川滇西北地区近 SN 向的巨大断裂是近 EW 向伸展的结果，也和锦屏山—玉龙山构造带的顺时针扭动有关。从地质力学、块体运动学入手，解析构造变形及其所导致的断裂和强震，才能提供有内在联系的地质学论证。

（七）三门运动及新构造

三门峡地块的历史及演变在划分第四纪初始年代上极为重要，该地区新构造运动也很活跃。约在 300 万年前，三门峡盆地出现了一些小湖泊，和泥河湾盆地同期。约在距今 250 万年前的早—中更新世，在山边断层的强烈活动下，三门峡盆地大幅度下沉，排水通道受阻，盆地聚水而扩张，小湖变成大湖，这时的湖相沉积物为灰绿色，称为"绿三门"。距今约 100 万年前，内相沉积物颗粒较粗，颜色灰黄，称为"黄三门"。中更新世末，距今 15 万~20 万年前，构造运动剧烈，侵蚀性基准面大幅度下降，范围远比三门峡盆地大，湖水迅速下切，湖水外流，从三门峡向东，直入大海，这就是初始阶段的黄河。

三门峡盆地地层的构造变形，发育了一系列轴向为 NW 近 EW 的褶皱并伴随有大量断层，其强度由东南向西北方向减弱，说明当时的大湖盆底是倾向下游的。三门运动结束了湖盆时代，开始了河流时代，河床侵蚀下切，开始出现冲积相地层。三门运动代表了促使中国东部第二阶梯地貌最后形成的新构造运动。

六、新构造运动与地质灾害

由于地质事件而造成的人类灾难叫地质灾害。有的是直接的地质事件如地震，火山爆发，构造运动，大规模岩爆，采空区、岩溶区塌陷，突然涌水，地面沉降，海侵，地裂地陷，大崩塌，微量元素严重失调等；有的是由于气候、人工活动引发的地质事件，如洪水、泥石流、崩塌、滑坡、地面沉降、地裂地陷、诱发地震、水土流失等。

地质灾害和环境地质要区别开来，环境地质是生态学和人类的生存空间的问题。环境地质有自然方面的原因，如水、旱灾害，生态恶劣，水库地震；而更多的是社会运行、人类作用于自然不按客观规律办事、工作失误、管理不良等在一定的时空条件下造成的，本质上属于事故，如水质污染、垃圾堆（排）放、森林砍伐。当然，地质灾害和环境地质也有相关的一面，如森林砍伐、水土流失、沙漠化、生态恶化，水库地震等。

（一）活断层和地震

活断层是活动构造体系的一部分，某一构造体系的活动性与构造应力场有关。活动断层和活动体系对地震的产生、区域的稳定、工程的稳定与安全影响极大。

1. 活动断层的定义

目前仍在持续活动的断层，在地质历史上近期活动过的断层，在不远的将来可能产生活动的断层，都可以称为活断层。活断层是指已有断层的活动性，它和新产生的断层不是一回事。关于活断层"在地质历史上近期"所指的时间范围有四种意见：第一种是自新（晚）第三纪以来；第二种是自第四纪以来；第三种是自第四纪中更新世以来；第四种是自全新世以来，重大的工程也可自晚更新世后期（距今 5 万年）以来。在上述时间范围内有活动的断层称为活断层，仅在上述时间范围以前有活动的断层，在工程上就不考虑了。关于活断层"在不远的将来"所指的时间范围是 100 年或更长一些时间。

关于活断层的定义及活动的时间范围，也可根据工程类别及重要性进行专门的规定，如美国原子能委员会和国际原子能机构曾规定：

（1）在 3.5 万年内有过一次或多次活动的断层。

（2）与活动断层有构造联系的断层。

（3）沿断裂带仪器记录到小震活动和多次的历史地震事件或者发生蠕动。

（4）在晚第四纪（距今约 50 万年）有过活动。

（5）该断层有地面破裂的证据。

符合上述条件之一即可认为是活断层。我国的核电站设计中也采用了这一标准。

2. 活断层的活动方式与分类

活断层的活动方式按其活动方向可分为正断层、逆断层和走向断层。按错断状态及对区域稳定、工程稳定影响的大小可分为蠕动、震动和错断。

蠕动：一般的蠕动是动而不震或断而不震。在工程抗震上可以不考虑它。有的蠕动是强震前、后的蠕动，这是强震前的应力和变形的积累或是强震后的弹性后效。前者和地震预报有关，后者与强震后的余震有关。另一方面，蠕动过程中也要消耗能量和释放能量，这样就可以避免巨大能量的积累和突然释放，由此可以避免强震发生。

蠕动是指速率很小、位移量很小的运动，但蠕动的积累变形也能使地下建（构）筑物及地面山坡上的建（构）筑物发生位移、变形及破坏。许多断层都有蠕动，如北京的八宝山断裂及山东、安徽境内的郯庐断裂。

震动：这是指由于断层的活动引起了震动即地震，但没有产生新的断裂，原有的断裂也没有明显的延伸扩展，尤其是没有产生地表断裂，这种情况可称为震而不断。通常这样引起的地震级别不高、破坏不严重，采取工程抗震措施就可以保证工程安全。

错断：活断层和断层的活动性以及地震，它们不完全是一回事。把能产生地震的新断层或活断层称为发震断层。断裂和地震常是伴生现象。由错断引起的地震是强震，具有突然性，震动剧烈，产生新的断裂或原有断裂带大规模地延伸、扩展。断裂两侧地层的错距很大，通常水平错距大于垂直错距。这种活断层的活动方式及其引起的地震具有很大的破坏性，是工程抗震研究的重点。这种情况下的震害常常是不可抗御的，属于自然灾害，可以通过工程措施减轻震害。对于重要工程，应该避开强震带和极震区（震中附近区域），因为离开震中区的远近不同，工程场地的地震效应就不同，震害的轻重也不同。

参照日本的标准，活断层按活动（错断）速率的定量分类如下：

（1）基本不活动：活动速率小于 0.1 mm/年；

（2）弱活动：活动速率为 0.1 ~ 1.0 mm/年；

（3）强活动：活动速率为 1.0 ~ 10 mm/年；

（4）极强活动：活动速率大于 10 mm/年。

一般认为：活动速率大于 1.0 mm/年，就称为活断层。

3. 活断层的判别

活断层是新构造运动的重要内容之一，所以识别新构造运动中关于断裂活动的一些方法和证据，也是对活断层的识别（判别）的依据。

（1）地质方面的标志。

第四纪地层被错断。例如正在深入研究的西安、大同的地裂缝和深部基岩断裂的关系。秦岭北麓的正断层下盘（南盘）上升，基岩出露，正断层上盘（北盘）下降，第四纪地层厚达几百米。甘肃金川矿区震旦纪以前的地层逆掩（上盘上升的逆断层）于第四纪早更新世地层之上。

活动断裂一定有许多新的构造形迹出现，即产生第四纪地层中的次级构造，如湖北荆门 N30°W 的断裂引起了表土层的小褶曲。有时活断层会使第四纪砾石层中的砾石被剪断或被压碎。

断层破碎带松散、未胶结、未压密，断层角砾岩、糜棱岩、断层泥成分新鲜，硬岩挤压或剪切处有断层擦痕。

第四纪火山群的活动及喷出大量的火山岩，如山西大同、云南腾冲等地区的地质活动。

（2）地貌方面的标志。

在地貌分界线处，如山地和平原、山地和盆地等之间的相对高差进一步扩大，出现新的陡坎、陡崖，错断的山脊和山谷（垂直错断或水平错断）之间出现的断层崖面，洪积层呈很厚的叠复状或出现明显的偏移，出现线性分布的洼地、泉水、沼泽、崩塌体、滑坡等。宋代沈括在《梦溪笔谈》中曾考察了太行山东麓残存的海岸（洋）生物，证明这里曾经是海陆分界。

河谷深切、盆地沉陷，同级阶地发生显著的相对运动，夷平面（在地质作用下使之成为平地）解体。

（3）水文及水文地质方面的标志。

沿地貌分界线出现线性分布的泉水，尤其是出现温泉。因为活断层处都有异常的地热，而且富水性、导水性好，是形成泉水尤其形成温泉的有利条件，如郯庐断裂、太行山东麓断裂、秦岭北麓断裂，上述特征很明显。

地表水系作有规律的变迁，如形成瀑布、河流拐陡弯或反向流动等。四川的鲜水河断裂、云南的红河断裂、小江断裂、青海的一些断裂、秦岭北坡等水系的变迁都很明显。活动断层也使分水岭发生变迁，产生河流袭夺，即一条河流的源头或上游段出现反向流动，注入另一条河流。

活断层区域也常使地下水系的地下水应力场（渗流场）发生变化，地下水位发生变化，甚至也使地下水的化学成分发生变化并由此影响到地表土质和植被的变化。

据文献资料记载，1939 年 1 月宁夏平罗地震，$M=8.0$ 级，NE 向的断裂使石嘴山附近的明代长城水平错距 1.45 m，垂直错距 0.95 m。河北邯郸的古城也被地震断裂错断，两侧高差很大。

1303 年山西赵城地震，$M=8.0$ 级，震中烈度 $I_0=11$ 度，这次地震产生的断裂将霍县城东、城西垂直错开 10 m 以上。霍县城西 2.5 km 处的白龙村发现元代驿道及瓷器埋在现今地表下 8.5 m 深处，而城东 1.5 km 处的赵家庄阶地中埋藏的元代瓷器高出现今地面 1.8 m，这就是地震时断裂活动的证据。

陕西韩城西原村西山上，发现了由地震陡坎、地裂缝、地震凹地等组成的一条 N40°E，长 3 000 m，宽 300 m 的地震变形带，因在山上，又分布在奥陶纪石灰岩中，风化、侵蚀轻微，至今清晰可见。

除上述之外，在一些文献及地方志中常有地震、地裂、地陷、崩塌、滑坡以及地震后形成的湖泊、沼泽、泉及水系变化，当地文物建筑及重要建（构）筑物的破坏情况等的记载，这是了解活断层在有文字记载历史以来活动情况的根据。古代的地震记载文献可供我们了解断层的活动性情况。

地震观测及地球物理测量观测、预报地震不仅是防震抗灾工作的需要，也是判断活断层的有效方法，伴随强震都有新的断裂发生。要弄清断裂构造、断层活动和发震断层在概念上的区别。

地球物理测量除了测量断裂构造的活动方式、活动速率之外，在地震孕育的过程中，越到后来就越会出现许多地球物理特征的异常现象，例如重力、地应力、地温、地热、地磁、地电、波速、地球自转速度、大气层、地下水等都会发生异常。在地球物理测量中，这些指标的突变或反向变化常是地震发震的前兆，是地震预报的重要根据。1966 年在邢台地震前，一些地震观测站就已经发现了上述一些指标异常。在 1976 年唐山地震前，就观测到了北京八宝山断裂的活动情况有明显的变化和异常。

（二）火山活动

这里主要讲我国第四纪的火山活动。我国第四纪的火山活动很活跃，目前，在我国已经发现的火山总数就有 660 座，有些直到全新世，甚至直到现代，还有喷发。在吉林、黑龙江、内蒙古、山西、新疆、云南、海南、江苏、台湾等省都有火山活动，这也是新构造运动的主要形式之一。

1. 东北地区的火山活动

第四纪时，吉林长白山的火山强烈喷发，喷出大量的白色浮石和正长岩，白头山因此而得名。中更新世时火山继续喷发，又喷出了大量的白色浮石，火山口继续扩大。更新世末仍有喷发，形成粗面岩。在停止喷发后，留下一个很大的火山口，后来聚水成湖，湖水面海拔 2 155 m，面积达 10 km²，湖面直径为 3 ~ 4 km，湖水深度都在 200 m 以上，最大深度为 375 m，这就是有名的长白山天池。

黑龙江省牡丹江上游地区全新世火山喷发，熔岩流阻塞牡丹江，像一道拦河坝，形成了一个大堰塞湖，这就是镜泊湖。湖水面积约达 100 km² （长约 40 km），水深超过 60 m，湖水有两个出口，形成了两个高 20 ~ 25 m 的瀑布。

位于黑龙江德都县的五大连池火山群，从早（下）更新世一直喷发到全新世，最近的一次喷发是在 1719—1721 年期间，即清代康熙末年，在停止喷发后，留下五个堰塞湖，即五大连池。该区域内地震不断，这是岩浆活动的结果，这里的岩浆处在地下 70 km 处，该区内的地层也在缓慢上升。人们在这里建立了火山博物馆。

2. 大同火山群

大同盆地散布着 20 座火山锥体和大片玄武岩，在大同盆地东部也有火山群，大同地区是我国北方最大的第四纪火山群。火山灰形成的凝灰岩夹于湖相黏土中，玄武岩层厚达 20 m，柱状节理发育。桑干河畔的一个地层剖面中就有三层火山凝灰岩。大同火山群的主要喷发期是在中更新世，直到全新世才处于休眠状态。

3. 新疆的火山活动

昆仑山区自中更新世以来，一直有火山活动，全新世火山活动更为强烈。从卫星照片很清楚地看到，在长达 300 km，宽 10 ~ 20 km 的范围内散布着 20 多个火山口。昆仑山区的火山活动在古书《山海经》中就有记载。历史文献还记载了公元 825 年这里的火山喷发。南疆的于田地区，直到 1951 年还有过 3 次强烈喷发，1956 年还在冒烟。据宋史记载，吐鲁番地区也有火山活动，火焰山的故事有它的依据。古代也称煤层自燃为火焰山。

4. 华北平原的火山活动

从河北省太行山东麓到渤海之滨，都有过火山活动，地域包括河北省、河南省北部、山东省西部。河北省的西北部已和大同盆地东部相接，都有火山活动。活动时期从早（下）更新世到全新世。在渤海之滨的黄骅市、无棣县平原上有高出地面 36 ~ 73 m，由火山碎屑及玄武岩构成的小山、大山，这就是火山活动的证据。玄武岩下的砾石层有明显的被熔岩烘烤、挤压的现象，局部还有小褶曲及断裂。

5. 云南腾冲的火山活动

腾冲处在欧亚大陆板块的边缘地带，地壳运动特别活跃，地震活动频繁。1512—1981年的 470 年间，腾冲共发生 $M>5.0$ 级的地震约 30 次，发生强震 11 次。这里的地震多由岩熔上升到地表，属于火山地震，也有由地层断裂引起的。腾冲境内仍保留着第四纪 60多个火山口，并排着 3 座火山，有深三四十米的铁锅形火山口。有的火山口有泉水涌出，称为火山湖，湖口直径约 100 m。

火山喷发带来灾难，也带来资源。火山灰可作水泥原料，也可作肥料。此外，还有丰富的地热资源，例如庞大的温泉群、热泉、沸泉群，地热可以发电，地热泉对人体有疗效作用，也可从地热水中提取矿物。

（三）其他地质灾害

与新构造运动有关的地质灾害，除了地震和火山喷发之外，还可能有地形地貌的改变，水系的改变，海平面和海岸线的变化，局部小气候、局部环境的改变，水土中微量元素的变化及其引发的地质灾害。

第二节　地应力

一、地壳中的天然应力场

地壳中天然存在着应力状态，简称地应力，这是指未经人类活动天然情况下的地应力状态。与人类工程活动引起的应力变化相比，地应力又称为初应力或原始应力。地应力场包括自重力应力场、温度应力场、水压力、气压力和构造应力场。地应力场是在漫长的地质历史中形成的。

（一）自重应力场

自重应力是由岩土介质自身的重力作用产生的应力，如图3-1所示。由于自重应力场的半空间特征，只能产生竖向变形，不能产生侧向变形和剪切变形，所以各面上均无切应力，此时面上的法向应力即主应力。

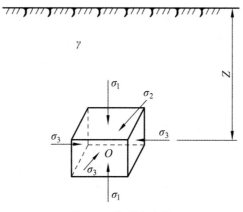

图 3-1　自重应力场

$$\sigma_1 = \gamma Z \tag{3-1}$$

$$\sigma_2 = \sigma_3 = K_0 \sigma_1 \tag{3-2}$$

式中：γ——地层的天然重度（kN/m^3）（假定地层物质是均匀、连续、各向同性、完全弹性的介质）；

      Z——研究点 O 所处的深度（m）；

      K_0——静止侧压力系数。

在一般的情况下，主要在地壳表层的第四纪地层中，自重应力场具有 $\sigma_1 > \sigma_2 = \sigma_3$、$\tau = 0$ 的特征，此时 $K_0 \leqslant 1.0$。当地层为弹性介质时，$K_0 = \dfrac{\mu}{1-\mu}$，μ 为泊松比。当地层为各向异性时，则 $\sigma_2 \neq \sigma_3$。当地层显著超固结时，则 $K_0 > 1.0$。这要和当地的地质历史及岩性结合起来进行分析。

（二）温度应力场

温度应力场是指地层的温度明显高于地表大气温度引起的温度应力，包括地温梯度、地幔物质热对流、岩浆活动及冷却、构造运动中产生的热能，如深层采矿、石油开采、地热发电等都应注意重视温度应力场。冻结应力是温度应力，也是地应力。

（三）水压力和气压力

地下水的存在及运动引起的应力称渗流应力或渗流场。

在能源工程（煤炭、石油、天然气）中，还必须注意有利的和不利的气压力研究。

（四）构造应力场

构造应力是地质构造运动（也称地壳运动）引起的应力，如褶皱和断裂带内储存的应力。在工程中使用"地应力"这个术语时，常常指的就是这种构造应力。在岩体工程中，对构造应力应特别重视，很多事故与这种构造应力的表现和突然释放有关。

地球处在运动之中，这是一种复杂的运动。地球转动速度有时变快，有时变慢，运动和作用力、作用效果是密切联系着的，运动需要有力源，而地球转动速度的变化对地壳产生很大的作用力，产生地壳运动，形成各种各样的地质构造，如造山运动、造陆运动、褶皱和断裂构造等。从构造形迹可以追索力的作用，从力的作用可以追索地壳运动方向和特征，一定形式的构造体系反映一定的地应力作用方式。

应该指出：地球岩石圈、地壳并不是一个完整的整体。根据大陆漂移学说和板块构造理论分析可知，地壳分为若干个大小不同的板块，在地壳运动中，相邻板块之间也会发生相对运动，如分离、挤压、碰撞，由此产生很大的构造运动应力，形成构造运动，如垂直运动、水平运动、复合运动等。构造运动按地质年代分有旧有新，按规模有大有小，按形式多种多样。

由地壳运动的不平衡性造成的构造应力（能量），一部分消耗在地质构造运动过程中（包括建造和改造两大方面）；另一部分在漫长的地质历史中，在一定条件下得以释放，如地形地貌蚀变；再一部分就残留在岩层或岩体中，也可能处于封闭状态，所以也有人把构造应力称残余（剩余）应力，就是指的这一部分。这一部分应力在一定条件下还会有所表现，如产生一定的构造活动，所以也有人把这一部分应力称为活动的构造应力。

在地壳的不同区域，上述三部分并不是都同时存在的。某处的构造应力（剩余的、活动的）如果不断积累，当达到一定程度时，可能使岩层产生褶曲，或者一旦超过岩体的弹性强度，就会发生突然断裂，积累的构造应力突然释放，便产生断层，同时产生强大的震动，这就是构造地震。

通常，构造应力被封存在某些区域，在人类工程活动中进行开挖，使它逐步可能成为临空面而暴露时，局部封存的构造应力就会突然释放，表现出强大的作用力，这叫岩爆，它在煤矿中很突出，对工程很不利，会产生大规模破坏。

构造应力场按形态及规模可分为：① 构造体系的构造应力场，规模很大，影响一个区域，可能孕育地震。② 构造形迹的构造应力场，如一个背斜、一个向斜、一个中小断层，影响范围小些。

构造应力场按形成的时间可分为：① 古构造应力场，② 新构造应力场，③ 近期或目前还在活动的构造应力场，工程中尤其要注意。

二、地应力场的形成

地应力场的形成是一个复杂的地质历史过程，大致有以下几个方面。

（一）重力作用

重力作用如图 3-1 所示。岩土物质的自重不仅引起竖直应力，还引起侧向应力。竖直应力用式（3-1）计算，侧向应力用式（3-2）计算。对于大多数岩土物质，K_0 为 0.20 ~ 0.70，对于软黏土，$K_0 \approx 1.0$，即接近静水压力状态。对于岩石和一部分土体，很多情况下 $K_0 > 1.0$，这种情况的形成是复杂的，要通过实测和地质历史来分析。

（二）地形地貌的影响

地形地貌的影响主要在地下较浅层有显著表现。影响大小和山体走向、地形轮廓有关，如高原区、山梁区、沟谷坡地、孤立山头等。在地下浅部，常有地应力的变异区，即分布特征和规律不明显、不确定，甚至规律紊乱。在山区深切河谷的地方，地下浅部地应力变异区以下又可存在应力集中区和应力松弛区。在西部水电站建设确定坝址时，要特别注意这一点，这方面我们还有不少未知的领域，很容易发生事故。

（三）地质构造运动、板块运动的强度、方向、序次及影响

经构造运动，岩石岩体内会产生节理裂隙、岩浆侵入、岩脉、褶皱带、断层带、剪切带、不整合面，岩体也会出现非均匀性，出现隆起、凹陷、挤压、碰撞、掀起、错动、空穴等变形，这些对地应力会有显著的影响，会有应变能——应力的封存、储存、释放、

发生岩爆，总之地应力强度、方向都会发生明显变化。一个地区，一种地貌形态在地质历史上除了某一次构造运动的强度、方向及影响之外，还有一个多次构造运动的序次问题。后一次构造运动对于前边的构造运动有个互相叠加、互相作用的问题。弄清这个构造运动的序次及互相作用以及结果是地质力学的主要任务之一。一个地区经历多次构造运动，才有今天的结果，互相作用，有应力释放，有应力积累，有建造，有改造，今天的地质情况是历史上地质作用累积的结果，弄清今天的情况和弄清历史上的多次变动是互相深入、互相关联的，也是对立统一的关系。

（四）岩性的影响

岩石种类不同，岩性不同，它们的刚度、变形特征不同。沉积岩的层理情况不同，弹性、弹塑性性能不同，变形比较大时，既会消耗能量，又能储存能量，如正长岩和玄武岩，砂岩、页岩、凝灰岩，它们的岩性不同，它们之中的地应力也不同，包括强度和方向。

（五）风化和剥蚀的条件和程度

风化和剥蚀是普遍存在的一种外力地质作用，它可以使岩石崩解、破碎、变质，又可改变岩层的覆盖厚度，它能使地应力释放，使地应力作用方向改变。产生风化、剥蚀的自然力很多，如风力、气体、流水和水力、冰川、热能和陡坡重力、环境变化、大型超大型的人类工程活动等。应力释放时，竖直应力易释放，水平应力释放就不大容易，所以出现许多地区静止侧压力系数 $K_0>1.0$ 的情况。

三、地壳中构造应力状态的基本特征

地壳中的构造应力分布是有一定规律的，各处地应力（构造应力）的方向、大小、性质等，取决于运动外力的大小、作用方式、边界条件以及外力作用区域内的岩石、岩体力学性质等。总的来讲，这些称为构造应力场特征。

（一）构造应力的分区性

构造运动的分区性决定了构造应力的分区特点，包括方向及大小。例如，中国西部20世纪以来持续受近 SN 方向的挤压作用，西北地区地应力的最大主压应力方向为 NNE。中国东部地区的地应力场总体上讲是近 EW 方向的挤压作用。

华北地区以太行山为界，以东区域最大主压应力为近 EW 方向，以西区域最大主压应力为近 SN 及 NW 方向。

以秦岭纬向构造带为界，北方的华北、东北地区的最大主压应力为 NEE，近 EW 方向。在秦岭和阴山之间区域的构造应力状态随构造部位不同而不同，如河西走廊的最大主压应力为 NE 方向，渭河谷地为 SN 方向，山西中部为 NW 方向。秦岭纬向构造带以南，南方的华南地区最大主压应力以 NWW 方向为主，还有 NW 方向。

在不同的地质历史时期，构造运动的主要影响区域不同；在同一个地质历史时期，不同区域构造应力的活动强度也不同。例如，20 世纪以来，我国东部总的来说构造应力活动强度小，华北地区的构造应力活动相对比较强；我国西部的构造应力活动强度明显大于东部，所以我国西部地震多，强度大，震级也高，规模也大，断层活动明显。

应该指出：区域构造应力场的特征可以延伸到大型工程场地，但在实际工作中不能将区域构造应力状态直接用于工程场地，必须进行现场实测，才能作为处理工程问题的依据。

（二）构造应力的大小及表现方式

哈盖特（G. Herget）根据大量的地应力实测资料于 20 世纪 70 年代得出统计关系式为

$$\sigma_{v} = [(19.0 \pm 12.6) + (0.266 \pm 0.028)Z] \times 10^2 \, kPa \tag{3-3}$$

$$\sigma_{h,av} = (\sigma_{h,max} + \sigma_{h,min})/2 = [(83.0 \pm 5.0) + (0.407 \pm 0.023)Z] \times 10^2 kPa \tag{3-4}$$

式中：Z——测量深度（m），$Z \leq 800$ m 适用；

σ_{v}——竖向主应力（10^2 kPa）；

$\sigma_{h,av}$——水平方向平均主应力（10^2 kPa）；

$\sigma_{h,max}$——水平方向最大主应力（10^2 kPa）；

$\sigma_{h,min}$——水平方向最小主应力（10^2 kPa）。

根据中国的构造应力实测资料得出的统计关系式为

$$\sigma_{h,max} = [(45 \pm 25) + 0.49Z] \times 10^2 kPa \tag{3-5}$$

$$\sigma_{h,min} = [(15 \pm 10) + 0.30Z] \times 10^2 kPa \tag{3-6}$$

式中：Z——量测深度（m），$Z \leq 500$ m 适用；

$\sigma_{h,max}$——水平方向最大主应力（10^2 kPa）；

$\sigma_{h,min}$——水平方向最小主应力（10^2 kPa）。

水平方向的应力表现出明显的各向异性，根据我国 $Z \leq 500$ m 范围内的实测资料，大致规律如下：

$$\sigma_{h,max}/\sigma_{v} = 150/Z + 1.4 \tag{3-7}$$

$$\sigma_{h,min}/\sigma_{v} = 128/Z + 0.5 \tag{3-8}$$

根据国内外大量的构造应力测试资料（表 3-1），可以看出它们有明显的下列特征：

表 3-1　构造应力测试成果

测量地点	测量深度 Z/m	垂直主压应力 $\sigma_v/10^2$ kPa	水平主压应力 $\sigma_h/10^2$ kPa	
			$\sigma_{h,max}$	$\sigma_{h,min}$
云南下关	—	60.2	124.4	63.2
云南永平	233	63.0	69.4	43.0
甘肃金川	—	288.0	500.0	334.0
甘肃金川	450	114.0	192.0	129.0
青海拉西瓦	—	184.0	294.0	2 510
河北唐山	295	48.0	78.0	58.0
河北易县	73	39.0	1 110	59.0
辽宁海城	4~16	—	93.0	59.0
山东郯城	—	7.30	1 150	1 120
广东河源	20	156.0	259.0	218.0
湖南锡矿山	250	158.0	1210	84.0
河南小浪底	100	36.4	28.9	9.7
四川 511 工程	98	25.7	38.6	—
澳大利亚雪山水电站	197	106.0	133.0	126.0
长江三峡坝址	250	107.0	205.0	—
长江葛洲坝址	30	40.0	56.0	—

（1）构造应力绝大多数表现为压应力，其方向与所在地区的构造线（如断裂带走向、褶皱轴向等）走向垂直或近于垂直。

（2）在大多数情况下 $K=\sigma_h/\sigma_v>1.0$，甚至远大于 1.0，即在一个相当大的区域内，最大主应力基本上呈水平方向作用而且相对稳定并和该区域控制构造线方向垂直。

（3）水平方向上两个主应力不等并表现出各向异性，区域构造场常常决定局部点的主应力。

（4）常出现 $\sigma_v\neq\gamma Z$ 及 $\sigma_Z>\gamma Z$ 的情况，γ 为岩体的重度，Z 为深度。

当构造应力 $\sigma_{h,max}>\sigma_{h,min}>\sigma_v$ 时，就容易产生逆、冲断层；当 $\sigma_{h,max}>\sigma_v>\sigma_{h,min}$ 时，就容易产生走向断层；当 σ_v 为最大主应力时，就容易产生上盘下降的正断层。

应该指出：对于大型工程场地，应对构造应力状态进行现场测量，不能用上述一般规律直接代替。在实际工作中，要确定最大主应力方向，首先要确定区域构造线方向。区域构造线的地质标志有断层走向、褶皱轴向、劈理、片理的走向、旋扭构造轴向等。构造线方向确定了，和它垂直的方向就是最大主应力的方向。

（三）构造应力随深度变化的特点

最大水平应力的方向沿深度存在着局部变化，浅部的情况要复杂一些。在我国，地应力水平主应力方向沿深度变化不大。在一个广阔的区域内，最大水平主应力的方向沿深度是相对稳定的，并和区域控制构造线方向垂直。

水平主应力的大小随深度的变化关系比较复杂。在深度 $Z \leqslant 150\ \text{m}$ 的范围内，线性规律比较明显，深度再增大时，规律不明显。在唐山地区进行的地应力测量也证明了这一点。

垂直主应力随深度呈线性增大。在深度 $Z \leqslant 1\ 000\ \text{m}$ 的范围内，按 $\sigma_\text{v} = \gamma Z$ 计算，一般说来，误差不大。当深度 $Z > 1\ 000\ \text{m}$ 时，按照 $\sigma_\text{v} = \gamma Z$ 的计算结果，误差就很大，数值也很分散。

地应力的三个主应力 $\sigma_\text{h,max}$、$\sigma_\text{h,min}$、σ_v 之间的关系随深度有明显的变化。例如，$\sigma_\text{h,av} / \sigma_\text{v} = K$ 这个比值 [$\sigma_\text{h,av}$ 为水平方向平均主应力，$\sigma_\text{h,av} = (\sigma_\text{h,max} + \sigma_\text{h,min}) / 2$]，在地表浅层即深度 $Z \leqslant 150\ \text{m}$ 处，这个值很分散，通常 $K > 1.0$，甚至远大于 1.0。再往深处，在深度 $Z \leqslant 500\ \text{m}$ 的范围内，虽然仍有 $K > 1.0$ 的结果，但 K 的具体数值较浅层明显有所减小。当深度 $Z > 500\ \text{m}$ 时，则 $K < 1.0$。

（四）构造应力的时、空变化特点

由构造运动形成初始地应力场之后，随着时间的推移，很多因素将会引起应力变化。例如：① 后来的构造运动叠加和干扰；② 地形、地貌受到侵蚀、剥蚀作用引起的应力释放；③ 新的沉积作用的影响；④ 岩体裂隙产生的应力释放；⑤ 岩石的塑性变形及流变特性的影响；⑥ 地震、火山爆发引起的影响；⑦ 地下水、温度等环境变化引起的影响；⑧ 工程开挖和工程事故（如岩爆）产生的应力释放。由上可知：构造应力的测量不是一劳永逸的，地震监测的一个重要方面就是监测构造应力（地应力）的变化。例如，河北省邢台地区隆尧县茅山测点，1966 年 10 月的测量结果是：测量深度 8 ~ 10 m，石灰岩地层，最大水平主压应力 $\sigma_\text{h,max} = 77 \times 10\ \text{N/cm}^2 = 7.7\ \text{MPa}$，方向为 N54°W，最小水平主压应力 $\sigma_\text{h,min} = 42 \times 10\ \text{N/cm}^2 = 4.2\ \text{MPa}$。同一个测点，到 1976 年 6 月再测量时，情况变化为 $\sigma_\text{h,max} = 32 \times 10\ \text{N/cm}^2 = 3.2\ \text{MPa}$，方向为 N87°E，已近 EW 方向，$\sigma_\text{h,min} = 21 \times 10\ \text{N/cm}^2 = 2.1\ \text{MPa}$，可见变化很明显。

再以我国东部分布在山东、安徽境内著名的郯庐断裂上的构造应力作用为例，说明构造应力随时间的变化。郯庐断裂在侏罗纪末受到近 SN 方向的挤压、近 EW 方向的张力作用，使断裂带下沉又接受白垩纪的沉积。白垩纪之后又受到近 EW 方向的挤压作用，使以前的地层发生褶皱并产生逆冲断层。早第三纪末直到第四纪早更新世，受到张力作用，产生了 NNE 方向的断层。第四纪中更新世以来，又受到 NEE 方向近 EW 方向的强烈挤压作用，老断裂带上出现了许多逆、冲断层，如白垩纪地层逆冲到晚更新世及全新世地层之上。郯庐断裂成为我国东部的一条地震活动带。

四、地壳中构造应力活动与区域稳定性

所谓区域稳定性应包括两个方面：一是区域性地壳变形，新构造运动状态；二是地

震和火山。实际上，这两方面均说明区域不稳定，它们都和地应力（主要指构造应力）有关。

（一）构造应力的形成和积累地区

在地壳运动中，必然产生地壳的变形。大规模的强烈褶皱运动称为造山运动，广大地区长期缓慢的隆起运动称为造陆运动。各种断裂活动、各种构造形迹，都是地壳运动的结果，对地壳都有建造和改造。这些地壳的运动及变形，都是内力地质作用或主要是内力地质作用的结果。同时，也在其中蕴集了能量，一些地区还积聚了很大的能量。老的断裂、褶皱构造中也能继续积聚很大的能量。这就是构造应力的形成和积累的过程。

晚第三纪、第四纪的褶皱运动，在我国西部有很好的发育。西部的褶皱构造多以背斜形式出露，卷入的地层主要是晚第三纪到第四纪中更新世，向斜部分多被晚更新世及全新世沉积覆盖。在塔里木盆地、准噶尔盆地周围褶皱强烈，背斜成山，两翼不对称，南坡缓，北坡陡。在柴达木盆地周围褶皱平缓，两侧对称。在这些褶皱带中大多数都存在走向断层。在新疆及青藏高原北部主要受天山构造带的影响，构造应力呈 SN 向挤压。宁夏中部经过甘肃和四川交界带至四川和云南中、东部地区，在这个构造带上虽有构造体系的复合作用，但径向构造活动占主导地位，所以地应力呈 EW 向挤压。在我国大陆东部，构造活动比较复杂，地应力作用也比较复杂，有的地方呈 EW 向挤压，有的地方呈近 SN 向挤压。

从岩石圈、地壳的构造状况来看，可以分为若干个大、小板块，板块之间的碰撞、挤压、推动、错动、掀起、剪切等也产生强大的构造应力，如欧亚板块与非洲板块碰撞、挤压形成了阿尔卑斯山；欧亚板块与印度洋板块碰撞、挤压形成了喜马拉雅山，这些地区构造活动强烈，还有火山活动。巨大的 SN 方向的挤压力形成了深断裂，逆、冲断层，褶皱，形成了青藏高原上近 EW 方向的山脉及山间盆地。

我国的台湾省位于亚洲大陆东部边缘和太平洋板块的接触带上。新生代以来，构造活动十分强烈，升降运动、水平挤压、火山活动都很明显，强烈的挤压褶皱、逆掩、逆冲断层分布很广。构造应力（主压应力）的方向以 NWW 占主导，其次是 NEE 及近 SN 方向，都是以水平压应力为主。

由于构造运动的叠加，所以构造应力也受到干扰，产生叠加并延续。

（二）构造应力的释放和地壳断裂地区

由于构造运动产生了构造应力。地壳内剧烈的构造运动，短期内将产生很大的构造应力；缓慢的构造运动，构造应力还可以继续积累，地壳继续变形。当构造应力超过岩石强度时，岩石就会断裂，有时断而不震，即只有微小的相对位移，而不产生明显震动；有时在地壳深部引起断裂和震动，但未引起地壳表层的断裂；只有当构造应力超过了岩石强度，大规模岩体又突然断裂，瞬间释放巨大能量时，才引起地壳的强烈震动，这就是地震。原有的断层产生新的活动断裂也会引起地震，在构造地震中，这种情况占多数。能引起地震的断层称为发震断层。由此可知，地震的发生、分布、活动水平、断裂方式及地震时的地壳变形等都和构造运动有关，也都和构造应力有关。当地震发生时，构造应力得以释放，在地震发生后，构造应力的大小和方向可能发生变化，以后又有可能形成构造应力的重新积累，从而显示出地震活动的阶段性。例如北京市顺义区的一个测点，1976年测定：$\sigma_{h,max} = 36 \times 10^2 \, kPa = 3.6 \, MPa$，方向 N83°W；到了 1977 年再测定时，$\sigma_{h,max} = 22 \times 10^2 \, kPa = 2.2 \, MPa$，方向为 N75°W。

在中国大陆，20 世纪共发生 6 级及 6 级以上地震 300 多次，在西部就有 250 多次，占 83%，而东部地震又主要集中在华北，所以西部的构造活动强度大，构造应力也大，地震释放能量也大。

在断裂带的端点、拐点，尤其在断裂带的交汇处最易发生地震。

断裂可能形成大裂谷。例如，东非大裂谷，美国的科罗拉多大裂谷，俄罗斯的贝加尔大裂谷，中国的攀西大裂谷和雅鲁藏布江大裂谷，秘鲁的科尔卡大裂谷等都属于大断裂形成的。

断裂也可能形成断块山和断陷谷，两者之间呈阶梯状地形地貌。例如，太行山和华北平原之间，贺兰山和银川平原之间，秦岭和渭河平原之间，大青山和河套平原之间等。

应该指出：构造应力释放的方式很多，有一些构造应力的释放方式不引起地壳断裂，不影响区域稳定。

（三）中国西部的地应力（构造应力）场

地应力方向以贺兰山、六盘山、龙门山、大凉山、滇中东部一线为界，这是一条中国东、西部分界的重力异常带，该带以西以 SN 方向的挤压作用为主，该带及其以东以 EW 方向的挤压作用为主。

地应力的分区现象是中国西部，尤其西南地区地应力场的主要特点。西南地区的川滇断裂（龙门山—锦屏山—玉龙山断裂）地应力主压应力轴向呈 SSE 方向。沿该断裂北纬 30°以南，四川的构造应力场比云南更为复杂，主要表现在地应力场的方向上，断裂的东、西两侧，地应力方向明显不同。沿该断裂带在北纬 30°以北，又以鲜水河断裂为界，以东、以西，地应力方向表现出明显的转折。

中国西部的水平地应力明显大于垂直地应力，前者是后者的若干倍，所以强大的水平地应力控制着中国西部的地震活动，包括分布及强度。西南地区著名的鲜水河断裂，地应力实测、西昌的地应力测试资料也都证明了这一点。西北地区新疆富蕴 1931 年发生 $M=8.0$ 级的地震，断裂两侧的水平位移达 14.6～20.0 m，垂直位移才 1.0～3.6 m。

地质力学的重要工作就是由构造现象去推断力的互相作用方式，去推断地壳运动的方式和方向，这也是反分析法。由上述的地壳运动（构造运动）特征，可以推断出地应力的状态即地应力各分量之间的关系，如 $\sigma_{h,max} > \sigma_{h,min} > \sigma_v$，在甘肃的金昌市（金川）和青海的拉西瓦等地的地应力测量也证明了这一点，这种地应力状态以逆、冲断层为主。

西南地区许多地方以 $\sigma_{h,max} > \sigma_v > \sigma_{h,min}$ 为主，构造现象以走滑（平推）断裂为主，也有异常地区，如川北的平武县、川滇断裂边界上的剪切滑移性质。

中国西部的地应力场除了上述特征之外，还受局部地质构造和地形条件的强烈影响，而使地应力（包括大小和方向）复杂多变，如川南的安宁河断裂（安宁河是长江上游金沙江的支流）。

五、地应力测量

（一）地应力测量的基本原理和方法

地应力是存在地层中的未受工程扰动的天然应力，也称岩体初始应力、绝对应力或原岩应力。它是引起采矿、水利水电、土木建筑、铁道、公路、军事和其他各种地下或露天岩体开挖工程变形和破坏的根本作用力，是确定工程岩体力学属性，进行围岩稳定性分析，实现岩体工程开挖设计和决策科学化的必要前提条件。

依据测量基本原理的不同，可将测量方法分为直接测量法和间接测量法两大类。

直接测量法是由测量仪器直接测量和记录各种应力量，如补偿应力、恢复应力、平衡应力，并由这些应力量和原始应力的相互关系，通过计算获得原岩应力值。在计算过程中并不涉及不同物理量的换算，不需要知道岩体的物理力学性质和应力应变关系。扁千斤顶法、水压致裂法、刚性包体应力计法和声发射法均属直接测量法。

在间接测量法中，不是直接测量应力量，而是借助某些传感元件或某些介质，测量和记录岩体中某些与应力分量有关的间接物理量的变化，如岩体中的变形或应变，岩体的密度、渗透性、吸水性、电阻、电容的变化，弹性波传播速度的变化等，然后由测得的间接物理量的变化，通过已知的公式计算岩体中的应力值。

（二）直接测量法

1. 扁千斤顶法

扁千斤顶又称"压力枕"，由两块薄钢板沿周边焊接在一起而成。扁千斤顶在周边处有一个油压入口和一个出气阀，如图 3-2 所示。

测量步骤如下：

（1）在准备测量应力的岩体表面（如地下巷道、峒室的表面），安装两个测量柱，并用微米表测量两柱之间的距离。

（2）在与两测量柱对称的中间位置向岩体内开挖一个垂直于测量柱连线的扁槽，槽的大小、形状和厚度需和扁千斤顶一致。一般槽的厚度为 5~10 mm，由盘锯切割而成。

（3）将扁千斤顶完全塞入槽内，必要时需注浆将扁千斤顶和岩体胶结在一起，然后用电动或手动液压泵向其加压，随着压力的增加，两测量柱之间的距离亦增加。当两测量柱之间的距离恢复到扁槽开挖前的大小时，停止加压，记录下此时扁千斤顶中压力。

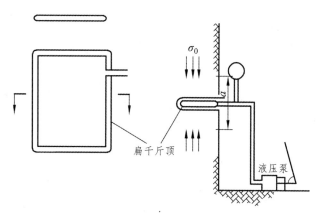

图 3-2　扁千斤顶应力测量示意图

2. 刚性包体应力计法

刚性包体应力计的主要组成部分是一个由钢、铜合金或其他硬质金属材料制成的空心圆柱，在其中心部位有一个压力传感元件。测量时首先在测点打一钻孔，然后将该圆柱挤压进钻孔中，以使圆柱和钻孔壁保持紧密接触，就像焊接在孔壁上一样。设在岩体中的 x 方向有一个应力变化 σ_x，那么在刚性包体中的 x 方向会产生应力 σ'_x，并且

$$\frac{\sigma'_x}{\sigma_x} = (1-\upsilon^2)\left[\frac{1}{1+\upsilon+\dfrac{E}{E'}(\upsilon'+1)(1-2\upsilon')} + \frac{2}{\dfrac{E}{E'}(\upsilon'+1)+(\upsilon+1)(3-4\upsilon)}\right] \qquad (3\text{-}9)$$

式中：E，E'——岩体和刚性包体的弹性模量（MPa）；

　　　υ，υ'——岩体和刚性包体的泊松比。

由式（3-9）可以看出，当 E/E' 大于 5 时，σ_x/σ'_x 的比值将趋向于一个常数 1.5。这就是说，当刚性包体的弹性模量超过岩体的弹性模量 5 倍之后，在岩体中任何方位的应力变化会在包体中相同方位引起 1.5 倍的应力。因此，只要测量出刚性包体中的应力变化就可知道岩体中的应力变化。这一分析为刚性包体应力计奠定了理论基础。上述分析也说明，为了保证刚性包体应力计能有效工作，包体材料的弹性模量要尽可能的大，至少要超过岩体弹性模量的 5 倍以上。

3. 水压致裂法

从弹性力学理论可知，当一个位于无限体中的钻孔受到无穷远处二维应力场（σ_1，σ_2）的作用时，离开钻孔端部一定距离的部位处于平面应变状态。在这些部位，钻孔周边的应力为

$$\begin{cases} \sigma_\theta = \sigma_1 + \sigma_2 - 2(\sigma_1-\sigma_2)\cos 2\theta \\ \sigma_r = 0 \end{cases} \qquad (3\text{-}10)$$

式中：σ_θ，σ_r——钻孔周边的切向应力和径向应力（MPa）；

θ——周边一点与 σ_1 轴的夹角（°）。

由式（3-10）可知，当 $\theta = 0°$ 时，σ_θ 取得极小值，此时

$$\sigma_\theta = 3\sigma_2 - \sigma_1 \tag{3-11}$$

如果采用图 3-3 所示的水压致裂系统将钻孔某段封隔起来，并向该段钻孔注入高压水，当水压超过 $3\sigma_2 - \sigma_1$ 和岩体抗拉强度 T 之和后，在 $\theta = 0°$ 处，也即 σ_1 所在方位将发生孔壁开裂。设钻孔壁发生初始开裂时的水压为 p_i，则有

$$p_i = 3\sigma_2 - \sigma_1 + T \tag{3-12}$$

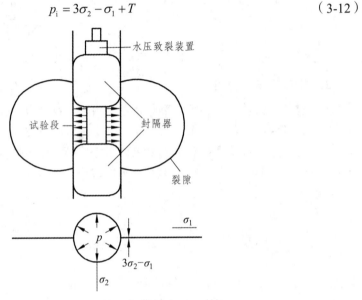

图 3-3　水压致裂应力测量原理

如果继续向封隔段注入高压水，使裂隙进一步扩展，当裂隙深度达到 3 倍钻孔直径时，此处已接近原岩应力状态；停止加压，保持压力恒定，将该恒定压力记为 p_s。由图 3-3 可见，p_s 应和原岩应力 σ_2 相平衡，即 $p_s = \sigma_2$。结合式（3-12），只要测出岩体抗拉强度 T，即可由 p_i 和 p_s 求出 σ_1 和 σ_2，这样 σ_1 和 σ_2 的大小和方向就全部确定了。

4. 声发射法

（1）测试原理：1935 年，德国人凯泽（J.Kaiser）发现多晶金属的应力从其历史最高水平释放后再重新加载，当应力未达到先前最大应力值时，很少有声发射产生，而当应力达到和超过历史最高水平后，则大量产生声发射，这一现象叫作凯泽效应。凯泽效应为测量岩体应力提供了一个途径，即如果从原岩中取回定向的岩体试件，通过对加工的不同方向的岩体试件进行加载声发射试验，测定凯泽点，即可找出每个试件以前所受的最大应力，并进而求出取样点的原始（历史）三维应力状态。

（2）地应力计算：由声发射监测所获得的应力-声发射事件数（速率）曲线（图 3-4），即可确定每次试验的凯泽点，并进而确定该试件轴线方向先前受到的最大应力值。根据凯泽效应的定义，用声发射法测得的是取样点的先存最大应力，而非现今地应力。但是

也有一些人对此持相反意见，并提出了"视凯泽效应"的概念。认为饱和残余应变的应力，它与现今应力场一致，比历史最高应力值低，因此称为视凯泽点。在视凯泽点之后，还可提高应力。

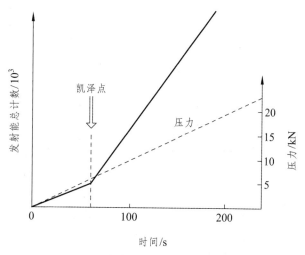

图 3-4　应力-声发射事件试验曲线

（三）间接测量法

1. 全应力解除法（套孔应力解除法）

全应力解除法使测点岩体完全脱离，实现套孔岩芯的完全应力解除，因而也称套孔应力解除法，如图 3-5 所示。

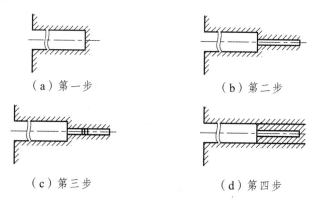

（a）第一步　　　　　　　　（b）第二步

（c）第三步　　　　　　　　（d）第四步

图 3-5　应力解除法测量步骤示意图

第一步：从岩体表面，一般是从地下巷道等开挖体的表面向岩体内部打大孔，直至需要测量岩体应力的部位。

第二步：从大孔底打同心小孔，供安装探头用，小孔直径由所选用的探头直径决定，一般为 36～38 mm。

第三步：用一套专用装置将测量探头（如孔径变形计、孔壁应变计等）安装到小孔的中间部位。

第四步：用第一步打大孔用的薄壁探头继续延伸大孔，从而使小孔周围岩芯实现应力解除，由于应力解除引起的小孔变形或应变由包括测试探头在内的测量系统测定并通过记录仪器记录下来。

2. 局部应力解除法

与套孔应力解除法的全应力解除不同，局部应力解除只能实现测点的部分应力解除。现介绍三种局部应力测试方法。

（1）切槽解除法。

薄克（H.Rock）等人提出了一种切槽解除法，具体步骤如下：

第一步：向岩体内部打直径为 96 mm 的钻孔，直至需要测定应力的部分。

第二步：将一个包含金刚石锯片和切向（周相）应变传感器的装置预先固定在钻孔中需测应力的部分。

第三步：利用风动压力将切向应变传感器预压固定在孔壁上靠近切槽的部位，然后驱动锯片在孔壁开出纵向槽，该槽和钻孔中心线位于同一平面内。

第四步：为了确定测点垂直于钻孔轴线平面，至少要在三个不同方位进行这样的切槽测试试验。

第五步：要确定测点的三维应力状态，必须打交互于测点的三个不平行的钻孔，进行上述割槽解除试验。

（2）平行钻孔法。

一个带有一个、两个或两个以上圆孔的无限大平板在受到无穷远处的二维应力场作用时，圆孔周围的应力-应变状态可由弹性力学的解析解或数值方法求得，这为平行钻孔法确定了理论基础。因此该法主要用于测量岩体表面的应力状态。测量时，首先在测点从岩体表面向其内部打一小孔，并将钻孔变形计或应变计固定于小孔中的一定深度。然后在小孔附近再打一个或几个大孔，大、小孔之间的距离不超过大孔的直径，大孔的深度应保证应力-应变状态在小孔中测点周围沿钻孔轴线方向是均匀的。

（3）中心钻孔法。

杜瓦尔（W.I.Duall）等人提出一种中心钻孔应力解除法，具体步骤如下：

第一步：在需测应力的岩体表面磨平一块约 30 cm×30 cm 的面积，在其中心部位打一直径 3 mm、深 6 mm 的中心孔。

第二步：以中心孔为圆心，使用卡规在岩体表面划出一个直径为 200~250 mm 的圆圈，需保证此圆圈和中心孔是同心的。将此圆圈分成六等分，并打上刻痕。

第三步：将六个测量柱固定在六个刻点，并调整两个径向相对的测量柱之间的距离，使三组径向距离基本相等，用微米表精确测量和记录这三组径向距离。

第四步：用带有中心定位器的直径为 150 mm 的空心薄壁钻头钻出中心孔或中心圆槽，深度为 25 cm，连续记录三组径向相对的测量柱之间的距离变化，直到数值稳定为止。

第五步：根据测得的三组径向位移值 U_1、U_2、U_3，从而求得岩体表面两个主应力 σ_1、

σ_2 的大小和方位。

3. 松弛应变测试法

（1）微分应变曲线分析法。

微分应变曲线分析法由斯特里克兰（F.G.Strickland）等人在 20 世纪 80 年代首次提出，其基本假设是：一个从地下取出的岩芯，由于解除了应力，将会随着岩石的膨胀而出现微裂隙，裂隙的分布和原岩应力的方向有关，裂隙的数量和强度与原岩应力大小成正比。测量步骤如下：

第一步：从现场取回定向岩芯，记录该岩芯的位置和深度。

第二步：将岩芯加工成边长为 4 cm 的正方体试样，加工过程中不允许出现新的裂隙，并注意记录试样在原地的方位。

第三步：将 12 支应变片粘贴在有一个共同交角的 3 个面上，每面 4 支应变片可组成 3 个三族应变花，以提高计算的地应力精度。

第四步：将试样和一个熔凝氧化硅模型一起放入一个压力容器中，并加静水压至 100 ~ 140 MPa，加压大小取决于原来岩芯所在的深度。

第五步：对每一应力-应变曲线进行微分分析，由于每一曲线均包含 2 个（或 2 个以上）线性段，2 个线性段的斜率有明显差别，在 2 个线性段之间有一个过渡段，由此可获得在单位压力下的裂隙闭合应变率。

第六步：由 12 个方向的裂隙闭合应变率可求得 3 个主裂隙应变的方向，它们对应着 3 个主应力的方向。

（2）非弹性应变恢复法。

非弹性应变恢复法的原理早在 1969 年由沃伊特（B.Voight）提出，该方法在某种程度上是应力解除法的延伸。沃伊特等人认为由应力解除引起的岩芯变形由两部分组成，一是弹性部分，它是在应力解除的瞬间完成的；二是非弹性部分，它要经历一个相当长的时间才能完成。具体步骤如下：

第一步：从钻孔岩芯中采集试样，采样工作在岩芯到达地表的很短的时间内完成。需标明试样在地下的原始方位，并将试样用密封材料包好，以防水分蒸发。

第二步：将试样置于恒温恒湿的环境中。对每一试样用 3 个弹簧加压夹紧的变形计测量直径方向的位移，3 个变形计相互间隔 45°分辨率为 1 μm。

第三步：对完成了全部非弹性恢复应变的试样进行温度标定试验，以确定试样在相应方向由温度引起的膨胀率，一般全部非弹性恢复应变在 40 h 左右完成。

第四步：由经过温度修正的非弹性恢复应变值，计算原岩主应力值。

4. 孔壁崩落测量法

1964 年，利曼（R.Leeman）在南非某处 2 000 m 深的金矿钻井中发现，在坚固的石英岩和砾岩中普遍存在孔壁破碎的现象，并具有优势方向崩落的趋势，他指出这种崩落是压实力作用的结果，并且横截面上崩落椭圆的长轴垂直于最大水平应力的方向，后来，在此基础上，有人研究了钻孔脱落的力学机制，提出这种现象是由于孔壁附近应力集中而产生剪切破裂，其崩落方向与区域最小水平主应力方向。孔壁崩落形状如图 3-6 所示。

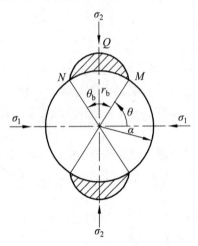

图 3-6　孔壁崩落形状

5. 地球物理探测法

（1）声波观测法。

从 20 世纪 60 年代初开始，声波法即用于测量岩体中的应力状态。这种方法是基于这样的现象，即声波特别是纵波的传播速度和振幅随岩体的应力状态而定量的变化。测量步骤如下：

第一步：选择岩性、结构较为简单的地段，取某一点作为声波发射点。

第二步：以发射点为中心，在其周围不同方向布置接收点，组成监测网。

第三步：使用微爆破、机械振动或其他专用仪器向岩体中发出声波，并在各接收点使用仪器接收声波。

第四步：测量发射点至各接收点的声波传播速度，绘制对应的速度椭圆图，如图 3-7 所示。

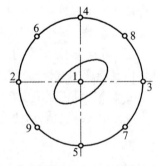

（1 为发射点，2~9 为接收点）

图 3-7　声波传播速度椭圆

第五步：使用合理的方法，对声波传播速度和地应力大小之间的关系进行标定试验，根据标定结果由测得的速度椭圆确定岩体的应力状态。

（2）超声波谱法。

阿格森（J.R.Aggson）于 1978 年首次提出超声波谱法。该方法依据的物理现象是：当岩石受到超声剪切波的作用时将成为双折射性的，其折射率是应力的函数。测量步骤如下：

第一步：向岩体内打一钻孔。

第二步：使用专用仪器向钻孔内发射偏振剪切波在钻孔中传播信号。

第三步：当偏振波在钻孔中传播一段距离后，将出现快波和慢波之间的相消干涉，这种相消干涉由接收的传播信号的最小值来认定；相消干涉也即传播信号最小值出现的频率，主要由岩体中平行于剪切波偏振方向的应力分量所决定。

第四步：为了确定一点的二维或三维应力状态，必须在同一地点的多个互不平行的钻孔中进行上述的测量试验。

本节所介绍的内容中，套孔应力解除法是一种比较经济而实用的方法，它能比较准确地测定出岩体中的三维原始应力状态。局部应力解除法、松弛应变测量法只能用于粗略地评估岩体中的应力状态或岩体中的应力变化情况，而不能准确测定原岩应力值。地球物理探测法可用于探测大范围内的地壳应力状态。但是，由于对测定的数据和应力之间的关系缺乏定量的了解，同时由于岩体结构的复杂性，各点的岩石条件和性质各不相同，因此这种方法不可能为实际的岩土工程提供可靠的地应力数据。

六、地壳中构造应力状态和工程建设

地应力（构造应力）的大小、方向、状态（包括各应力分量之间的关系及活动特性）及分布对区域稳定影响很大。所谓区域不稳定，简单说就是容易引发地质灾害。对于地质灾害，许多情况下人类还是不可抵御的，至多只能减轻灾害损失。地应力问题既是宏观的，又是细观的，它不仅影响到城市规划、大型工程选址，也影响到工程的设计和施工，应当做到精心设计、精心施工。

（一）城市规划、大型工程选址都必须考虑区域稳定问题

各类大型工程（包括城市规划）选址，都有一定的测量依据及选择性。所谓选择，有一个共同的目标，就是尽量减少或减轻地质灾害所造成的损失，以尽量小的代价从自然界获得最大的效益。

为解决区域稳定问题，需要在工程现场测量地应力（构造应力）的方位、大小和状态（包括各应力分量之间的关系及活动特性）；需要鉴别和确定新构造运动特征及可能带来的危害；还要确定该地区的地震基本烈度及地震小区（划分）特征，地震中可能有震害加剧区，也可能有安全岛。

按照世界各国的惯例，历史上发生过强烈地震的地区，现在的地震基本烈度总是定得高一些。还有些地方，历史上无大震，近代中小地震却频繁，这表明有孕育强震的可

能性，根据地震历史，应用概率统计的方法，也可适当提高这些地区的地震烈度，以避免重要工程受破坏。

城市规划也好，大型、超大型工程选址也好，地震情况、地壳构造活动和地应力（构造应力）情况，都是极为重要的论证方面，我们必须谨慎从事，要有科学依据，地震毕竟是众多地质灾害的首害。

（二）高地应力的影响

在地下洞体和边坡开挖中，常有岩爆发生，这是构造应力聚集而突然释放的结果。

地下工程洞体、钻孔发生颈缩、变形及破坏，这些现象再加上地应力分布的不均匀，可能会产生剪切破坏。如果是软岩或软岩夹层，那会产生流变变形即大变形，洞体几何形状产生异常变形而致洞体不能使用或产生强度破坏。

边坡上会出现错动台阶或层间错动或崩塌、滑坡，因为地应力不均匀，不同岩性地应力更不均匀。

（三）岩体高度裂隙化的影响

地应力状态复杂，构造活动比较强烈，构造应力复杂多变，岩体中裂隙高度发育，其直接结果就是岩体的整体性、完整性差，强度低，渗透性强，风化剧烈，严重削弱岩体，地下工程成洞性差，边坡容易失稳。在高度裂隙化岩体中也容易出现 V 形狭谷，坡陡谷深，对工程不利。在崎岖山脊的末端，地应力更为复杂，山体不稳定，地震时会加剧震害。

（四）构造活动区的工程建设

所谓构造活动区有三个层次，即地震区、发震断层和有构造活动。地震是断层的活动性引起的，断层的活动性是地应力作用的结果，由此可见，考察断层的活动性是关键，甚至起着控制作用。

在断裂活动的边缘、末端地带，断块内地应力异常，有可能成为发震断层。例如，断裂的颈缩段及断裂未贯通的不连续区段。断裂的交汇、转折、构造复合枢纽结构段，如云南的小江断裂、红河断裂、程海断裂、下关断裂、丽江断裂中的上述特征段。

地应力异常区包括应力集中带，如青海龙羊峡断裂，主断裂 N10°W，NE41°，在断裂附近，地应力值高，应力集中；远离断裂处，地应力值低。地应力异常区也包括应力松弛带，在断裂带附近，地应力很小；远离断裂带，地应力值升高。一般的解释是在断裂带上应力释放明显或断裂带两侧岩层塑性软化或水化软化程度较高。

在构造活动区进行工程建设，基本的方针还是避让。至于避让距离多大，这是个难题。既要考虑地应力、构造活动的强度，又要考虑它的方位；既要考虑工程建设项目的规模，又要考虑它的重要性即建（构）筑物的安全等级。

（五）非活动断裂对地应力场的影响

首先弄清什么是非活动（非构造）断裂，它指地震波传播引起的裂缝，常出现在河谷、堤岸、陡坡、路堤、沟谷、古河道、地貌边界处，在平原地区如铁路、公路、道路开裂也常见。这类裂缝纵、横都有，长度、宽度、深度都很可观。重力裂缝也是一种非构造断裂，典型的重力裂缝指地震时产生的地层液化，震陷或滑坡、崩塌形成的裂缝。

非活动（非构造）断裂对地应力场有什么影响呢？最直接的结果是地应力释放，地应力方向也发生明显变化。实测表明：断层两侧上盘应力较小，下盘应力大。应力释放使岩体高度裂隙化，有时一条大裂隙就对工程安全起到控制作用。地应力方向明显改变，岩体的破坏类型、破坏特征就会改变，这也直接影响到工程安全。

（六）地应力对岩石力学性质的影响

一般情况下，地应力中水平、近水平应力大于竖直应力，可称之为围压大。围压大时，岩体（石）的塑性特征明显地表现出来，并且岩石的强度明显增高。在深部，由于温度升高，会使岩石的塑性增强，抗剪强度降低。时间也是一个地质因素，在漫长的地质年代里，材料会显出黏性，甚至流变性。另外，长期强度也会降低。由于水的存在，岩石会发生软化，蠕变增大。水对岩石还产生强烈的风化作用。

由此可见，地应力场对岩石力学性质的影响是多方面的、显著的、深刻的。岩石的力学性质变了，工程性质自然也就改变了。

（七）地应力场对工程设计和施工的影响

1. 基坑底部开裂变形

大坝基坑、高层建筑基坑、露天采场（坑）、地下工程及隧道底板等开挖时，由于应力解除、地应力释放，所以底板发生鼓胀、隆起、开裂，有时不得不用反拱结构来抵御这种应力和变形。美国有一个高地应力区，开挖越深，底板隆起、错断越严重，不得不停止开挖。

2. 边坡稳定问题

很高的地应力沿水平方向作用，使边坡体中的岩层向临空面产生层间滑动，尤其沿结构面渗水及存在软弱夹层时，层间错动很明显。深切河谷中筑坝时的坝肩处（河谷两岸）、大型露天采场周边的岩体中都会因水平地应力很大而造成边坡开裂、破坏，尤其在坡脚处。地下工程中的边墙，尤其高边墙，也常因水平地应力作用而产生开裂、错位、内鼓等。

3. 地下工程的设计与施工

首先是巷道轴线的选择。巷道轴线应沿着最大水平地应力（构造应力）方向即沿着 $\sigma_{h,max}$ 的方向，也就是要垂直于区域内起控制作用的构造线方向，以减少事故、保证安全。

其次是地下工程的出、入山体的出入口位置的选择。这些位置覆盖层薄、裂隙高度发育、岩体风化严重、岩体强度低、边坡易失稳。第三是洞形的设计。它包括如直墙拱顶（有各种拱形）、曲线性洞形、底板或底拱，洞室高跨比等，设计时既要考虑开挖引起的地应力重新分布形成的二次应力场，又要考虑构造应力场，问题就复杂多了。第四是洞室的施工及支护。高地应力容易使洞壁产生颈缩、滑动、崩塌、剥离层，甚至岩爆等。围岩的这些变形及破坏直接关系到洞室支护结构的设置类型、受力状态、刚度、变形及破坏，还有设置时间。所谓隧道施工的先进方法——新奥法，就是在应力（包括二次应力和构造应力）、变形、时间三者之间找一个最佳平衡点。

第三节　新构造运动与地震

一、地震成因及机理

（一）地震成因及类型

为了增强人类防御地震灾害的能力，必须在认识地震的实践过程中，探索其活动规律和形成原因。地震按其成因大致可以归纳为以下几种主要类型：

1. 构造地震

构造地震是由于地下深处岩层错动、破裂所造成的地震。这类地震发生的次数最多，约占全球地震总数的90%以上，破坏力也最大。

2. 火山地震

火山地震是由于火山作用、岩浆活动、气体爆炸等引起的地震。火山地震一般影响范围较小，发生的次数也较少，约占全球地震总数的7%。

3. 陷落地震

陷落地震是由于地层陷落而引起的地震。例如，当地下溶洞支撑不住顶部的重量时，就会塌陷引起振动。这类地震更少，约占全球地震总数的3%，引起的破坏也较小。

4. 诱发地震

诱发地震是由地下核爆炸、水库蓄水、油田抽水和注水、矿山开采等活动引起的地震。

上述地震中以构造地震最为常见，对人类的危害也最大。构造地震可分为以下几种类型：

（1）孤立型地震：这类地震没有前震，余震小而少，且与主震震级相差悬殊，地震能量基本上是通过主震一次性释放的。

（2）主震-余震型地震：一个地震序列中，最大的地震特别突出，所释放的能量占全序列能量的 90%以上。这个最大的地震叫主震，其他较小的地震中，发生在主震前的叫前震，发生在主震后的叫余震。

（3）双震型地震：一个地震活动序列中，90%以上的能量主要由发生时间接近、地点接近、大小接近的两次地震释放。

（4）震群型地震：一个地震序列的主要能量是通过多次震级相近的地震释放的，没有明显的主次，几次地震（震群）所释放的能量占全序列的 80%以上。

通常我们所说的地震大多是指构造地震，这里所讨论的也正是这种地震。

关于地震成因的研究主要围绕以下两个方面进行：一方面从地震现场的观测出发寻找地震活动的规律性；另一方面是从岩石在高温高压作用下的各种破裂模拟实验的研究结果入手，结合各种有关的地震现象去探讨地震的成因及其发震机制。有关地震成因问题的研究已经取得了一定的进展，但目前基本上仍然处于假说阶段，要真正解决这个问题还要走相当艰难而漫长的路。下面介绍几种假说。

（二）地震成因的假说

1910 年，美国学者里德根据 1906 年旧金山大地震的断层活动情况提出了"弹性回跳说"，这一地震成因的断层假说得到世界上多数地震工作者的广泛支持。在此基础上，又提出了"粘滑说"，一些中源和深源地震也随着"板块构造"的问世能够从断层假说得到比较合理的解释。与此同时，作为地震成因的另一类假说，如岩浆冲击说、相变说、温度风力说等也相继提了出来。

（三）地震动力来源的假说

随着地震成因问题的深入研究，势必涉及另一个关键问题，即产生地震的动力来源，也就是地壳运动的原动力问题。显然，这已进入了地球动力学的研究范畴。下面介绍几种假说供参考。

1. 收缩说

收缩说是最早试图解决地壳运动动力来源的假说之一。按杰弗里斯的看法，地球为一热的天体，在其演化历史的早期，分离为铁质核心和以硅酸盐为主的地幔，地幔在液态铁质核心的基础上逐渐固结，并且由于无对流情况下的热传导而逐渐冷却。自地球因显著冷却而固结或发生体积变化以来，在地球中心到距地表约 700 km 的范围内基本上没有多大变化，仍处于无应变滞热状态。由于地球的非收缩部分，在距地表 70（或 100）~ 700 km 的区域内，存在着热传导而正在变冷、收缩，故具有内张应力；到了距地表 70（或 100）km 以内，岩石已大大地冷却，需要由太阳的辐射热来维持热的平衡，因此它们在温度上没有很大变化。但由于深层的收缩，使地球对这一最外层处于内压状态。由此可见，地下 70（或 100）km 处应为无应变面的位置。随着地球的逐渐变冷，各层之间的界线也相应地向地球的深处移动。因此，根据收缩说，震源深度小于 70（或 100）km 的地震，能量来源于压应力的集中；70（或 100）～700 km 深度的地震，能量则来源于张应力的集中；到了 700 km 以下，既没有张应力集中，也没有压应力集中，所以不发生地震。

虽然收缩说能够解释地球的许多形态现象，如岛弧的形成等，然而它却未能说明为什么世界上大多数地震的发震构造都是平推断层。同时，它也明显地忽视了地壳中应力的不均匀分布问题。

2. 地幔对流假说

20 世纪 30 年代，为解决大陆漂移假说的能源问题，霍姆斯就提出了地幔对流的假说。他认为大陆漂移的原动力就是地幔的热对流，当地幔内的流体上升到巨大的大陆中央并向两侧散开时，大陆就会从这里裂开，海洋也就借此扩张了。

20 世纪 60 年代以来，把地幔物质的对流运动当作板块运动的驱动力源，已成为比较流行的一种看法。据推测，地幔内可能存在着全球规模的圆环状对流体，随着地核的不断增大，环形地幔对流圈的范围越来越小，数目却越来越多。上地幔中的对流包括两种不同性质的流动，即熔融液体物质的渗流运动和固体物质的塑性流动。对流运动是十分缓慢的，当它向上或向下流动时，可以引起地壳的升降运动；当地幔软流层水平流动时，则又可以驮运牵引岩石圈，从而在地壳内产生水平运动。显然，由地幔对流引起的地壳运动也是地震的一种动力来源。

地幔对流假说不仅解释了海岭裂谷带扩张和岩石圈俯冲的力源，而且也说明了为什么地震发震构造以平推断层占优势。此外，对流作用在时间上和空间上的不连续性，显然也与地震活动在空间分布的不均一性和时间发展中的间歇性特点相吻合。因此，目前有不少人倾向于接受这一假说。然而，问题的关键在于地幔物质究竟能否产生对流。有人认为，高黏滞度的地幔物质不能产生对流，即使能够流动，其速度也只是 2 mm/年，不足以成为地壳运动的一种力源。

3. 地球内部的热机理论

按地幔对流假说，地幔中有热向地壳底面附近传导和对流，使地壳底面的温度升高。有人认为，在地下 40～50 km 处的地壳底面，温度可达 1 000 ℃ 以上。那里的岩石处于固体和液体间的临界状态。由于地壳岩石的传热能力很差，因此地壳底面附近的热就可以储存起来，形成热区，使上述临界状态的岩石发生相变，并伴随着岩石体积的增加；与此同时，周围的岩石又在阻止热区增加体积，于是热区便以强大的扩张力和热应力推动地壳，并在一定条件下引起地壳岩石的破裂产生地震；随后，热区中的一部分液体物质填入地震时产生的裂缝中，减小了对热区的束缚力，使热区的体积得到伸张，温度有所降低。这样，热区上面的地壳和附近的岩石就不再承受强大的推力作用，地震活动也就平息了。上述过程循环往复，如同锅炉中的水煮沸变为高温蒸汽，然后推动活塞运动一样，故称作"热机理论"。热机理论与地幔对流有密切联系，只是其力源主要来自应变能，并与地球热传导有关。

4. 地球自转说

早在 20 世纪 20 年代就有人开始注意到地球自转速度变化与地震的相关性。20 世纪 50 年代，斯托瓦斯根据近 300 年绝大多数毁灭性地震都发生在南北半球纬度 35°附近的事实明确指出，地震的发生可能与地球自转的不均匀性有关。这是由于地球在绕其自转轴旋转时要发生形变。当地球转速增大时，两极物质便向赤道移动，其转动角速度愈大，地球就被压得愈扁；而当转动角速度减小时，情况则相反，引起旋转椭球体形变的压缩变形力还将导致经线弧长的变化。根据理论推导，这种与经弧变化有关的压缩变形力的南北向切应力在纬度±35°15′52″处达到极值，它可能就是产生大地震的重要因素。

地震与地球自转不均匀之间存在着某种联系，这一点似乎能为多数人所承认，然而，要把地球自转作为一种地壳运动的力源，则有不同的看法。目前，对此大致有以下四种见解：① 自转不均匀是由大地震引起的；② 地震是由自转不均匀引起的；③ 自转不均匀与地震是相辅相成的；④ 地震和自转不均匀都是由另一种过程所统一制约的一种共生现象。地质学家李四光持第二种意见。

除此以外，还有不少其他的看法，如摩根于 1972 年就提出了地幔柱模式，别洛乌索夫等人又认为重力分异和物理化学分异是地壳运动的动力来源，是地震孕育的一种能源。

（四）地震产生的机理

地震经常在地球各处发生，由于地球内部的情况很复杂，从地表到地球中心主要可分地壳、地幔、地核三个圈层。地壳平均厚度约 33 km。地壳的运动使岩层中积累应力，产生形变。伴随着地球运动的过程，地壳的不同部位受到挤压、拉伸、旋扭等力的作用，在那些比较脆弱的部位，岩层就容易破裂，引起断裂、位错等变动，于是就发生地震。岩层受它上面的岩石的压力，随着深度增加，温度也升高。在高温、高压的情况下，岩石已不像在地表那样脆，而成为半柔性物质。当弹性应力聚积到超过岩石强度时，就会发生破裂。这时，受力变形的岩石迅速弹回平衡位置，地层中积累的能量以弹性波形式放出，引起地壳振动。大多数地震发生在地壳和地幔上部边缘的岩石里，岩层破裂往往不是沿一个平面发展，而是形成由一系列裂缝组成的破碎地带，沿整个破碎地带的岩层不可能同时达到平衡状态。主震以后的零星调整，就造成了一系列的余震。

地壳的岩石组成也非常复杂，受以前地壳运动的影响，有些地方的岩层中原来已有断裂存在，因而强度较差，容易发生滑动或产生新断裂。正是这些地方最易发生地震。根据经验，地震也常发生在原有断层的端点或转折处，以及不同断裂的交会处。由于地壳运动进展缓慢，应力积累往往需要很长时间，并且地层的组成复杂，岩石强度不一，究竟何时何地平衡状态遭到破坏，形成断裂或滑动，目前地震理论尚难确定。

岩石中积累的弹性应力超过岩石强度时，就将产生断裂；当应力超过原有断裂面两侧岩石间的摩擦力时，就能引起滑动。无论岩层断裂或沿旧断裂面滑动，都将使积累的应力迅速释放，发生地震。

二、地震带的分布

（一）全球地震活动带分布

在地球上，破坏性地震并不是均匀地分布在整个地球上，而是沿一定深度有规律地集中在某些特定的大地构造部位，总体呈带状分布。通常可以划分出四条全球规模的地震活动带，即环太平洋地震活动带、地中海—喜马拉雅地震活动带、大洋海岭地震活动带以及大地裂谷系地震活动带，地震活动带主要又集中在环太平洋地震带和地中海到中亚地震带。下面分别进行介绍。

1. 环太平洋地震活动带

环太平洋地震活动带主要环绕着太平洋周边地区分布，由堪察加半岛开始，向东经阿留申群岛到美国的阿拉斯加，然后向东南延伸，沿北美的落基山脉、中美洲的西海岸，到南美西海岸的整个安第斯山脉。由堪察加半岛向西南，千岛群岛到日本列岛，并在日本本州岛附近分成两支，东支经小笠原群岛、马里亚纳群岛、加罗林群岛、雅浦岛到伊里安岛；西支经琉球群岛、我国台湾岛、菲律宾、印度尼西亚，在伊里安岛一带与东支汇合，然后向东经西南太平洋群岛、所罗门群岛、斐济、汤加一直延至新西兰以南。

环太平洋地震带是地球上地震活动最强的地区，是特大地震的主要发震地带，一些破坏性特大地震都集中发生在这个区域。这里因地质构造强烈，地表高差悬殊，有深度为 11 022 m 的世界上最深的马里亚纳海沟，使得全世界大约 80% 的浅源地震、90% 的中源地震以及几乎所有的深源地震都集中在这个带上，释放的地震能量约占全球地震释放总能量的 80%。仅 20 世纪就发生过数十次 8 级以上的大地震，如 1906 年美国旧金山地震、1923 年日本关东地震、1954 年阿拉斯加地震和 1960 年智利地震等。尤其是 1960 年的智利地震，从 5 月 21 日到 6 月 22 日，在南纬 36°～48° 之间的一个南北长约 1 400 km 的沿海狭长地带中，至少发生了 225 次较大地震，至今已有 3 次超过 8 级，10 次大于 7 级，直到 12 月 2 日还有 7.2 级地震发生。

环太平洋地震带在地质历史的早期，特别是中、新生代以来就是一个地壳活动性较大的地槽地区。其中，西太平洋的岛弧—海沟地带更有其独特的构造意义。不同震源深度的地震由海沟朝大陆方向有规律地分布的事实进一步证明，该地带本身就是一条深入地下达 700 km 的巨型地壳断裂带。在太平洋东岸，北美地区的地震与长期活动的巨型水平滑移断裂有关，而南美的地震分布则类似于岛弧—海沟地区。与此相反，太平洋本身，除夏威夷群岛和东太平洋海岭外，则是地球上最稳定的地区，是真正的地层"平静"区。

2. 地中海—喜马拉雅地震活动带

地中海—喜马拉雅地震活动带，也称地中海—南亚地震活动带或欧亚地震活动带。此带的一部分始于堪察加地区，呈对角线状穿过中亚；另一部分从印度尼西亚开始经南亚喜玛拉雅山，两者汇集于帕米尔，并由此向西，经伊朗、土耳其、巴基斯坦、中国西南部、缅甸和地中海地区直到亚速尔群岛与大西洋海岭相连。地中海—喜马拉雅地震活动带所释放的地震能量占全球地震总能量的 15%。除环太平洋地震带以外，几乎所有的中源地震和大的浅源地震都发生在此带内。历史上，这里曾发生过多次特大地震，如 1755 年葡萄牙里斯本地震、1897 年印度阿萨姆地震以及我国 1950 年发生在西藏察隅的 8.5 级地震等。

地中海—喜马拉雅地震活动带同时也是一些典型的中、新生代地槽发育的地带，地震活动强烈的地段往往分布在构造地貌急剧变化的部位。此带以浅震为主，中震在帕米尔、喜马拉雅地区以及土耳其、希腊、罗马尼亚、意大利一带都有分布，深震主要发生在印度尼西亚岛弧—海沟区的班达海和苏门答腊一带。

3. 大洋海岭地震活动带

大洋海岭地震活动带沿太平洋、大西洋、印度洋和北冰洋的中央海岭分布。其活动性比前两个地震活动带弱得多，释放的能量比较小，而且均为浅源地震。

海洋地质的研究表明，这些大洋中的海岭是最新的大洋地壳，沿其轴部是一条正在活动的张性大断裂带，并且不断有岩浆的侵入和喷出，伴随着断裂活动和岩浆活动，产生了一系列地震。此外，垂直于海岭发育有一系列规模巨大的横向断裂，这些大断裂也有地震活动，但主要限于海岭被错开的地段。

4. 大陆裂谷系地震活动带

大陆裂谷系地震活动带是指由区域性大断裂产生的规模很大的地堑构造带，如东非裂谷系、红海地堑、亚丁湾、死海、贝加尔湖及莱茵地堑等。它们都是新生代以来因断裂活动而形成的断陷盆地。强烈的差异运动是它们的共同特点。在地震活动性较高的地段，沿断裂的位移尚在进行，它与地壳的扩张有关。

上述四个地震活动带内，地震活动是不均匀分布的。有学者通过对震中地理分布的研究表明，在一定时期，其中某些部位的地震活动水平较高，而其他段落则相对较低。表 3-2 统计了从 1904—1964 年全球地震震级 $M>7.9$ 级地震的地理分布，该表可以反映出地震活动的不均匀分布。

表 3-2　$M \geq 7.9$ 级地震能量释放的地理分布

地区	能量释放百分比/%	沿地震带每度的能量/（$\times 10^{16}$ J）
阿拉斯加	43.0	6.1
西北美洲	10.0	0.8
墨西哥—中美洲	4.2	2.3
南美洲	16.4	6.4
西南太平洋—菲律宾群岛	26.5	7.0
琉球群岛—日本	15.8	13.5
千岛群岛—堪察加半岛	5.8	7.0
阿留申群岛	3.0	2.9
中亚—土耳其	16.9	5.6
印度洋	4.5	—
大西洋	16.0	—

（二）我国地震活动带分布

我国破坏性地震的地理分布同样聚集于与地质构造有密切联系的地带，并以我国台湾和纵贯我国大陆中部的近南北向地震活动带最为突出。其中，前者就是环太平洋地震活动带的组成部分，是我国地震活动强度和频度最高的地区；后者是我国大陆地壳的一条重要的分界线，其东西两侧在地壳厚度、地质构造格架、地质发展历史和地震活动方面都存在着比较明显的差异。南北地震活动带是一条长期活动的地质构造带，该带上的地震活动十分强烈。1651 年甘肃天水 7 级地震、1833 年云南嵩明 8 级地震、1850 年四川西昌 7 级地震、1879 年甘肃武都南 7 级地震、1933 年四川叠溪 7 级地震、1970 年云南通海 7.7 级地震以及 1974 年云南昭通 7.1 级地震等都集中分布在这条带上。除此以外，喜马拉雅地区属于地中海—喜马拉雅地震活动带，那里的地震活动性也较强，1950 年和 1951年曾先后两次发生 8 级以上地震。在 NNE 向活动断裂广泛发育的华北地区，也有许多较强烈的地震沿这些活动断裂带分布。具体介绍如下：

我国地震活动分布区主要划分为五个区域（台湾地区、西南地区、西北地区、华北地区、东南沿海地区）和 23 条地震带。

"华北地震区"包括河北、河南、山东、内蒙古、山西、陕西、宁夏、江苏、安徽等省的全部或部分地区。在五个地震区中，它的地震强度和频度仅次于"青藏高原地震区"，位居全国第二。由于首都圈位于这个地区内，所以格外引人关注。据统计，该地区有据可查的 8 级地震曾发生过 5 次；7.0 ~ 7.9 级地震曾发生过 18 次。加之它位于我国人口稠密，大城市集中，政治和经济、文化、交通都很发达的地区，地震灾害的威胁极为严重。该区地震带主要指阴山、燕山一带及营口至郯城断裂带等地，共分以下四个地震带：

（1）郯城—营口地震带：该带包括从宿迁至铁岭的辽宁、河北、山东、江苏等省的大部或部分地区，是我国东部大陆区一条强烈地震活动带。1668 年山东郯城 8.5 级地震、1969 年渤海 7.4 级地震、1974 年海城 7.4 级地震就发生在这个地震带上。据记载，该带共发生 4.7 级以上地震 60 余次，其中 7 ~ 7.9 级地震 6 次 8 级以上地震 1 次。

（2）华北平原地震带：该带南界大致位于新乡—蚌埠一线，北界位于燕山南侧，西界位于太行山东侧，东界位于下辽河—辽东湾拗陷的西缘，是对京、津、唐地区威胁最大的地震带。1679 年河北三河 8.0 级地震、1976 年唐山 7.8 级地震就发生在这个带上。据统计，该带共发生 4.7 级以上地震 140 多次，其中 7 ~ 7.9 级地震 5 次，8 级以上地震 1 次。

（3）汾渭地震带：该带北起河北宣化—怀安盆地、怀来—延庆盆地，向南经阳原盆地、蔚县盆地、大同盆地、忻定盆地、灵丘盆地、太原盆地、临汾盆地、运城盆地至渭河盆地，是我国东部又一个强烈地震活动带。1303 年山西洪洞 8.0 级地震、1556 年陕西华县 8.0 级地震都发生在这个带上。1998 年 1 月张北 6.2 级地震也在这个带的附近。有记载以来，该地震带内共发生 4.7 级以上地震 160 次左右，其中 7 ~ 7.9 级地震 7 次，8 级以上地震 2 次。

（4）银川—河套地震带：该带位于河套地区西部和北部的银川、乌达、磴口至呼和浩特以西的部分地区。1739 年宁夏银川 8.0 级地震就发生在这个带上。该地震带内，历史地震记载始于公元 849 年，由于历史记载缺失较多，据已有资料，共记载 4.7 级以上地震 40 次左右，其中 6～6.9 级地震 9 次，8 级地震 1 次。

西北、西南地区的"青藏高原地震区"，包括兴都库什山、西昆仑山、阿尔金山、祁连山、贺兰山—六盘山、龙门山、喜马拉雅山及横断山脉东翼诸山系所围成的广大高原地域。由于该区主要包括我国西藏南部、四川、云南、甘肃祁连山、宁夏贺兰山及青海一带，涉及我国青海、西藏、新疆、甘肃、宁夏、四川、云南全部或部分地区，以及阿富汗、巴基斯坦、印度、孟加拉国、缅甸、老挝等国的部分地区。其中，甘肃东部经四川至滇南地区所发生的地震震中位置往往南北交替出现，所以又称这一狭长地带为南北地震带。该地震区是我国最大的一个地震区，也是地震活动最强烈、大地震频繁发生的地区。据统计，这里 8 级以上地震发生过 9 次，7～7.9 级地震发生过 78 次，均居全国之首。

此外，"新疆地震区"有天山地震带，主要指沿天山、阿尔泰山一带；"台湾地震区"包括台湾及其东部海域，此地区属于环太平洋地震带，地震出现频繁且强度大。它们也是我国两个曾发生过 8 级地震的地震区。这里不断发生强烈破坏性地震也是众所周知的。由于新疆地震区总的来说，人烟稀少、经济欠发达，尽管强烈地震较多，也较频繁，但多数地震发生在山区，造成的人员和财产损失与我国东部几条地震带相比，要小许多。

值得一提的是"华南地震区"的"东南沿海地震带"，主要指东南沿海及海南岛北部等地区，福建沿海就位于此带上。这里历史上曾发生过 1604 年福建泉州 8.0 级地震和 1605 年广东琼山 7.5 级地震。但从那时起到现在的 300 多年间，无显著破坏性地震发生。

将上述归纳按地震活动强度和频度来划分，中国地震大致又可分为以下三类地区：

（1）强烈地区。它包括台湾、西藏、新疆、甘肃、青海、宁夏、四川西部和云南等地区。这些地区的地震活动强度和频度大大超过其他地区，是中国地震活动最显著地区，自 1900 年以来的地震记录占全国地震总数的 80%。

（2）中等地区。它包括河北、山西、山东、陕西关中、辽宁南部、吉林延吉、安徽中部、闽粤沿海和广西等地区。这些地区的强震震级可达 7～8 级，但频度较低，地震的分布也不如前类地区密集。自 1900 年以来的地震记录占全国地震总数的 15%。

（3）微弱地区。它包括江苏、浙江、江西、湖南、湖北、河南、贵州、四川东部、黑龙江、吉林及内蒙古的大部分。这类地区仅偶尔发生破坏性地震，最大震级仅 6 级左右，强震间隔时间较长，一般均在百年以上。自 1900 年以来，破坏性地震较少，只占全国地震的 5%。

三、地震波的传播

地震波是地震发生时，地下岩石受到强烈冲击所产生的弹性震动传播波。地震波是弹性波，它能穿过地核，在整个地球传播。由于地震引起的介质振动是以波的形式从震源向地球的各个方向传播，所以要研究地球上任一地点所受地震影响的大小，首先要了解地震是以什么样的波，通过怎样的波动形式传递到地面上，然后才能进一步分析波动在该地的具体地质地形条件下又产生了怎样的变化，也就是通常所说的地震反应。地震波传播过程和场地的地震反应是十分复杂的，由于地壳（特别是工程设施所直接依赖于其上的地壳表层）是十分不均匀和各向异性的，所以波的类型及波动的形式是多种多样的。下面先简单介绍波的类型和运动形式。

（一）波的类型及其运动形式

人们对波的认识主要是从两方面着眼的，一是从波的传播方式，另一是从波的力学属性。根据前一种识别方法，波可分为：① 体波——通过介质体内传播的波；② 面波——通过介质表面或界面传播的波。根据后一种识别方法，波又可分为：压张波——波动介质质点在一次循环振动过程中相继受压和受拉；剪切波——相邻质点在传递振动过程中受往复的剪切作用；扭剪波——介质质点在传递振动过程中受水平或垂直的扭力作用，而这种水平扭摆或垂直摇摆都是在界面上由剪切波产生的偏振波。现将各种波分述如下：

1. 体 波

体波按其传播介质质点运动的特征，通常可分为纵波和横波两种。

纵波（P波）在介质体内传播时，其质点振动方向与波的传播（前进）方向一致，即通过物体时，物体质点的振动方向与地震波传播的方向一致，传播速度最快，周期短，振幅小，能通过固体、液体和气体传播。因此，质点间的弹性相对位移必然是紧松交替，或者说压缩与拉张相间出现，周而复始。所以，这种波也可叫作压缩波或疏张波，或简称疏密波。地震发生后，纵波最先到达地面，引起地面上下颠簸。

由于任何一种介质（固态、气态、液态）都可以承受不同程度的压缩与拉伸变形，所以纵波可以在所有这些介质中传播。这是纵波的一个重要特性。另外，由于纵波在传播过程中使介质质点产生压张变形（位移），所以在每周期的振动中都不可避免地在介质内部产生符号交替变换的法向应力。这种被动应力对于以有效应力为主导的土体强度来说，有时是一项不可忽视的影响因素。

横波（S波）在介质体内传播时，质点的运动方向与波的前进方向正交，即通过物体时，物体的质点振动方向与地震波传播方向垂直。因此，相邻质点不可避免地产生往复的剪切位移，或者说两质点间承受着剪切作用而发生剪切变形。横波的传播过程就是介质质点不断地受剪切变形的过程，这种变形是在介质不产生任何体积压缩或膨胀条件下进行的，所以它是一种弹性等容剪切变形。这是横波的一项特征。

由于横波在传播过程中完全依赖于介质抗剪刚度，所以它只能在固体介质中传播，而液态与气态介质不能承受剪切作用（理论上抗剪刚度为零），横波难以通过。这是横波的另一重要特性。横波对介质体的剪切作用，如果发生在两层不同刚度的介质的界面（层面）上，就会引起界面两侧质点之间的特殊位移，即所谓剪切波的偏振作用。其结果就产生了两种偏振的波，一种是剪切波的垂直分量（SV波），另一种是剪切波的水平分量（SH波）。这是横波的第三个重要特性。横波在地壳中的传播速度比纵波慢，周期较长，振幅较大，只能通过固体介质传播，比纵波到达地面晚，横波能引起地面摇晃。纵波、横波合成的体波在地球体内部可以向任何方向传播。

2. 面 波

面波，也称地面波，是指沿着介质表面（地面）传播的波。在地震研究中，它是指体波（纵波或横波）经地层界面多次反射形成的次生波。面波振幅较体波显著，波速比体波小，周期较体波长。利用面波的波散现象，可推算相应地区的地壳和上地幔的结构状况和性质。这种波动实质上是分别以垂直分量和水平分量单独地传播，所以在半空间表面实际上存在着两种波的运动，即瑞利波与乐夫波。

（1）瑞利波（R 波）：这是瑞利 1887 年发现的一种地表面波，因而得名。他认为在弹性半空间表面有可能得出波动方程的第三个解，它是仅限于半空间界面附近的一个有限区域内运动的波。瑞利波的特点是在传播的介质体内，质点的运动仅限于在波的前进方向与自由界面法线方向组成的平面内，其运动轨迹为一椭圆，其运动方向则呈逆行的椭圆运动。但其椭圆的形状又由质点距自由表面的深度而定。

（2）乐夫波（Love 波）：这种波是在 1911 年发现的，它是在层状介质的界面处传播的波。其产生的唯一条件是上下层介质的波速必须有一定的差别，且上者小于下者，其波速即处于两者之间。但人工激发的 SH 波，不在此限。地表面也是两层介质（地层与大气层）的一个特殊界面，由于空气中的波速常小于地层中的波速，所以地表乐夫波接近于 SH 波的扭矩分量作用就有可能突出地表现出来。乐夫波的特点是它使质点在做水平方向的波动，因而与波动方向耦合之后就产生了水平扭矩分量，在其传播过程中，介质面（地表）上的物体受有较大的水平扭矩，因而使那些抗扭刚度不足的地面设施易遭毁坏。

另外，界面波是在两个弹性层之间的平界面附近传播的地震波。由于不同的地震波，具有不同的性质和传播特点，因此可以利用地震波来探测地球的内部构造。

（二）地震波的传播和作用

由上所述，地震波的传播通常分为两大类，一类在地球内部传播，即在介质内部传播，如上述的体波，有纵波（P 波，压缩波）和横波（S 波，剪切波）。它们在地球介质内独立传播，遇到界面时会发生反射和透射。当介质中存在分界面时，在一定的条件下体波会形成相长干涉并叠加产生出一类频率较低、能量较强的次生波，即面波。这一类地震波沿地表面和岩层表面传播，与界面有关，且主要沿着介质的分界面传播，其能量随着与界面距离的增加迅速衰减，因而被称为面波，有上述的瑞利面波和乐夫面波两种类型。瑞利波沿界面传播时，在垂直界面的入射面内各介质质点在其平衡位置附近的运动既有平行于波传播方向的分量，也有垂直于界面的分量，因而质点合成运动的轨迹呈逆进椭圆。乐夫面波传播时，介质质点的运动方向垂直于波的传播方向且平行于界面。通常地震时人们感到颠簸摇晃，这种先颠簸后摇晃就是地震波传播的速度和方式不同造成的。由于地震波分为纵波、横波、瑞利波和乐夫波四种类型，物体内的各部分之间又是相互联系着的。当弹性介质的某一局部受到扰动后，最靠近扰动源的部分首先受到影响。介质由于扰动而引起的变形，将以应力波的形式逐渐扩散到介质的各部位。从上述各类波在介质中传播的速度来看，在离震源较远的观测点应该接收到一地震波列，其到达的先后次序是 P 波、S 波、乐夫面波和瑞利面波。因此，纵波传得快先到地表，速度为 7~8 km/s，而横波为 4~5 km/s，面波最慢只有 3 km/s。由于纵波行进时波形的物理特点引起地面物体上下颠簸，所以使人感到先是上下动。横波慢，后到之，它的波形特点是使物体左右摇晃。所以，人觉得上下动后，左右动，连贯起来便是地震来了先颠簸后摇晃了。

弹性波在物体内传播时，其动力学和运动学特征取决于它所通过的物质的弹性性质和密度，外力作用于一物体的表面，使物体的体积和形状发生变化。由于这种变化，在物体内部就产生了一个与外力相反的内应力，这种内应力（应变）阻止了外应力的作用。物体的弹性，就是物体阻止形变和回复它原来具有的形状和体积的能力。这种能力的大小，即弹性性质通常用物质的弹性模量来表示。弹性固体中波传播的研究有一个悠久而特殊的历史。弹性波方面的早期工作受到一种直到 19 世纪中叶仍占主导地位的观点的促进，这种观点认为光可以看成是扰动在一种弹性以太（以太是一个陈旧的哲学-物理概念，早已弃之不用）中的传播。19 世纪后期，由于弹性波在地球物理领域中的应用，对弹性固体中波的研究的兴趣又浓厚起来，几个有长远意义的贡献尤其是与发现特殊的波传播效应有关的贡献，可以追溯到 1880—1910 年之间，这些应归功于瑞利（Rayleigh）、兰姆（Lamb）和乐夫（Love）。从那时起由于需要关于地震现象、勘测技术和核爆炸监测方面更精确的知识，固体中的波传播一直是地震学中一个非常活跃的学科。

目前，世界上最深的钻井只有约 10 km 深，能直接取样观察的最深矿井仅有 3 km 深。因此，人们还不能对地球整个内部进行直接观察研究，主要是利用地震波来研究地球的内部结构。

在地球内部地震波传播曲线图上，从地球大陆的地表面往下到 33 km 深处，横波速度约为 4 km/s，纵波速度约为 8 km/s。从 33 km 往下到 2 900 km 深处，横波速度由 4 km/s 增快到 7 km/s 以上，纵波速度由 8 km/s 左右增快到 13 km/s 以上。从 2 900 km 往下到 5 000 km 深处，横波完全消失，纵波传播速度突然下降到 8~10 km/s 左右。从 5 000 km 往下到地心，无横波传播，纵波速度又逐渐增快到 11 km/s。从地震波在地球内传播的情况表明，在大陆 33 km 深处以下，横波和纵波的速度明显加快，证明该处是密度很大的可塑性固体层，因此大陆 33 km 深处是地震波传播的一个不连续面，这个不连续面是克罗地亚地震学家莫霍洛维奇于 1909 年发现的，所以叫莫霍面。在 2 900 km 深处往下，横波完全消失，纵波速度突然下降，证明到了液态层，这个地震波传播的不连续面，是德国地震学家古登堡于 1914 年最早研究的，所以叫古登堡面。5 000 km 以下纵波速度又加快，证明该处是固态层。根据地震波的传播情况，说地球内部构造是不同的物质圈层组成的。据此，人们以莫霍面和古登堡面为分界面，把地球的内部构造划分为地壳、地幔和地核三个圈层，并将地下 2 900~5 000 km 深处，推测定为液体外核，5 000 km 以下到地心推定为铁镍固体内核。因此，利用地震波可以来探测地球内部的构造。

四、地震能量、震级及烈度

（一）地震的能量

地震是地球内部缓慢积累的能量突然释放而引起的地球表层的振动现象。火山爆发和地震都是地球内部能量释放到地表上来的一种能量过程。在地震发生后，要发生各种能量转换，特别是地壳中的应变能向地震波动的动能转换，这是一种重要的现象。地震最大为 8.9 级，一次于 1906 年发生在哥伦比亚与厄瓜多尔边境，一次于 1923 年发生在日本，另一次于 1960 年 5 月 22 日发生在智利。如果把最大地震所释放的能量换算成电能，约相当于一座 100 万 kW 的发电厂在 25 年里发出的总电量。

地表的升降是地基重力位能变化的表现，断层面的生成可认为是应变能变化的结果。要估算波动能以外的能量变化一般是困难的。这是因为，我们对于地球内部能量转换的情况还很不了解。发生海底大地震时，产生海啸动能。地震最直接的表征是地基的振动，这就是动能，它是从震源发出的一种波动。这种能量是根据地表或其附近的地面震动来计算的，但是由于地震波在传播路程中有衰减，所以计算是很麻烦的。

（二）地震的震级与烈度

地震学上用地震震级和地震烈度两个不同概念来衡量地震的大小。地震震级反映地震释放的能量大小，有时也叫地震强度，是用来说明某次地震本身大小的，只跟地震释放的能量多少有关。地震能量越大，震级就越大。震级标准，它是用"级"来表示，最先是由美国地震学家里克特提出来的，所以又称"里氏震级"。它是根据地震仪器记录推算得到的。地震越强，震级越大。震级每相差 1 级，能量相差约 32 倍；每相差 2 级，能量相差约 1 000 倍。也就是说，一个 6 级地震相当于 32 个 5 级地震，而 1 个 7 级地震则相当于 1 000 个 5 级地震。在地震学上震级常用于研究与地震活动性有关的问题，而人们通常关心的是某次地震对具体地点的实际影响程度，也就是所谓的地震烈度。在地震学里，"烈度"已被用作说明地震影响的专门名词。

1. 地震震级或强度

震级是表征地震强弱的量度，通常用字母 M 表示。以地震过程中释放出来的总能量来衡量该地震本身的大小，是比较合理的途径。但是，很大一部分能量在地下深处震源地方消耗于地层的错动和摩擦，转化为位能和热能。人们所能观测到的主要是以弹性波形式传到地表的地震波能量。一般就是根据这部分能量来推算地震震级或强度的。地震按震级大小可分为：弱震，即 $M<3$ 级的地震，如果震源不是很浅，这种地震人们一般不易觉察；有感地震，即 $3 \leqslant M \leqslant 4.5$ 级的地震，这种地震人们能够感觉到，但一般不会造成破坏；中强震，即 $4.5 \leqslant M \leqslant 6$ 级的地震，属于可造成破坏的地震，但破坏轻重还与震源深度、震中距等多种因素有关；强震，即 $M \geqslant 6$ 级的地震，其中 $M \geqslant 8$ 级的地震称为巨大地震。地震学上把发震时刻、震级、震中统称为"地震三要素"。

　　破坏性地震是指造成人员伤亡和财产损失的地震灾害。一般 $M \geqslant 5$ 级时，就会造成不同程度的地震灾害，通常称为破坏性地震。地震记录上振幅的大小，除与震级有关外，还受距离、传播介质、地震台址土质、震源深度和错动的方向性，以及地震仪的特性等因素的影响。从大量观测数据中，可以确定各地震台的土质和所用仪器等因素的影响，求得各台的校正值。重要地震的震级，常取不同距离、各个方位上的地震台测定震级的平均值，以消除由于传播介质和震源机制等原因引起的差异。在地震学中，通常使用以下三种震级标度：

　　（1）地方震级（M_L）。它采用里克特测定美国南加州地震震级的原始定义，结合当地情况，修订起算函数。我国主要地震区多已根据统计资料制定了本地区的震级标度。

　　（2）面波震级（M_E）。1945 年，古登堡给出了以周期接近 20 s 的面波振幅的最大水平向量和为依据的面波震级公式。苏联和东欧地震学者于 1966 年提出了以振幅与周期之比代替振幅的公式。近年来国内外一些工作证明，用竖直向面波最大振幅与用水平向振幅最大向量和求得的震级值相近，因而简化了测定工作。

　　（3）体波定级（M_B）。体波波型比较单纯，容易测量振幅。以前通用古登堡和里克特于 1956 年提出的以中周期地震仪所记最大体波振幅为依据的公式。高灵敏度短周期地震仪推广以后，国际地震中心的报告中改用 P 波前三个周期中的最大振幅计算体波震级，用 M_B 表示。

　　全国性的地震台网通常用基本台的记录计算面波震级。地区性的台网从区域台的记录计算地方震震级，有时还换算成面波震级。从中等强度的浅源地震的体波震级和面波震级可以统计出它们之间的经验关系，并据以进行换算。由于体波震级随地震强度的增加而趋于"饱和"，大地震的体波震级一般偏低，不符合以地震波能量为基础测定地震大小的概念。因此，通常用面波震级来研究正常深度地层的活动性。但是，深源地震的面波不发育，其地震图与浅源地震很不相同。能量相同的深源地震的面波震级远较浅源地震的小，所以通常用体波震级来描述深震的强度。

　　2. 地震烈度

　　同样大小的地震，造成的破坏不一定相同，同一次地震，在不同的地方造成的破坏也不一样。为了衡量地震的破坏程度，科学家又"制作"了另一把"尺子"——地震烈度，它是某一地震在具体地点所引起振动影响的强度，是地震在地面产生的实际影响，即地面运动的强度或地面破坏的程度。烈度不仅与地震本身的大小（震级）有关，也受震源地方岩层错动的方向、震源深度、离震中的距离、地震波所通过的介质条件、表土性质、地下水埋藏深度，以及建筑物的动力特性、建筑材料、设计标准、施工质量和维护情况等许多条件的综合影响。震源是地球内部直接发生破裂的地方。震源深度是震源到地面的垂直距离。震中距是在地面上从震中到任一点的距离。

　　一般来讲，一次地震发生后，震中区的破坏最重，烈度最高，这个烈度称为震中烈度。从震中向四周扩展，地震烈度逐渐减小。所以，一次地震只有一个震级，但它所造成的破坏，在不同的地区是不同的。也就是说，一次地震，可以划分出好几个烈度不同的地区。例如，1976年唐山地震，震级为7.8级，震中烈度为11度；受唐山地震的影响，天津市地震烈度为8度，北京市烈度为6度，再远到石家庄、太原等只有4~5度。

由于在同一地震的作用下，各地烈度不同。研究地震影响，要按强弱分等级，首先需要有作为区分标准的地震烈度表，以地震烈度作为尺度进行研究。在地震仪器还没有发展以前，地震强弱的评定不得不以宏观现象为依据。起初工作比较粗糙，烈度标准含混，各烈度间多无明确界线，评比不易精确。随着研究的日益深入，工作渐趋细致。在大量资料的基础上，经分析比较，制订了比较明确的地震烈度表，称为宏观地震烈度表（表3-3），并且得到了广泛的应用。我国也把烈度也划分为12度，不同烈度的地震，其影响和破坏程度不同。

表3-3　宏观地震烈度

地震烈度	主要标志
1	人不能感觉，只有仪器才能记录到
2	个别完全静止中的人能感觉到
3	室内少数静止中的人感觉到振动，悬挂物有时轻微摇动，仪器能记录到
4	宅内大多数人和室外少数人有感觉，少数人从梦中惊醒，吊灯摆动、门窗、顶棚、器皿等有时轻微作响
5	室内几乎所有人和室外大多数人能感觉到，多数人从梦中惊醒，挂钟停摆，不稳的物体翻倒或落下，墙上的灰粉散落，抹灰层上可能有细小裂缝
6	一般民房少数损坏；简陋的棚窑少数破坏，甚全有倾倒的；潮湿疏松的土里有时出现裂缝，山区偶有不大的滑坡
7	一般民房大多数损坏，少数破坏，坚固的房屋也可能有破坏的；民房烟囱顶部损坏，个别牌坊、塔和工厂烟囱轻微损坏；井泉水位有时变化
8	一般民房多数破坏，少数倾倒；坚固的房屋也可能有倾倒的，有些碑石和纪念物损坏、移动或翻倒。山坡的松土和潮湿的河滩上，裂缝宽达10 cm以上；水位较高的地方，常有夹泥沙的水喷出；土石松散的山区常有相当大的崩滑；人畜有伤亡
9	一般民房多数倾倒；坚固的房屋许多遭受破坏，少数倾倒；有些地方的地下管道损伤或破坏；地裂显著
10	坚固的房屋多数倾倒；地表裂缝成带，断纹相连，总长度可达几千米，有时局部穿过坚硬的岩石、桥梁、水坝损坏、房屋倒塌，地面破坏严重
11	房屋普遍毁坏；山区有大规模的崩滑，地表产生相当大的竖直和水平断裂；地下水剧烈变化
12	广大地区内，地形、地表水系和地下水剧烈变化；动植物遭到毁灭性的破坏

但是，为了进行工程抗震设计，从工程地震的观点来评定烈度，其主要目的是要确

定抗震设计所需的地震作用力。如果不能找出一个与地震烈度相当的物理量来说明地震振动的强度，那么纵然能够正确地评定地震烈度，仍然难以运用到工程设计的实际计算中。因为工程设计人员不能仅仅根据上述宏观资料的一般性叙述，来确定对各类型建筑物和构筑物应采取什么样的抗震措施；他们需要一个能说明振动强度的定量数据作为计算依据，即定量地震烈度表。为了给实际计算抗震措施提供一个与地震烈度相当的物理量，长期以来人们在不断地探索解决这一问题的途径。最初，试图以引起物体振动或破坏的加速度作为与地震烈度相当的物理量，因为加速度可以从地震记录上直接推算。有了地面运动加速度值，工程设计人员即能计算作用于建筑物的地震力，从而确定怎样的抗震措施。通常认为，建筑物要承受重力作用，在竖直方向上有很大的稳定性，所以不必考虑竖直向的加速度而只需考虑水平向的最大加速度。应该注意的是，随着城市人口的密集，"垂直地震"出现的危害加剧，竖直向的加速度也不容忽视。20世纪上半叶，许多学者在地震烈度表这方面做过不少观测、实验和研究工作，并改进了以地表运动的最大水平加速度为衡量标准的"动力"或"绝对"地震烈度表。其中，1904年意大利地震学家坎坎尼提出的数值（表3-4），曾被许多国家用作抗震建筑的设计标准。

表3-4　"动力"或"绝对"地震烈度

地震烈度	最大水平加速度/（cm/s^2）	地震烈度	最大水平加速度/（cm/s^2）
1	<0.25	7	10~25
2	0.25~0.5	8	25~50
3	0.5~10	9	50~100
4	10~2.5	10	100~250
5	2.5~5.0	11	250~500
6	5.0~10	12	500~1 000

这类烈度表的特点是以建筑物的破坏现象为评比烈度的主要依据，并以地表运动的最大水平加速度表示引起破坏的地震力。这种按照静力理论计算地震荷载的方法在处理抗震措施时非常简便。它是从观测和实践经验中得来的，所以有一定的实用价值，在一些国家中沿用甚久。

3. 震级与烈度的关系

自从应用震级以来，各国地震工作者就在不断关注和研究震级和烈度之间的关系。在一定的地区范围内，在震源深度等条件相近的情况下，震级与烈度之间可以建立起一定的联系。比较肯定的结果是：当环境条件相同时，震级愈大，震源愈浅，震中距离愈近，地震烈度愈高。许多学者根据所掌握的具体资料，分别提出了相应的经验公式。有学者通过对比各主要公式，并以多次国内地震的实际情况予以验证，初步得出了"震中烈度"随震级和震源深度变化的粗略关系表（表3-5），表中烈度系以干燥的中等坚实土（如粉质黏土）为准。

表 3-5 震中烈度与面波震级和震源深度关系

震级	震源深度/km				
	5	10	15	20	25
2	3.5	2.5	2	1.5	1
3	5	4	3.5	3	2.5
4	6.5	5.5	5	4.5	4
5	8	7	6.5	6	5.5
6	9.5	8.6	8	7.5	7
7	11	10	9.5	9	8.5
8	12	11.5	11	10.5	10

五、新构造运动与地震

(一)我国的地震活动与构造运动

地震与地质构造有关,首先反映在地震是有规律地集中分布于某些特定的大地构造部位——大地构造边界带。其中,最显著的是纵贯中国中部的南北地震带和横贯中国西部的西昆仑山—阿尔金山—祁连山北缘地震带,它们都是大地构造的边界带。在中国地震活动与板块构造的关系中,除了喜马拉雅山脉、台湾东部海域外,主要位于欧亚板块内部。绝大多数地震属于板内地震类型。然而,中国地震的发生却与欧亚板块、印度洋板块、太平洋板块及菲律宾板块的相互作用密切相关。这些板块的运动及其间的相互作用,为中国地震的发生提供了动力条件。我国台湾和东南沿海受菲律宾板块和欧亚大陆板块碰撞的影响,而且距碰撞带较近,因而地震的强度、频度均为全国之冠。华北各省,包括辽宁、河北、山东、江苏北部、山西、河南、陕西、宁夏等省区,主要受太平洋板块向西推挤的影响,其间有些地区同时受到太平洋、印度洋板块两方面压力的影响,地震强度甚大。中国西南及西部地区,包括四川西部、云南、西藏、青海、甘肃、新疆各省区,大多受印度洋板块向北推挤的影响。印度洋板块和欧亚大陆板块发生碰撞,引起青藏高原抬升,使碰撞带上地震频度高、强度大。中国黑龙江省和吉林省东部的深震区,其产生的原因可能是其以东的太平洋板块向西直接俯冲的结果。此外,中国南方及东南各省区,地震活动都较少,可以称为相对的稳定区。这种现象解释为太平洋板块在小笠原及马里亚纳海沟经过一次俯冲后,向西推移至菲律宾板块西缘,经过第 2 次俯冲后已没有剩余更多的推移力,因而中国南方各省区的地震活动显得微弱。另外,黑龙江、吉林西部和内蒙古地区亦为较稳定地区,可能是因太平洋板块经过北海道东和锡霍特—阿林两次俯冲后,压力已大部分消失之故。

中国强震分布还和活动断裂带的特殊构造部位有关:① 有 50% 左右的强震发生在不同方向的活动断裂带的交汇部位。例如,1927 年甘肃古浪 8 级地震发生在 NWW 向祁连山北缘深断裂和古浪—宕昌北北西向断裂交汇处;1975 年辽宁海城地震发生在郯城—营口深断裂带北段的北北东牛居—油燕沟深断裂和北西向大洋河断裂的"汇而不交"的复合部位。② 15%左右的强震发生在活动断裂的拐弯地段。例如 1920 年海原 8.5 级地震发生在北西向祁连山北缘深断裂向 SSE 方向拐弯的地段。③ 15%左右的强震发生在活动性大断裂的强烈活动地段。例如 1960 年新疆玛纳斯 8 级地震发生在 NWW 向准噶尔盆地南缘深断裂活动最强烈的地段。④ 还有一些强震发生在活动断裂的端部或闭锁段。到目前为止，中国记录的 8 级地震，均发生在延伸长度达数百千米以上的强烈活动的大断裂带上或断陷盆地内；7～7.9 级地震中，绝大多数发生在长达 100 km 以上的活动断裂及其控制的断陷盆地内；6～6.9 级地震中的 90%以上均与长达数十千米以上的活动断裂及其控制的断陷盆地有关。

　　与世界上绝大多数地震一样，中国地震的孕育与发生和活动断裂有密切关系。按强震和活动断裂的活动时间统计，中国大陆地区 6 级以上地震约 70%发生在第四纪以来有明显活动的断裂上，约 20%强震发生在新第三纪以来有活动的断裂上，只有 10%的强震分布在新生代以来的活动断裂带上。

（二）地震活动的间歇性与地壳运动的旋回性

　　一个地区的地震活动在它发展的时间进程中往往存在显著活动与相对平静交替出现的现象，表现出一定的间歇性特点，有时甚至具有近似的周期。例如，统计全球 1904—1976 年发生的大于等于 7 级的地震，大致可以划分出三个地震活跃期、两个相对平静期，每个活跃期约为 20 年，平静期为 10 年左右。值得指出的是，无论是地震活跃期或平静期，它们本身又由一系列次一级的、间隔更短的平静与活跃时期组成，显示了地震活动普遍为间歇性特点。在某些地区甚至还存在着强地震的周期性活动，如日本东京地区的地震活动周期为 69 年，罗马尼亚深震活动周期为 33 年，我国山西地震带 8 级左右的地震约有 300 年的活动周期等。可见，地震活动具有随时间变化的特征。自公元 1500 年以后，中国地震活动共有两次大的活动高潮：一次发生在 1556—1739 年；另一次是从 1830 年开始。这两次地震活动高潮之间的 1740—1830 年，地震活动则相对平静。若将较小区域作为一个活动单元进行研究，各个地震区的地震活动还有其各自的特点。

1. 盛衰交替

　　地震活动在不同地震区盛衰时间长短不一，同一地震区内的每次地震活动期历时大致相等。根据地震活动期的长短，约可分为 3 类：第 1 类活动期约 300～500 年，如华北、华南、青藏高原北部等地震区；第 2 类约为 100 年，如新疆中部及青藏高原中部等地震区；第 3 类约为几十年，如我国台湾东部和青藏高原南部等地震区。各个地震区的活跃期都发生大量 6 级以上的地震。除个别地震区外，每一活跃期中都发生过 8 级的强烈地震。平静期内一般没有或很少发生 7 级以上地震，6～6.9 级地震亦很少发生。

2. 活动期的阶段性

　　每一活动期中可分孕育、发前、主发和余舒四个阶段。孕育阶段亦为地震能量的积累阶段，在各地震区的持续时间长短不同，差别也很大，短者（台湾省）不过 10 年左右，长者达数百年以至千年（汾渭地堑和华北平原）。在发前阶段有不同程度的地形变化和各种物理场的变化，亦有以前震形式释放能量的，但仍以积累为主，持续的时间亦因地而异。主发阶段释放形式可以有两种，有一次主震大释放的单发式，或几次大震构成的主震大释放的连发式，随后进入余震阶段，以一系列有规律性的余震序列将剩余能量释放完毕，地震区趋于平静，结束一个地震活动期。

3. 强震的重复

同一地震带中，各活动期的强震可在同一断裂段上甚至同一地点重复发生，也可以在原地重复。

地震活动的间歇性特点还反映在一个地震带应变积累释放的全过程中。时振梁等把一个地震带的地震活动由相对平静转为显著活动、然后再趋平静的全过程，看作是一次应变积累、释放的过程，并把它划分为四个地震活动的发展阶段。

1. 应变积累阶段

应变积累阶段以应变积累为主，释放的应变能一般不超过全过程释放总和的百分之几，最大震级为 5～6 级，延续时间较长，约为全过程总时间的 1/2 以上，处于相对平静状态。

2. 应变释放加速阶段

应变释放加速阶段是应变积累接近最高值，并将逐渐发展为应变大释放的过渡时期，所释放的应变能约占全过程的 20%～30%。与此相应，开始有较频繁的地震活动，最大震级达 6～7 级。延续时间占全过程的 20%～30%。在后期，大多数地震带表现出临震前的平静，预示着应变大释放阶段的到来。

3. 应变大释放阶段

应变积累在应变大释放阶段达到最高值，长期积累的应变能在短时间内大量释放，通常占全过程应变能释放总和的 70%～80%，最大震级可达 7～8 级。

4. 剩余释放阶段

剩余释放阶段是总应变大释放后地震带内部调整的阶段。应变能释放占总过程总释放的 10%以下，所占时间较短，是整个活动期的尾声。

地震活动的间歇性不只是单纯地反映在地震的活动时间上，而且还表现出了一定的可以互相对比的区域特点，它们往往以某一构造方向为背景，或表现为某几个相关地震带的共同活跃。

地震的上述活动特点，并不是现代地壳运动特征在时间发展上特有的一种表现形式，而是对地质历史时期地壳运动旋回性特点的一种继承，表现了地震活动与大地构造运动在时间发展上的某种相似性。地壳的大地构造运动发展历史表明，地壳运动不论是空间或时间上，发展都是不平衡的，它有时处于相对静止状态，表现为长期、缓慢的运动方式；有时处于显著变动状态，表现为短促、强烈的运动。两者不断转化，从而显示了地壳运动的旋回性特征。地震活动的间歇性特点，实际上就是地壳运动旋回性的继续。只是在时间尺度上已经大为缩短，即使像现代地震活动那样短的周期，在地质历史时期中也同样可能存在。

除此以外，作为地壳的一种相对活动的构造单元——地向斜的形成、发展以致最终褶皱回返逐渐趋于相对稳定的整个过程，也应是一种更大一级范围内的地壳应变能积累、释放的全过程。

（三）地震的空间分布与地质构造

地震的空间分布与地质构造的关系是指在三维空间中震源分布与地壳构造的相互关系。地震发生在地球内部，因此，单从二维空间来讨论是不足以说明地震的整个形成过程和空间分布规律的。由于破坏性地震不是均匀地分布在地球上，而是沿一定深度有规律地集中在某些特定的大地构造部位，总体呈带状展布，即环太平洋地震活动带、地中海—喜马拉雅地震活动带、大洋海岭地震活动带以及大地裂谷系地震活动带。在同一个地震带内，地震活动也不是均匀分布的，某一时期的某些部位地震活动水平较高，而其他段落则相对较低。这种地理分布的不均匀性与次一级的区域性地质构造密切相关。下面叙述震源的垂向分布与地壳构造。

震源之所以能够形成，不仅需要有水平方向的特征性边界，而且还必须有沿铅垂方向的边界，两者共同组合才能构成一个完整的震源体。深度分布地震的震源位置按深度大小可分为浅源（70 km 以内）、中源（70～300 km）和深源（300～700 km）地震。不同震源深度地震比较有规律地局限于一定的深度范围内，并分别构成深源、中源和浅源地震的事实，就说明了地球的圈层结构对地震发生的控制作用。中国的破坏性地震多为浅源地震，东部地区震源深度大致在 30 km 范围内，西部地区较深，约 30～50 km。例如，1966 年 3 月 8 日邢台地震（M=7.2）和 1970 年 1 月 5 日通海地震（M=7.7）的震源深度均仅 10 km 左右，1976 年 7 月 28 日唐山地震（M=7.8）的震源深度亦仅为 16 km。除浅源地震外，在新疆西南部、西藏南部及台湾省东南沿海等地，还有中源地震分布。中国的吉林省东部和黑龙江省东部的延吉—牡丹江一带，还有少数深源地震。其深度多为 500～590 km，少数为 300～400 km。由于震源深度较大，即使震级很大，也不会对地表形成大破坏。

在世界上，不同深度的地震大多数是带状分布，但也有一些地震，特别是浅源地震也呈层状分布。例如，在费尔干纳盆地，根据震源深度，在 5～60 km 的范围内明显地可分为四层（图 3-8）：第一层深度为 5 km 左右，与上、下第三系之间的不整合面位置吻合；第二层深度为 10 km 左右，与中生界、古生界之间的不整合面位置相符；第三层地震最多，深度在 15～18 km 左右，与结晶基底顶面的位置一致；第四层深度在 28～35 km 左右，与康拉德面（莫霍面以上，是硅铝层与硅镁层的界面）的位置吻合。另外，在德利巴塞斯等人编制的希腊地震剖面图上（图 3-9），也可以清楚地看出，希腊的浅源地震在

15 km 左右的深度密集成层，中源地震在 100 km 深度密集成层。

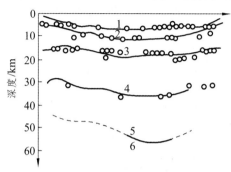

1—上第三系与第四系沉积层；2—中生界与下第三系沉积层；3—褶皱的古生地层；
4—前古生界结晶变质岩层；5—玄武岩层；6—上地幔顶部物质；〇—震源。

图 3-8　费尔干纳地震剖面图（据 ИσparИМОВ）

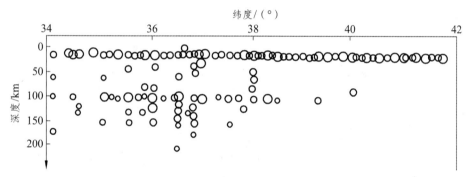

1841—1959 年发生在东经 19°~29°，北纬 34°~42° 范围内的 M≥4.75 的地震，O 代表震源

图 3-9　希腊地震剖面图（据 Delibasis 等）

　　我国邢台地区的震源沿垂直方向也成层状分布的趋势，特别是在康拉德面和玄武质岩层上部，这一现象更为明显。京津唐地区地壳深部构造的研究结果也显示出类似的特点。该区莫霍面的深度为 31~40 km，康拉德面深度为 18 km 左右。按 1966—1977 年有震源深度的地震统计，地震均发生在 2~40 km 的地壳内，大多数地震的震源深度为 5~30 km，90%以上的地震集中在 10~20 km 之间，7 级以上的大震均在 15 km 左右，40 km 以下还没有地震发生。可见，该区内的地震发生在莫霍面以上，并且集中在花岗岩层和康拉德面附近。此外，根据塔拉卡诺夫等统计的全球范围地震最大震级与震源深度的关系，还可以发现，地震能量明显呈层状分布，其中有五个能量极大层及一些次一级的能量密集层。这五个能量极大层分别位于 30 km、100 km、150 km、350 km 和 600 km 左右的深度。

　　张文佑等指出，震源的层状分布是岩石圈层状结构的反映，它揭示了地震与层间滑动之间的联系。这种层间滑动可看作一种粘滑机制。某些震源力学资料提供了相应的旁证，例如，1964 年阿拉斯加 8.5 级地震和 1965 年阿留申群岛腊特岛 7.9 级地震的 P 波节面都是一个近于水平，另一个近于直立的，而由瑞利波位移辐射图案所得的地震错动面也正是那个近水平的波节面。按照有限移动源模型计算，阿拉斯加地震错动面长 500 km，宽 300 km；腊特岛地震的错动面长 450 km，宽 150 km，这些错动面可能就是沿层间黏滑引起的地震断层的滑动面。

六、场地特征及其对地震烈度的影响

（一）概　述

从地震工程角度来考察，对震害有重大影响的地质条件应包括场地的土层状态和土壤特性、地形地貌特征、地层结构和断层情况等。纵观国内外大地震的宏观考察（调查）资料可以看出，不但每次地震的时间、地点、规模等都不相同，而且上述地质条件的影响也存在着若干矛盾的现象和认识，这些都有待进一步考察和研究。近几十年来，通过仪器观测和理论分析，国内外关于地震工程地质条件对宏观震害的影响问题有了更深一步的认识，而且多次进行了总结，很多国家在抗震设计规范中还以各种不同的形式考虑这种影响。

不同厚度覆盖层上的建筑物受地震影响，产生的震害差异十分显著。例如，1923 年日本关东地震时，东京都木结构房屋的破坏率明显的随冲积层厚度的增加而增高。1967 年委内瑞拉地震中，加拉加斯高层建筑的破坏具有非常明显的地区性，主要集中在市区冲积层最厚的地方。在覆盖层为中等厚度的一般地基上，中等高度的一般房屋，破坏得比高层建筑物严重，而在基岩上各类房屋的破坏普遍较轻。1968 年和 1970 年菲律宾马尼拉地震，1963 年南斯拉夫克普里地震中也有类似的情况。在我国，对 1975 年辽宁海城地震震害调查中曾发现，营口市和盘锦地区砖烟囱的破坏程度与海城和大石桥相当，而海城和大石桥的一般砖房震害却远较营口市、盘锦地区严重得多。进一步分析表明，这种现象在一定程度上与该地区覆盖层厚度有关。1976 年唐山地震时，位于 10 度区内的唐山陶瓷厂、唐山钢铁公司、唐山电厂一带，由于地处大城山一带，基岩埋藏浅，震害就相对轻一点。其中，唐山陶瓷厂附近 100~200 m 的地方房屋普遍倒塌，而该厂除砖烟囱外，建筑物基本没有倒塌或没有严重破坏，与附近严重倒塌相比，烈度可相差 3 度。综上所述，则不难得出这样的印象，即深厚覆盖土层上的建筑物的震害往往较严重，而浅层土上建筑物则相对要轻些。

宏观考察、仪器观测和理论分析是研究地震工程地质条件影响的三种主要方法，目前大量采用的是宏观考察方法，后两种也正逐步受到重视和取得若干成就。其中，应以宏观考察为根本，它是开展后两种研究工作的基础。在这方面，中国科学院工程力学研究所等单位进行了富有成效的探索。这些单位从 20 世纪 60 年代初就已开始研究地震工程地质条件的影响，但依据大多是外因资料，所得主要成果已列入 1964 年我国抗震设计规范，其中的若干认识和研究结果，例如认为地基刚性对地层反应谱形状有明显影响，已由近十几年的实践所证实。现在多数国家的规范也作了类似的考虑。

如前所述，地层工程地质条件对震害影响的实例（特别是表现形式）在国内外是大同小异的，而我国目前已获得丰富的现场资料，故本章在叙述中将以我国的震害实例为主，国外的震害实例为辅。同时，还有必要在下面简略介绍一下房屋震害指数法。

震害指数 i 表示房屋破坏程度：$i=0$ 表示完好；$i=1$ 表示全部裂毁；部分损坏时 $0<i<1$。震害指数 i 与房屋的破坏程度之间的关系可根据具体情况定出，例如对通常地震区常见的典型民房（瓦顶楼房和平房、土顶楼房和平房），给出如表 3-6 所示的关系。

表 3-6 震害指数与房屋破坏程度之间的关系

序数	震害烈别	震害描述	震害指数 i	
I	倒平	房屋全部倒塌	10	
II	墙倒架歪	墙体全部倒塌，房屋倾斜显著	0.8	
III	墙倒架正	墙体大部倒塌，房屋基本未倾斜	0.6	
IV	局部墙倒	主要墙体局部倒塌	0.4	
V	裂缝严重	主要墙体无塌落，但严重裂缝或屋顶溜瓦较多，须修复才能使用	0.27	0.2
V	裂缝轻微	墙体无塌落，但有小裂缝或溜瓦，未经修复仍可使用	0.13	
VI	完好	基本无损或完好	0	

（二）地层和土质条件的影响

地层和土质条件对震害的影响是目前研究得最广泛和深入的地震工程地质条件之一，这类震害在各次大地震中极为普遍，往往造成重大损失，所以早为人们所重视。

地层和土质条件的影响应包括地基刚度、土层厚度和软弱夹层（包括砂土液化层）等因素的影响。尽管实际震害往往是这几种因素综合影响的结果，但由于性质不同和各具特点，故仍须分别加以研究。

1. 地基刚度

地基刚度在这里是指地基土的软硬程度。大量的宏观现象给人一种印象，即软土上的震害一般说来要比硬土上的大。最先详细研究这种影响的是伍德（Wood），根据 1906 年大地震时旧金山市区的宏观调查，他得到如表 3-7 所示的结果。可以看出，人工填土和沼泽上的震害比坚硬基岩上的严重得多。

表 3-7 不同地基土的震害

地基土	烈度	震害
坚硬岩石	VI	个别屋顶上的烟囱倒塌
砂岩、岩石上覆有薄层	VII	屋架烟囱倒塌，墙裂
砂和冲积层	VIII	砖墙破坏严重，个别倒塌
人工填土、沼泽	IX	质量好房屋破坏也严重，地变形、裂缝

软土上的震害确实大于硬土上的震害，但由于表 3-7 的划分缺乏定量指标，因此该结论仍是定性的。此外，基岩上的震害似乎总是比土层上的轻，这不仅由房屋震害所证明，

而且在宏观调查中人们普遍反映基岩上的地震动幅值小，持续时间短。强震后的中强余震记录也证实了这一点，对比的观测点一个设在基岩上，另一个设在土层上，两者之间的距离比震中距小得多，因而反映出的只是地基刚度的影响。

2. 土层厚度

综合目前国内外分析覆盖层地震效应的方法，不难看出国内外学者都将注意力首先集中于"水平成层"的覆盖层研究上，亦即采用两个基本假设作为前提：一是认为基岩、覆盖层各土层及地表是水平成层并无限延伸的；二是认为地表水平地震动主要是由基岩的剪切波垂直向上传所造成的。尽管假设具有局限性，但在计算上较简易，与实际振动规律亦较符合，所以应当是当前应用最普遍、最基本的分析方法。

土层可以看作是在基岩上层状分布的有限体。地震波到达不同性质地层的分界面时，一部分反射，一部分透射。一定周期的地震波在土层中多次反射的结果，由于叠加而增强，也就是表土层对这些地震振动起"放大作用"。当表层厚度为波长的1/4或其奇数倍数时，由于类似共振的作用，地表震动最强。与这一波长相当的周期就是表土层的卓越周期。

薄层表土的卓越周期很显著，厚层表土的卓越周期较长，当表土由多层组成时，每层各有其卓越周期。只有当这些周期相等或互成简单比例时，才能对某一周期的地震波起显著的增强作用。在自然条件下，各层常以复杂方式组合，因此厚层表土中卓越周期常不明显。

不同土层的交界处，由于地震波的折射、反射和绕射等影响，强度常有增加。

3. 场地的液化

液化是引起许多类型的地基失效的共同原因。在强烈振动的作用下，饱和含水、松散的颗粒物质（如粉砂、细砂）的强度急骤下降。地震引起的形变，使稳定的饱和含水颗粒状物质转变为流体状态。这时，固体颗粒实际上像流砂那样悬浮于液体中。当液化了的物质是埋藏在地表以下的一个广阔地层时，其效果就像滚珠轴承那样，起减少物质间动摩擦力的作用，而使地震剪切波不能向上传播，从而减轻震害。

地层中饱和砂土的液化对场地震害有双重影响。一方面，砂土液化造成的地基失效可能使地面建筑物下陷、开裂或倾倒。另一方面，砂土液化又可能减轻地面建筑所承受的振动荷载，使建筑物和居民生命得以保全。

此外，地下水位的升高，减少了沿潜在破裂面上的摩擦阻力，起到了滑动的作用。

必须指出，有关场地条件对宏观震害的影响的经验认识，尚不能满足工程抗震的需要。抗震设计必须将地基失效引起的建筑物破坏（静力破坏）与结构振动引起的破坏（动力破坏）相区别，并采取不同的抗震措施。

（三）土层对地面运动影响研究

20世纪50年代以前，地面运动的计算方法都是将土假设为弹性体。在日本、墨西哥、智利等国家较早使用的一种方法是傅里叶变换法，它假设各土层具有不变的粘弹性，建立的运动方程是线性的，从而可方便地按傅里叶积分法求解。但该方法明显未考虑土的最重要的弹塑性非线性性质，从而对土层在强震时的消能作用无法估计，故该法对强震反应的计算是不理想的。

20 世纪 60 年代以后，西特等人为了研究局部土层对地面运动的影响，考虑了地基土的非弹性特性，提出了等价黏弹性方法。该法把土的弹塑性非线性特性化为等效的弹性模量和等效的黏滞阻尼比，从而可借助振型分解法和积分变换法对集中质量体系的地震反应进行反复迭代求解。该法在国际上广为流传，在美国、日本等国家直接用于核电站和大型钢铁基地的设计中，这是 20 世纪 60 年代中期对覆盖层地震效应研究的一个重大突破。

继 Seed 等人的工作后，美国的 V.Streeter、F.Richar Jr 及加拿大的 Finn 等人试图改进这一方法，他们先后在 1974—1977 年期间发表了几篇介绍特征线法及逐步积分法求解覆盖层地震反应的文章。采用更符合土性的弹塑性模型及特征线-差分混合法，比较正确地反映了覆盖层在地震作用下波的传播物理图像以及土的动力非线性特征。把土的非线性特征和波的传播法结合起来，不需要化为"等价"参数，因此可以直接对波动方程积分解出土层各深度的地震反应时程曲线。这是继西特之后的又一次突破，它突破了 1972 年 Seed 曾说的："把土的非线性和波的传播分析方法结合起来的方法迄今尚未创造出来"的结论。

在国内，国家建委建筑科学研究院、中科院工程力学所、北京大学等科研院所在这方面也做了不少工作。冶金建筑研究总院的王志良、韩清宇在吸收 Seed 及 Streeter 等人近年来工作成果的基础上，提出了新的差分格式，并利用特征线-差分混合解法满意地求解了包含土的黏、弹、塑性的地震剪切波作用下的覆盖层运动方程。在引入阻尼比退化系数的概念后，提出了能符合土的切变模量-切变应变和阻尼比-切应变非线性试验曲线的加、卸、再加载分析曲线，并通过实例论证了分析方法的合理性。

符圣聪等鉴于在地震工程中有时并不要求计算地震反应的整个时间历程，提出了确定土层地震最大反应的简化方法。通过修正土层的自振周期，考虑土层的非线性，参考概率理论中有关极值的办法，给出了与功率谱密度相应的反应谱，然后根据振型平方和开方根的方法，得出了土层的加速度、位移、切应变和切应力的最大的反应值沿深度的分布。其结果与振型叠加法和黏弹塑性波动法的结果有很好的吻合。

对层理倾斜和不规则的沉积土体，由于不能再被看成"水平成层"，故引入了有限单元法结合数字计算机进行分析。克劳（Clough）和乔普拉（Chopra）曾首先把有限单元法用于堤坝动力反应的研究，随后又用于计算倾斜基岩上的堤岸及沉积土体的反应。该法将连续介质分割成一组适当尺寸和形状的有限单元，并以有限数量的节点加以连接，原型的材料特性能保留在各个单元内，因此材料性能的变化和复杂的几何形状都易于处理，可以解决不规则地形、堤坝及其相互作用等问题。

上述 20 世纪 60 年代后期所采用的线性迭代模型及弹塑性的土模型，主要进行的是总应力的分析，即只考虑了土的剪切模量和阻尼比的非线性变化，而未计入土中孔隙水压力的影响。但震害表明土中的孔隙水对土的变形和稳定有极重要的影响，如砂土液化就起因于地震力作用下孔隙水压力的急剧上升。因此，许多学者主张按有效应力模式进行场地地震反应分析。例如，加拿大的 Finn 进行了有效应力的地震反应与液化分析工作；冶金建筑研究总院的王余庆等用一维有效应力地震反应分析法，分析了廊坊某场地在唐山地震中的动态反应，并与现场的宏观现象进行了比较，说明该法具有一定实际应用的可靠性。运用有效应力法进行地震反应的研究，就能把土的地震反应、孔隙水压力的产生与消散以及土液化的整个过程，作为一个联系的整体来求解。

通过上述各种对覆盖土层地震效应分析方法的回顾，以及大量震害现象表明场地的震害异常与其下卧土层的厚度、构成有密切关系。一般情况下，由于环境、地理、地质和气候条件的不同，致使覆盖层在堆积厚度和土的物理力学性质等方面有明显的差别。现实中的层状地基是由各种类型的土层所构成，由于各地区沉积环境不同，即使是一种类型的土也会表现出明显不同的物理力学性能指标，其物理力学性质具有非均匀性。如果将一些复杂土层看成是非均匀介质，则需要大量的与现场联系紧密的数学解决方案。根据由大量实际测得的现场勘探资料、实验数据来建立土体的密度、切变模量、阻尼等参数随深度变化的关系式。

七、地震与工程建设

（一）地震工程地质学的任务

地震与工程建设密切相关，作为地震工程与工程地质学之间的边缘学科，地震工程地质学需要和可能承担着以下至少两个方面的研究任务：

从工程地质条件联系到工程场地与建筑物地基，对其地震效应问题进行研究和评价，以确保各类工程建设抗震设防措施能建立在一个可靠的工程地质基础之上。

从地震工程学科发展的需要出发，它应该广泛而深入地探索有关场地地基的地震动力学问题，包括岩土的基本动力性状和各种地质、地形条件组合下的各种动力反应问题，以提高地震工程学的探索能力和扩展其探索领域。

（二）地震地质与工程抗震设计

地震工程发展历程说明，在地震作用下，场地地基的工程地质因素对工程建筑物的影响，已经日益受到关注和重视。由于工程建设设施都不可能脱离地壳而成为空中楼阁，所以在一次强烈地震运动中，场地地基一方面作为动力介质，将地震波加以不同形式的改变和不同程度的放大，并传送给各种工程设施；另一方面，场地地基又作为承托地面工程设施的基底，传递和接受下部地层振动和上部建筑回输的动能。前一种作用，决定着工程建设设施可能经受的地震荷载大小、震动历时长短和振动频率特征，这些都是工程抗震设计所必须考虑的重要因素。后一种作用，则在于能否确保地面工程建设设施建立在稳定可靠的工程地质基础之上。忽略任何一方面的考虑，都会使工程抗震设防陷入盲目性，其抗震设计难免是不合理的，其抗震效果更是难以保证的。

1976 年 7 月 28 日唐山地震，宁河县遭受强烈的地震影响，在厚层软黏土场地上的宏观震害表现出十分奇特的现象：宁河县城全部大型砖筒水塔（200 ~ 300 t 容量）筒身遭到彻底震毁，钢筋混凝土水箱倾覆并跌落在软土层中，彻底破碎，由此可见其地震惯性力极其巨大。然而，就在其近旁（约隔 20 m 远）的一座砖石结构三层办公楼，以及一座整砖正规砌筑的单层砖房，均完整无损地保存下来。但就在同一地区，一混凝土预制桥面板的大跨公路桥——阎庄大桥，在此次地震中，其四跨的桥面板受震"飞跃"过了受震倾倒的桥台而叠落在一起。如果说这是强烈地震运动造成的，但这种地震运动并未导致阎庄大桥邻近正规建造的单层砖房（仓库及民房等）的严重破坏，相反地这些低层轻型建筑物上的屋顶烟囱均安然直立。从抗震性能来说，大型砖筒水塔和钢筋混凝土桥的抗剪刚度要比一般砖石结构的民用房屋大，但是由于它们与场地原层软土在振动频率特征上的耦合所构成的致命影响，从而导致了这种毁灭性的共振破坏。

（三）地震动力学与工程建设场地地基的关系

在场地与地基的地震动力学研究中，有两种不同实质的估量方法：一种是以宏观现象为基础的烈度法；另一种则是以仪器微观实测地震运动参数为基础的动力反应分析法。另外，在研究对象上，定性方法多用于概括一定震区范围以内的一般性规律，而定量的方法则仅限于地层内部或表面上某一点的动力性状或运动状态。这样在理论与实践上就遇到下列一些有待解决的矛盾。

1. 宏观与微观的矛盾

地震烈度是根据宏观震害调查确定的。所谓宏观震害是指地震区的全部地震现象，包括建筑的受损情况、地表现象和自然景观的改变、器物的受震表现，以及人的感觉和反映等普遍现象。

目前，国内外大多数工程抗震规范都根据不同的烈度来估计地震对工程设施的可能影响，进而采取相应的抗震措施。因此，地震烈度在工程抗震上是一项极其重要的指标。然而在地震动力学理论上，各种地上或地下建筑物在一次地震中经受了多大的地震力（荷载），应该是根据地震仪的微观实测记录，计算建筑物及其地基的加速度反应来确定的。我们常可发现这样的矛盾，即在烈度较高地区的建筑物实际所受地震荷载（或加速度）并不一定相应地较大，甚至有相反的情况，如 1971 年美国圣费尔南多地震震中区烈度虽高达 11 度，但其震级却很小（M=6.6）。这是因为地震荷载是个客观的物理量，而地震烈度则是人们主观上对于宏观震害的描述，其中缺乏客观的定量标准。至今我国的 12 度烈度表以及国际上通用的麦卡利 12 度烈度表，仍以宏观现象作为划分标准。但烈度高时，其地震力并不一定就大，因为建筑物的破坏不一定是地震力直接作用的结果。

烈度的确定是属于地震工程研究范畴的事。在烈度的划分标准上，以及实际烈度的调查中，往往不可能严格区分不同结构类型的建筑物在地震运动中所表现的不同性状，也难以具体区分处于不同发育阶段的地质现象在其自身构成宏观震害上的实际差异，而常常是把不同实质的宏观震害归纳在一起，用烈度表上的某一标准加以概括。这样确定的烈度值，常是由那些刚度与强度不足，或本来就濒于毁坏、失稳的建筑物，以及场地地基条件，起着自制作用。

根据微观实测或统计成果，以最大水平地震加速度来计算地震荷载，尽管在理论上是严密的，但它也不能全面地概括一次地震运动对建筑物产生的全部影响。如前所述，建筑物遭受的震害并不完全是，甚至有时完全不是由地震力直接造成的，而微观的实测又随测点的具体部位、仪器的性能（灵敏度和高低频失真）等多种因素而变。所以，这种微观的建造方法不可能与宏观的定性方法在实际效果上完全一致。

尽管上述问题产生的条件是复杂的，而且需要从多方面进行研究和处理，但有一点是必须明确的，即宏观与微观上的差异中蕴藏着不可忽视的地质地形因素，脱离这种因素来寻求问题的答案是不可能的。

2. 烈度分布上的"正常"与"异常"的矛盾

众所周知，烈度分布一般随着震中距的增加而递减，因此我们可以用等震线来概括一定地面范围内的地震烈度。然而，几乎在所有的地震宏观调查中，我们都可以发现烈度正常分区中存在着异常区。高烈度异常有时被视为"危险区"，低烈度异常有时被看作"安全岛"。这种异常区的出现好像很偶然，但实属必然，因为它往往是各种地质地形因素在一定的地震条件下（包括震源机制及各项地层参数）的综合反映。不过出于因素的多重性和条件的复杂性，往往不易被察觉究竟是哪种地质地形因素在哪种条件下起着决定性作用。这种错综复杂的因素以及它们在烈度的正常分布中所表现出来的异常效果，正是地震工程地质学所必须解决和可能逐步解决的问题。

3. 静力计算与动力解析的矛盾

地震对工程设施的影响主要是动力学范畴的问题，而建筑物及其地基基础的抗震设计，主要是具体估计它们所受的地震力及其相应产生的运动的性状（包括运动形式及反应谱所反映的各项特征），据此采取相应的抗震措施。

目前在生产实践上，国内外很多抗震规范大多沿用着所谓地震荷载的简化计算方法，即将地震运动对建筑物产生的最大水平推力（地震惯性力）和倾覆力矩按照静力作用计算其基底最大剪力和最大弯矩。为了使计算更接近于实际的地震动力作用，近年来国内外一些规范做了重大的改进，即根据实测或实际的建筑结构的动力特性（周期、阻尼及振型等）及其与地基的加速度反应，建立周期与地震动力特征值（如地震加速度或地层影响系数等）的某种函数关系，并绘制出代表性的曲线即反应谱，借以确定在一定地基条件和一定周期特性下的预计地震加速度值，进而确定水平地震力。至于竖向地震力，一般只作为建筑物在竖向地震加速度作用下产生的附加重力，而且这种计算仅对于那些依据其自重来保持其自身稳定性的建筑（如重力式挡墙、重力坝等）才是必要的。

上述这些计算方法实质上是将地基所受地震动力问题作类似静力的计算，或在静力计算上再加以某些动力因数的修正，即所谓动力解析。

然而，建筑地基的计算在地震动力学和结构静力学上有着不同的概念和范畴。在地基静力计算中，我们通常可以根据"主要受力层"或"压缩层"的概念，来考虑基础下方的地基变形或稳定性问题。而在地震动力解析中，"地基"则不能局限于上述的平面分布和空间范围，我们应该把整个建筑物周围的地层，特别是整个工程场地的地表层（包括基础底面以上的地层）都作为"地基"看待，因为它们在一次地震中是与建筑物协同作用的。这样一来，在动力解析中，建筑场地与建筑地基两者并没有明确的分界，因此在地基静力计算中一般不予过问的场地地质地形条件，在动力解析中就成为必须考虑的因素。这些问题也是地震工程地质学的研究对象之一。

4. 局部与整体的矛盾

在强烈地震的震中区，还可以经常见到在地质地形条件基本相同的地区上震害往往还会有轻重之分，并呈条带状相间出现的宏观现象。这种现象可称之为地表震害的节律性变化。如果我们把眼界缩小到一个小面积的局部场地或地基，则这种节律性的震害轻重变化就渐趋淡薄。因为地质地形条件是一致的。所以全区性的震害异常与地质条件一致性之间，看来有时存在着矛盾。这种矛盾既不能通过地层中或地表上的某个质点的运动性状或动力反应来解决，也无法用该点上的动力条件去表征其规律。这就需要用地震工程地质学的观点研究整个地区或场地在一次地震运动中的整体表现和局部特征，以便在采取抗震措施中相应地考虑这种作用带来的后果。

八、地震预报

中国是个多地震国家。远在 3000 多年前，《竹书纪年》中就有："夏帝发七年（公元前 1831 年）泰山震"的记载。最早描述的是周幽王二年（公元前 780 年）的陕西西周地震。中国又是最早发明地震仪，并用地震仪观测地震的国家。东汉时（公元 132 年）张衡创制候风地动仪，设于京师（今洛阳），用于观测地震。近代中国于 1930 年在北京西山鹫峰设立了第 1 个地震台，次年又于南京北极阁设立了第 2 个地震台，出版了地震观测报告。几千年来积累的丰富地震资料，为地震研究工作提供了宝贵的科学依据。20 世纪 50 年代以来，中国地震科学发展迅速。中国地震科学工作者成功地预报了 1975 年辽宁省海城地震和 1976 年的四川省松潘地震，还有 20 世纪 80 年代的新疆乌恰地震，为中国地震科学做出了贡献。

地震预报是对破坏性地震发生的时间、地点、震级以及地震影响的预测，就是预知在何时何地发生多大震级的地震。地震预报的三要素是指所预测地震发生的时间、地点、震级。我国国家地震局通常将其分为：① 地震长期预报，是指对未来 10 年内可能发生破坏地震的地域的预报；② 地震中期预报，是指对未来一二年内可能发生破坏性地震的地域和强度的预报；③ 地震短期预报，是指对 3 个月内将要发生地震的时间、地点、震级的预报；④ 临震预报，是指对 10 日内将要发生地震的时间、地点、震级的预报；⑤ 年度地震趋势预测，是由中国地震局每年组织专家对下一个年度国内可能发生破坏地震的地点所做的趋势性预测。

从纯地震学的观点来看，地震预报是可能的。但更重要的是，还得考虑到某个地震的发生和当地人们生活的关系，也就是说，还必须说明何处发生多大地震时，在何处会产生多大的震害。基于这种观点，对于在任何地方都不会引起震害的小震，一般不作为预报对象。不过，由于地震群会引起居民精神不安，也可作为预报对象，当然不是着眼于震群中每个小地震，而是研究整个地震群的震情趋势。

一般说来，震级愈小的地震，震害区也愈狭窄，因而也就必须提高震中位置的预报精度。因此，从预报的角度来说震级愈小的地震，预报愈困难。

（一）地震前兆

地震前，在自然界发生的与地震有关的异常现象，我们称之为地震前兆，它包括微观前兆和宏观前兆两大类。常见的地震前兆现象有：① 地震活动异常；② 地震波速度变化；③ 地壳变形；④ 地下水异常变化；⑤ 地下水中氡气含量或其他化学成分的变化；⑥ 地应力变化；⑦ 地电变化；⑧ 地磁变化；⑨ 重力异常；⑩ 动物异常；⑪ 地声；⑫ 地光；⑬ 地温异常等。上述这些异常变化都是很复杂的，往往并不一定是由地震引起的。例如地下水位的升降就与降雨、干旱、人为抽水和灌溉有关。再如动物异常往往与天气变化、饲养条件的改变、生存条件的变化以及动物本身的生理状态变化等有关。因此，我们必须在首先识别出这些变化原因的基础上，再来考虑是否与地震有关。

（二）地震区划和地震活动图像

对于什么样的地方会出现什么样的烈度（震害）分布这一问题，近年来引起了地震工程界的极大注意。对于烈度区划或区域划分来说，历史地震资料是重要的，如果再知道地下构造，即可做出某种程度的推测。由于大地震的震害区面积大，所以预报的震中位置会有一些误差。

地震区划是按地震危险性的程度将国土划分若干区，对不同的区规定不同的抗震设防标准。《中国地震烈度区划图（1990）》是用基本烈度表征地震危险性，将全国划分为<6°、6°、7°、8°、≥9°五类地区。鉴于该区划图采用的是四百万分之一的小比例尺，因此它只能提供较大地区范围内地震危险性的平均估计，即设计基准期为50年的时期内，在一般场地条件下，可能遭遇超越概率为10%的地震烈度值。它可作为丙类建筑抗震设防的依据和国土利用规划的基础资料，但不能用来预测地震破坏作用的小范围内和特定场地条件下的地震烈度变化。

地震小区划是为显示地震破坏作用在小范围内的变化情况，采用一万分之一至五万分之一比例尺编制的用于预测某一城市或厂矿范围内可能遭遇的地震破坏作用的分布情况（地震破坏的分布和设计地震参数的分布），它可作为乙类建筑抗震设防的依据。

地震活动图像是地壳深部构造应力场的一种反映，随着强震孕育过程中构造应力的变化，地震活动图像必然会出现相应的演变。自20世纪80年代以来，地震活动图像的概念也已从狭义的地震时间、空间、强度分布，扩展到地震所能提供的多种信息，同时也包括寻找那些有预报意义的特殊地震。

（三）各种地震预报理论与实例分析

在充分了解地震发生的机制，并确立确切掌握地震发生过程的方法以后，想必能做出正式的地震预报。从这种意义上来说，如果大地震是由板块论者所说的那种机制引起的，那么似乎地震预报就很困难。这是因为要正确了解离开陆地 200～300 km 远，深达数千米的海底地壳中所发生的现象还不可能。

在肖尔茨的地震预报理论中，假设地面受力产生裂隙，P 波速度下降，而 S 波速度没有变化。不过 S 波速度为什么没有变化还不太清楚。此后，当地下水逐渐渗入裂缝并充满空隙，于是 P 波速度就回升，不久便产生断层，并导致地震发生。因此，有人认为只要观测到 P 波速度下降和回升的过程，就能预报地震。在这种情况下，地壳中必须有游离水存在。但是，由于在地表下 10 km 深处大约有 3 000 个大气压的静压作用，所以是否有足够的游离水存在还不清楚。即使肖尔茨理论是成立的，但对于发生在地下 20～30 km 的大地震，恐怕也不适用。

近年来，我国的地震研究或地震预报研究已初露锋芒，特别是对 1975 年 2 月 4 日 19 时 36 分，辽东半岛的鞍山、海城、营口一带 7.3 级破坏性地震做了预测预报。预测这次地震的一种方法是根据大地震震源逐步迁移的规律。其一是 1966 年 3 月 8 日和 22 日在北京南西约 300 km 的邢台附近发生的两次引起很大震害的 6.8 和 7.2 级大地震。其二是 1969 年 7 月 18 日发生在渤海中的 7.3 级大地震，若按这样的顺序往东北方向迁移，这次地震附近的地区将成为候补震区。在辽东半岛，原来就有与半岛延伸方向大致平行的活动断裂（活断层）和地震带，但是上述地震并不一定都发生在同一条活断层上，而可能对应于走向大致平行的其他断层。为了证实这种预测，开展了许多大规模的正面突破的研究。这些方法也就是设置地形变、地震观测、地磁、地电等观测网，开展地下水和水氧变化乃至动物异常的研究，几乎涉及各个方面。

该区地震观测点成三角网分布，每边长 50 km 左右，余震区呈卵形，长约 70 km，宽约 30 km，正好有两个观测点大致在余震区周围。主震震中靠近余震区东南角，震源深度定为 12 km，震源较浅，所以许多前兆现象容易出现。在上述两个观测点全都显示大约 5.5 mm 的沉降，各边都有一些延伸，但三角网中心附近的升降不清楚。

该地震有极为明显的前震群，其震中似乎向主震以北扩展了 10 km 左右。这个前震群的出现对下决心作临震预报似乎是一个重要的因素。据说主震是在前震群平静时发生的。

与辽东半岛平行，有一条穿过锦州向北东方向延伸的活断层，总的说来，这次地震可能与这条断层有关，但震中向东偏离了约 20 km。随地震出现了长约 5.5 km 的断层，与锦州断层走向大致垂直。在震中西南约 180 km 的金县，测量了大致垂直横穿断层，相距 580 m 的两点的垂直相对位移。据说在地震前 9 个月期间，东面有 2.5 mm 的上升，以前每年的变化是±0.11 mm。

在沈阳的地倾斜连续观测中，到地震前一年的年底，倾斜矢量一直指向北西，以后指向急速倒转，直到临震前才开始指向南西。

地震前，很多地方地下水涌出量增加，据说，其中有的地方还冲破冻土层而喷出水来。

关于电磁变化的情况，据说在往北 20 km 的海城观测点，地电位差逐渐减小，地震前有的电位差急速减小趋近于零。

我国对这次地震的震级也做了预报，预测方法是根据关于地震带中存在空白区的观点，并考虑了空白区的大小，但在估计其大小方面，似乎存在着很多不确定因素。

关于地震前动物的异常，有报告谈到，在离震中区 100 km 的范围内，约有 20 种动物异常，主要是鼠、鸟、家畜类，其中有的异常已摄入影片之中。总之，动物异常不仅是极局部的现象，而且有许多报告着重谈到大范围内的动物异常。地震前动物感觉到什么，从而表现出异常行为，看来都是今后地震预报研究的课题。

（四）地震预报的统计要素和手段

如果说地震是具有复杂构造的地下岩层的一种破坏现象，那么其发生地点和时间都一定会受到统计因子的支配。随着各种可靠的地震资料的增多，确定地震发生的概率就会增大。回顾一下地震预报的情况，目前还是处于收集种种地震情报，不断积累经验的阶段。

现行的预报方法中，最早出现的是陆地地面升降、水平位移、地倾斜和地伸缩的测量。如果地震是地壳产生应变引起破裂的结果，那么这种利用地表观测预报地震的手段，就是基于震前在地表会出现若干前兆这种想法提出来的。大地震发生后，上述有些变化连肉眼也能观测到，但是要发现震前的变化就相当困难。

地壳形变测量是大地测量的一部分，它是研究地震过程的重要手段。近年来，在震区反复进行了水准测量和三角测量，有些地方还进行了地倾斜、地伸缩的连续观测，同时也发现了一些可能是前兆的变化实例。但这些一般都是在大地震发生以后对观测所做的解释，不一定预报了地震。当然，对于积累经验来说还是很重要的资料。地壳形变与地震关系的研究，是地震预报的一项重要基础研究。

研究地下水动态异常与地震的关系，是探索地震预报的重要课题之一。地下水动态是指地下水物理性质与化学性质随时间的变化情况。中国地下水位与地震研究，也就是第一代地下水观测井网的建立与研究开始于 1996 年邢台地震后。在邢台地震现场，震前征兆最明显，如井内冒气、发响等。通过强余震的检验，地震工作者取得了地震前地下水异常变化的大量资料，并从中看到了地震预报的希望。于是，研究地下水与地震关系的科学实践从此起步。经过实践检验，已经建成的深井水网观测效果良好，对监视区内发生的多次强震均观测到地下水异常，其中一些地震前还做了一定程度的预报。

但是，地震预报难度还是很大的，一是地震现象本身的复杂性；二是地震多发生在地下深处，目前的科学技术水平难以直接探测震源深处的情况；三是强地震（尤其 7 级以上大地震）发生较少，因此预报实践机会少。

由上所述，为了更可靠地判断发震地点和时间，预测大地震这种周期很长的事件的侵袭，就要搞清楚与大地震相对应的区域应力的发展或力源的扩大过程。

对于地质灾害，不仅包含源于自然能量的地质作用引起的灾害，如火山爆发、地震等，而且也包括人类生产和工程活动对地质环境产生的影响和作用，目前的地质灾害有很大比例是不合理的工程活动引起的。我国大约有 50% 以上的地质灾害，虽然表面上看是由自然原因引起的，但经深入地调查研究之后不难发现，其实主要都是因人为的生产和工程活动而引起的，如工程开挖诱发的山体松动、滑坡和崩塌，修建水库诱发的地震，城市过量抽取地下水引起的地面沉降，水土流失加剧的洪涝灾害等。

第四章

地质灾害与
次生工程
地质问题

第一节　地质灾害

地质灾害是指地球在内动力、外动力或人类工程动力作用下，发生的危害人类生命财产、生产生活活动或破坏人类赖以生存与发展的资源与环境的、不幸的地质事件。地质灾害的种类很多，根据致灾成因及发生的处所可大致划分为几十种之多，例如地壳活动引起的地震和火山喷发，斜坡岩土体运动造成的崩塌、滑坡和泥石流，地面变形类型的灾害如塌陷、沉降、地裂缝等，矿山与地下工程建设中发生的煤层自燃、瓦斯爆炸、高温、塌方、岩爆、突水、大变形等，特殊土类型的灾害如黄土湿陷、膨胀土胀缩、冻土冻融、软土触变、砂土液化、盐渍土侵蚀等，土地和水资源变异类型的灾害如岩溶、水土流失、土地沙漠化、盐碱化、沼泽化、水质污染、地下水位下降等，以及河流、湖泊、水库、海洋类型的灾害如塌岸、淤积、渗漏、浸没、海水入侵、海岸侵蚀、水下滑坡等。一般地，常见的地质灾害包括滑坡、崩塌、落石、泥石流、岩溶、地震等几种，或称之为狭义的地质灾害，其他类型的地质灾害可称之为广义的地质灾害，或称次生工程地质灾害等。

地质灾害的破坏作用主要表现在：造成人员伤亡；破坏房屋、厂房等建筑物及设施；威胁城镇安全；破坏铁路、公路、航道、水库等交通和水利设施，破坏土地资源、矿产资源、水资源、旅游资源等；破坏生态环境；影响工农业生产及其他经济活动等。

据统计，发展中国家每年由地质灾害和地质环境恶化所造成的经济损失，达到国民生产总值的 5%以上。我国的地质灾害种类繁多，分布广泛，活动频繁，是世界上地质灾害较为严重的国家之一。例如，在东、中部地区，由于大量抽取地下水和大规模开采矿产资源，导致地下水资源平衡破坏和岩土构造应力状态发生变化，诱发并加剧了地面沉降、地面塌陷、地裂缝、土地盐渍化、沼泽化、崩塌、滑坡、泥石流、矿山灾害等地质灾害的发生；在西部地区，由于超量开发土地、草原、森林和水资源，加速了水土流失、土地沙漠化等灾害的发展，崩塌、滑坡、泥石流等灾害也随之增多，同时，地壳活动产生的地震活动也时有发生。据估计，在我国灾害及其所导致的环境问题中，由地质灾害造成的损失约占整个灾害损失的 35%，而这其中，崩塌、滑坡、泥石流及人类工程活动诱发的地质灾害所造成的损失约占 55%。

中国是世界上人口最多的国家，近几十年来经济的高速发展和人口的快速增长，对自然的索取不断加重，对自然环境的干扰也越来越强烈，不合理的人类经济工程活动也使得地质灾害的发育日趋加剧。近年来，各种地质灾害对我国的危害程度日益加重，地质灾害造成的损失逐年增加。

以 2006 年为例，除北京、上海和宁夏外，全国 28 个省（区、市）都发生了地质灾害，共发生 102 804 起。其中，滑坡 88 523 起、崩塌 13 160 起、泥石流 417 起、地面塌陷 398 起、地裂缝 271 处、地面沉降 35 处，共造成 663 人死亡、111 人失踪、453 人受伤，直接经济损失 43.16 亿元。与 2005 年相比，因地质灾害造成的死亡人数增加了 14.7%，造成的直接经济损失增加了 18.4%。其中，福建、广东、湖南、甘肃、广西和四川 6 省（区）的损失占全国总数的 74.8%。

对在工程建设中最常见的地质灾害，如滑坡、崩塌、泥石流、岩溶和地震等已有大量的介绍，在这里就不一一介绍。

第二节　环境地质问题

环境地质的合理利用与保护近年来成为人类特殊关注的重大课题。它与地球矿产资源的枯竭有关，与人类大规模的工程建设和经济活动引起的地壳岩石圈平衡的破坏、形成灾害性地质作用、危及人类的生活与安全有关。人类的活动在一些情况下是创造性的，在另一些情况下又是破坏性的，常导致地球平衡的破坏，引发改变或破坏地质环境的灾害性地质作用。而为了建立地质环境新的平衡，往往需要付出巨大的经济代价。合理利用与保护地质环境已成为规划人类工程、经济活动，计划生产力所必须遵循的准则。

一、环境地质学的发展

"环境地质"是在 20 世纪 60 年代早期被提出来的，其认识各不相同。有从土的学科观点出发，有的包括社会和文化环境，有的还包括生态环境。但人们逐渐认识到只考虑自然因素和生物方面的因素是不全面的，还必须要考虑人为因素的作用。"环境地质"是应用地质学、水文学、工程地质学、地球物理学和其他相关学科的原理，来研究一个地区的资源，如何为人类实现最大利益而得到发展。它是一门研究与人类有关的环境学科，它的研究不仅对科学家有益，而且对所有关心该地区发展的人们有用。

从 20 世纪 50 年代开始，随着工业经济的快速发展，一系列污染事件发生，形成了第一轮环境问题。20 世纪 80 年代，新一轮经济的快速发展使环境与发展的矛盾再次突出。随着人类工程和经济活动的规模和范围日益扩大从而引起了具有代表性的问题——环境地质问题，我们必须解决工程活动对地质环境的作用所产生的新问题，这就形成现代工程地质学的新分支——环境工程地质。国际交流与协作为环境工程地质的创立做了组织准备，对加速环境工程地质问题的研究起了重要推动作用。

1970 年，国际地球科学联合会（IUGS）正式成立了"地球科学与人类"专业委员会。1972 年，第 24 届国际地质大会将"城市与环境地质"列为第一专题。1979 年，国际工程地质学会（IAEG）在波兰召开首次"人类工程活动对地质环境变化的影响"专题讨论会。1980 年，在巴黎第 26 届国际地质大会上，国际工程地质协会一致通过了《国际工程地质协会关于参与解决环境问题的宣言》（以下简称《宣言》）。《宣言》倡议所有从事工程地质和相邻学科的人员，在设计和修建任何工程时，不仅要注意工程设施的可能性及经济效益，而且必须考虑保护和合理利用环境问题，要求查明工程地质条件，并在空间、时间上进行定量的预测评价；要求开展以了解某些地区地质环境为目的的区域地质调查，编制世界性的分类环境工程地质图。环境工程地质问题的研究，在经过多次各种类型的与人类活动有关的地质灾害的教训、长期的思想孕育和组织准备后，已开始在全世界普遍开展。《宣言》已成为现代工程地质学向环境工程地质学进军的时代标志，同时也肯定了已有的环境工程地质问题。

我国于 1982 年召开了第一次全国环境工程地质学术讨论会，1987 年在北京召开了"山区环境工程地质国际学术讨论会"。1989 年 11 月在西安召开了第二次会议，在这次会议上对环境工程地质的概念、含义、目的、特点和它的研究地位等问题都进行了比较深入的探讨，对环境工程地质的理论研究有重要的指导意义。1995 年 6 月 26—30 日在河北正定地矿部召开了"地学与人类生存、环境、自然灾害学术讨论会"。1995 年 9 月在兰州又召开了第三次全国环境工程地质会议，在会上对环境工程地质的学科特点问题，各方面的专家与学者都发表了很多学术见解，在某些方面取得了共识，同时也存在着不同的学术观点，这些共识和不同的学术观点对工程地质的学科发展将产生深远影响。1999 年 8 月在哈尔滨举行了第四届全国环境工程地质会议，共同探讨了环境工程地质科学的发展，明确了 21 世纪人口、环境与发展的战略。

二、环境地质的定义

环境地质学是近 20 年来兴起的一门新兴科学，它是环境科学中的一个重要组成部分，是地质学科的一个分支，它应用地质学的理论和方法来研究地质环境的基本特性、功能和演变规律，研究人类活动与地质环境之间的相互作用、相互制约的关系，解决人类开发利用自然环境遇到的和可能引起的地质问题，探索在经济发展过程中合理利用和保护地质环境的途径。

1983 年再版，由 Michael Allaly 主编的《地质辞典》中，将"环境地质"一词定义为：应用地质数据和原理，解决人类占有或活动造成的问题（如矿物的采取、腐败物容器的建造、地表侵蚀等）的地质评价。在我国，环境地质这一词的出现和使用较晚。

人类为了达到与自然协调发展的目的，就必须尊重和适应自然规律，根据地质环境特点进行人类工程建设，适度地改造自然，使其向良性方向发展，造福于人类。所谓环境地质，是研究人类活动与地质环境相互作用、相互制约的关系，用以解决人类开发利用自然环境所遇到的和可能引起的地质问题，探求防治对策，促使社会、经济的持续繁荣与地质环境保护的协调发展。环境地质学运用生态学的观点和时空变化的观点进行研究。因此，国际上又有人把它定义为地质生态学，即把地质环境作为现代生态学研究的中心问题。

应当指出的是，地质环境与环境地质是完全不同含义和性质的两个专用名词，两者不能混淆不分。地质环境仅指环境的空间实体，而环境地质则是人类与环境空间实体之间的关系，是以人-地质环境为研究对象的科学。也就是说，环境地质学的研究对象已经从传统地质学的范畴扩大到了自然环境与人类社会的相互作用，扩大到了高层次的人-地系统。

在地质环境中，人类进行的技术-经济活动与地质环境的相互作用是一个复杂的自然-技术系统。两者之间相互作用的特点，决定于地质环境的特点和工程技术活动类型。地质环境是按自然规律发展的，而人类的工程技术活动则是按技术经济规律进行的，所以环境地质工作就要充分考虑这两者的特点，以及它们相互作用的结果，还要考虑自然-技术系统的空间范围界限，也就是要考虑人类的工程活动与地质环境相互作用可能影响的范围。因此，环境地质研究应以各种技术经济活动的长远效应，改变或影响地质环境变化的方向，探讨地质环境潜在的变化趋势、能力、效果等作为重要的工作内容，最终做出地质环境的科学评价，提出防治对策。要有针对性地，对于质量好的地质环境提出保护、预防措施，对于可能有潜在问题的地质环境提出预防、治理措施，对于质量较差的地质环境要提出限制、改进、治理措施，防患于未然。

环境地质学是研究由于人类活动所引起的一切地质现象。这些现象随着社会经济的发展和科学进步在不断扩大。就现阶段而言，人类的生产活动主要可引起以下几方面的地质作用：

（1）人为的剥蚀地质作用：主要有矿山剥离盖层、工程挖掘土石、农业平整土地等。人工对大自然的剥蚀作用，其速率和强度有时大于天然剥蚀作用。

（2）人类的搬运地质作用：人类为了开发和利用自然资源，为了某项经济活动，每年要搬运大量不同类型的材料，如填筑工程地基、采矿、开垦荒地和坡地等都会引起人类搬运地质作用。据估计，由于人类地质活动，每年搬运的物质达 1 万 km^3，超过全球水流的搬运作用。

（3）人类的堆积地质作用：人类在地球上许多地方的堆积已达到相当大的规模，如布拉格市有一层厚 6 m 的人工堆积物。

（4）人为塑造地形作用：人为塑造地形作用和经济建设有关，往往形成许多地貌景观，如人造平原、梯田、水库、运河、人工边坡、假山、填平低地、天堑、人工岛等，其速率甚至比天然外动力地质作用更强大。

（5）人类活动所诱发的地质作用：例如大规模开采地下水而引起的地面沉降，在喀斯特地区所造成的地面塌陷；水库和深井注水引起的诱发地震等。

上述举例的一些地质作用，常导致天然地质环境失去平衡。深入研究这些人为地质作用发生、发展对改善地质环境是十分有益的。

三、环境地质学的研究内容

环境地质学主要的研究内容为：凡是由人类活动激发地质作用过程引起的环境问题，如洪水泛滥、滑坡、泥石流、地震等现代地质过程造成人类环境灾害，以及因地壳表层化学元素分布不均，使某些地区某些元素严重不足或过剩引起动植物和人体的生物地球化学地方病。人类活动加速了环境中的原自然物流、能流的循环过程、规模，并引起环境地质问题（如水污染）；废物处置、选址不当，使地表地球化学环境变化，引起环境污染危害；大型水利工程建成引起的负面效应、潜在的环境地质问题（如诱发地震等）；矿产资源的开采、利用中引起的环境地质问题；城市化引起的环境地质问题等。

在基础理论研究方面，还有许多重要课题，如有关地下水污染质运移理论的研究；全球气候变化对水循环与生态平衡影响的研究；区域环境水文地球化学演变规律的研究；海平面上升预测及其对沿海地质环境的影响；地面变形与斜坡稳定性基本理论研究；灾害地质作用过程的耦合、非线型模式；地质灾害风险性评价研究；地质环境质量综合评价的基本理论与评价方法；数值模拟与优化理论的研究；基于 GIS 的地质环境复杂巨系统信息管理等。

由于上述的许多研究内容又具有其特殊的方面，不断地深入，形成 1 个多分支学科共同发展的环境地质科学体系。陈梦熊指出，在环境地质科学领域，目前初具轮廓或正在发展中的分支学科主要有：① 环境水文地质学；② 环境工程地质学；③ 环境地球化学；④ 灾害地质学；⑤ 地震工程地质学；⑥ 地震水文地质学；⑦ 城市环境地质学；⑧ 农业环境地质学；⑨ 矿山环境地质学；⑩ 历史环境地质学等。其中，许多学科，如环境水文地质学的迅速发展，又进一步分化，向更低一级的分支学科发展，如区域环境水文地质学、污染水文地质学、医学水文地质学等正在逐渐形成。许多重大环境地质问题，如区域稳定性评价、滑坡、泥石流、诱发地震、地面沉降、海水入侵、岩溶塌陷、固体废物处理等，都已在全球范围内逐渐形成新的专门学科。其中，地面沉降、海水入侵、岩溶塌陷等专门学科的研究，在我国已经取得很大进展，进入到国际先进行列。

我国是一个地质灾害多发的国家，如地震、地面沉降、水土流失等活动在许多地方每年都有发生。这些灾害在当前要达到控制的地步是很困难的，但采取措施加以预防和预报，较有效地减少一些地质灾害给人们带来的损失，达到人与地质环境有着较好的协调还是可能的。也就是说，从环境观点出发对全国或某一个行政区加以环境地质区划。所谓环境地质区划是按区域的地质环境结构特征和功能有利、不利因素展开经济活动，用区域所存在的地质问题来评估人类活动与地质环境的相容性以及它的容量和质量。所以，环境地质区划是进行国土开发、环境管理和保护不可缺少的环节。

地质环境的容量是指一个特定地质空间可能承受人类社会-经济-工程发展的最大潜能。其地质环境质量是指自然地质条件稳定性、抗人类活动干扰能力和原生地球化学背景（钙、镁、钾、钠、碳、氮、氧、磷和某些微量元素对人体的有利和不利影响，环境受污染和破坏的程度）。

四、环境工程地质的基本概念

环境工程地质学的兴起与近代经济-工程活动的作用密切相关。人类对地质环境的作用主要表现为各种工程建设活动、开发矿产资源、水利建设活动、战争活动、综合经济活动等，它们对地质环境带来的影响变化已有明显表现。

环境工程地质问题随着环境地质学的出现，也引起了工程地质界的关注，并提出了新的概念。著名工程地质学家 E. M. 谢尔盖耶夫教授认为，地质环境指的是地壳上部，包括岩石、水、气和生物在内相互关联的系统，在此范围内由于人类的作用改变着自然地质作用和现象，或是形成新的工程地质作用和现象。在地质环境内各种作用的形成与发展，是由于人类工程活动使其各种组分的性质和状态、各种成分重新分布与变化的结果。地质环境的上限是地表，其下限则是人类作用于地壳的深度。在研究合理利用与保护地质环境课题时，不能回避大气圈、水圈、生物圈的影响，必须认识到构成人类自然环境各要素的人为变化是彼此相互联系的，不能人为地将它们割裂或孤立起来。

环境工程地质是工程地质学的一个分支，是研究由于人类工程-经济活动所引起的（或诱发的）区域性和有害的工程地质作用（如诱发地震、滑坡、泥石流等）的科学。环境工程地质研究这些作用产生的条件和机制，提出减弱或消除它的工程措施，为制定利用、保护和改造地质环境方案提出依据。1982 年，刘国昌提出：环境地质的中心问题是环境工程地质问题，并提出了第一环境与第二环境的概念。第一环境即自然环境，它是在区域工程地质条件下发生、发展的，具有显著区域性规律；第二环境即是指人类的工程-经济活动规律有关的地质环境，而环境工程地质问题主要与第二环境有关。在这里，我们可以把第二环境地质问题称为"次生工程地质问题"。其目的是主要研究由于人类工程-经济活动引起的地质环境的变化，以及这种变化所造成的影响，最终是为了改造、利用和保护地质环境。

第三节　次生工程地质问题

人类的工程创造给人类带来了极大利益，同时也给地质环境带来极大影响，出现了各种不良的工程地质现象，直接或间接地对地质环境产生了反作用。为了解决这个问题，我们开展了次生工程地质研究。其目标是为了合理地进行工程建造与开发，在满足人类发展需要的同时，保护地质环境，使人类工程活动与地质环境保持良好的协调关系，更有利于人类的生存、生活和生产的发展，为工程地质环境预测调控与改造利用，提供了可靠的科学依据。

一、诱发地震

由人类工程活动如修建水库、注水抽液、采矿、核爆炸等，往往影响地层荷载的调整，改变原有水文地质条件，加剧地下水纵深循环的动力作用，促进地壳构造应力场的变化，导致这些地区频繁发生地震，称为诱发地震。诱发地震的影响范围小，但局部危害严重。随着经济建设的发展，诱发地震愈来愈成为对人类安全的一种威胁，我国由于水库蓄水、采矿、抽液等诱发地震，引起了数百人的伤亡和数万间房屋的损坏，影响了正常的生产活动，其社会影响以及对经济造成的损失是不可低估的。

（一）诱发地震类型

1. 水库诱发地震

水库诱发地震最早发生在希腊马拉松水库（1931年），伴随该水库的蓄水，1931年库区就产生了频繁的地震活动。由于其震级低（5.0级），未被普遍重视。接着，阿尔及利亚的乌福达水库（1932年蓄水，1933年1—5月震群）和1935年美国胡佛的波尔德水库蓄水引起地震（表4-1）。20世纪60年代以来，世界各地相继发生6级以上的破坏性水库地震。危害最严重的印度科因纳水库地震，使科因纳市绝大部分砖石房屋倒塌，177人死亡，约2 300人受伤，坝和附属建筑物也受到严重损害，水电厂关闭，工业陷于瘫痪，破坏范围的半径达50 km。

表 4-1   水库诱发地震

水库名称	国家	坝高/m	库容/10^9 m³	震级	震源深度/km	震中位置/km	蓄水时间	主震时间	发震总数	岩性
新丰江	中国	105	115	6.1	4～7	大坝东北1.1	1959	1961	$M\geqslant 0.4$ 30万	花岗岩 红层
丹江口	中国	97	160.5	4.7	9	库面	1967	1973	$M\geqslant 0.5$ 近163	白垩系－第三系红层
科因纳	印度	103	27.8	6.5	4～5	大坝以南3	1961	1967	$M\geqslant 3$ 450	玄武岩
卡里巴	赞比亚	128	1 604	6.1	20	水库最深处	1958	1963	$M\geqslant 2$ 2 214	侏罗系火山岩
克里马斯塔	希腊	165	47.5	6.3	20	大坝以北25	1965	1966	$M\geqslant 2$ 余震2 580	老第三系
蒙特纳尔	法国	155	2.4	5.0	极浅	大坝附近	1963	1963	2 000	石灰岩
黑部川第四坝	日本	186	1.488	4.9	0～20	库表	1960	1961	1 182	花岗岩
布金纳拜斯塔	原南斯拉夫	89	3.4	5.0	7	库底	1967	1957	40多	石灰岩黏土

续表

水库名称	国家	坝高/m	库容/10⁹m³	震级	震源深度/km	震中位置/km	蓄水时间	主震时间	发震总数	岩性
斑摩尔	新西兰	118	21	5.0	12	离大坝20	1964	1966		细砂岩
胡佛	美国	222	367	5.0	<9	库底	1935	1939	16 000	火山岩泥灰岩
新店	中国		0.25	4.2			1974	1979		
湖南镇	中国	129	20	2.8			1979	1979		
黄石	中国	40	6.1	2.3			1970	1974		
乌江渡	中国	165	21	2			1979	1980		
邓家桥	中国	12	0.004							

最早发生震级大于 6 级的水库诱发地震是我国新丰江水库 6.1 级地震,造成相当大的损害。极震区数千间房屋严重破坏,死伤数人,库岸发生地裂、山崩和滑坡,两岸坝段顶部产生一些水平裂缝,出现轻微渗漏。加固处理费用不亚于原修建费用。

水库诱发地震主要与水库地区的地质条件、水库蓄水以及地应力特征有关。水库地震大都发生在以致密、坚硬的弹脆性岩石为主的地区,构造复杂、断层较多、新构造运动明显的特殊部位。水库地震应具有适宜的水文地质条件。地壳岩体透水、导水,并在深部的水位或承压水头较低情况下,库水向深层渗入,将增加较大的孔隙水压力,并增大亲水矿物水化而引起岩体膨胀的范围,导致地震。这些地震释放的应变能是地壳天然变动所积累起来的,水库水体的某些效应只不过是加速了其释放过程。

一般说来诱发地震的震级比较小,震源深度比较浅,对经济建设和社会生活的影响范围也比较小。但水库诱发地震则曾经多次造成破坏后果,还经常威胁着大坝的安全,甚至可能酿成远比地震直接破坏更为严重的次生灾害,因此对水库诱发地震发生的可能性应予高度重视。

2. 采矿诱发地震

矿山随深部采矿的发展,许多矿山相继出现了诱发地震,成为主要的矿山灾害之一。采矿诱发地震的发生与开采深度、顶板的岩性条件、矿体的物理力学性质、巷道布置及开采方式有关。深部开采经常出现诱发地震,坚硬、高强度的顶板和能积累弹性应变能的矿体的存在是诱发地震产生的必要条件。采矿诱发地震是矿区的环境工程地质问题之一,它是一种危害较大的地下型诱发地质灾害。采矿引起的地震有构造型地震、塌陷型地震以及煤岩爆等三种类型。

辽宁北票矿,1921 年开发,历史上没有破坏性地震。20 世纪 70 年代浅部煤层已采完,1970 年当竖井向深部开拓(距地面 500~900 m 深)时出现微震。1971 年采掘深度达 700 m 时,地震活动的频度和强度明显增大。据记载,1971 年 2 月—1981 年 8 月发生大于 0.5 级的地震 160 次,其中有感地震 37 次,造成不同程度破坏的有 4 次,震前、震后伴有岩爆。1997 年 4 月 28 日发生 3.8 级地震后,在 4 个不同水平巷道内均发现断层有明显的活动，断距达 100 mm，并将穿越断层面的锚杆切断。据记载，该矿震级越高，断层位移量就越大，两者成正比关系。

山西大同煤矿自 1956—1980 年间因顶板塌落而引起的有感地震达 40 多次，最高震级 3.4 级，地面烈度达 M 度。1975 年 6 月 19 日的 3.2 级地震，塌落面积 12.5 万 m^2，地表伴随着有 7 万 m^2 的陷落，最大落差为 0.7 m，同时出现环状裂隙，裂缝最宽处达 3.6 m。

岩爆或煤爆是地压以小规模方式急剧释放的一种表现，往往出现在新采的工作面上，其危害较小，但对井下工作人员的安全有极大的威胁。岩爆一般出现在硬岩层等易于积聚应变能的地区，其释放机制与钻孔内出现岩饼现象类似。

3. 深井注水诱发地震

深井注水诱发地震，最早在美国科罗拉多州的丹佛发现。丹佛东北的落基山军火厂的一口深达 3 671 m 为处理化学污染废液的深井，于 1962 年 3 月开始用压力将废液注入高度裂隙化的花岗片麻岩中。该层地下水位低于地面 900 m，井口又有 30 个大气压力的注水压力。注水后 47 天，附近发生了 80 年来未曾有过的 3 ~ 4 级地震，且在注液过程中，地震持续不断，引起社会很大关注。1966 年 2 月关闭处理井，一年后却相继发生 3 次大于 5 级的地震。根据记录，1962、1967 年共发生的 1 584 次地震中，经过精确定位的 62 次地震的震中，呈北西向分布，延展长 10 km，宽 3 km，震源深度 4.5 ~ 5.5 km。

美国地质调查所 1969、1971 年在兰格列油田 4 口深井中交替地进行注水和抽水试验，日本在松代地震区也进行类似试验，均发现注水时地震活动显著增加，注水停止或抽水时地震活动急剧减少或消失。

我国武汉市也曾发现因深井注水而引起地震频率加大的现象。1971 年 9 月—1972 年 5 月于武昌小洪山背斜轴部凿一深井，终孔深 2 270 m。1971 年 11 月钻进至 988 m 深度的奥陶系灰岩时，出现循环液的严重漏失，泵压从 70 Pa 迅速降至 30 Pa，直至关泵停机。此后压入 240 m^3 的堵塞物，到 1972 年 1 月初注入约 1.4 万 m^3 的清水，泵压仅 15 ~ 25 Pa。1 月 10 日钻进到 1 293 m 时，泵压由 25 Pa 升高到 40 Pa，注液量由 400 m^3/d 增到 1 000 m^3/d，随后即开始出现地震。武昌地震台记载，从 1972 年 1 月 10 日到 3 月 3 日共发生震级大于 0.3 级的地震 133 次，其中 3 次 2 级左右的地震，深井附近地区普遍有感，而武昌市区以往极少有地震纪录。

4. 抽液诱发地震

抽水采矿也可引发地震。抽水前，由于水压作用，断裂带受水浸润，当失去水压，沿断裂带发生卸荷作用，形成偏差应力。当偏差应力大于断层带的抗剪强度时，即出现粘滑效应，诱发地震。

我国湖南连邵煤田在恩口斗笠山一桥头河岩溶发育的煤矿区大量排水，排深到 20 m 高程，排水量达 2 437 m^3/h，影响范围长达 20 km，引起该矿区发生了一系列地震。七星街 1973 年 1.7 级地震，姜府 1974 年 2.2 级地震，渡头塘 1976 年 2.1 级地震，湘波、杉木 1977 年 1.2 ~ 1.6 级地震，震源均很浅，仅 1.5 ~ 4.4 km。等震线长轴方向与向斜轴部的两条断层（桐梓断层和石龙湾断层）平行，总体呈椭圆形。

　　华北的任丘油田储油层产于震旦系雾迷山组白云岩中，古岩溶较为发育，形成了一个有统一油水界面、统一压力、连通性极好的裂隙性块状油藏。1975 年开始采油，由于高速采油，到 1977 年出现约 20 Pa 的压力降。任丘油田附近从 1966 年有地震记录以来到 1977 年极少纪录到地震。但从 1977 年以后，油田附近先后出现一系列有感地震，到 1981 年，发生震级小于 4 级的地震约 50 次，震中区明显有感。这些地震的发生在时间和空间上与采油密切相关，采油引起地下油水层的压力下降和地下体积亏空，破坏了岩层的原始平衡状态，造成岩层局部应力的增高而诱发地震。

　　5. 核爆炸引起的地震

　　地下核爆炸试验，能量极大，在强大的应力波传播过程中，能使岩石变形直至断裂或在原来断裂处产生滑动，引起震动，即诱发地震。

　　美国在内华达州进行地下核试验，基岩为花岗岩、流纹岩、玄武岩等。试验时引起的地震即产生了诱发地震，震级大于 5.0 级，震源小于 5.0 km。

　　苏联进行地下核试验时，甚至诱发了 7.1 级的地震，远大于当地原来的震级和烈度。

（二）诱发地震特征

　　（1）在空间上，诱发地震震中位于工程活动的影响范围内。

　　水库诱发地震发生在蓄水之后，震中主要分布在水库周围，并且密集分布于库坝附近，通常在水库边岸几千米到十几千米范围之内。库区及附近有断裂，则精确定位的震中往往沿断裂分布。构造性矿震，震中分布于深采区。

　　（2）在时间上，诱发地震发生在工程活动之后。

　　诱发地震的发生在时间上与水库蓄水、抽液、深井注水有明显关系。水库诱发地震活动与水库水位或荷载随时间的变化密切相关。地震活动的频度与强度大多数与高水位或大的库容增量正相关。一般水库蓄水几个月之后，微地震活动即有明显增强（表 4-2），随后地震频度也随水位或库容而明显变化。水位的急剧上升与急剧下降，特别是急剧下降，往往伴有较强的地震产生，丹江口水库的 4.7 级地震即产生在水位急剧上升后的急剧下降期，新丰江水库 1977 年的 4.7 级地震也产生在水位急剧下降期。地震活动峰值在时间上均较水位或库容峰值有所滞后，可能与震源体深度及库盘岩石的渗透性有关。水库地震持续时间一般较长，有十几年到几十年。

　　（3）震源浅，破坏和影响力大震源深度一般极浅，多为 3～5 km。

　　往往极小地震即有感觉，并伴随有明显的地震声，如我国的新丰江水库、丹江口水库、南冲水库、佛子岭水库，国外报道的蒙太纳、格朗德瓦尔、科列马斯塔等水库诱发地震。在强度上，上限约为 6.5 级，并且易引起水库中的水震荡，引发大坝倒塌或库缘滑坡，因此危害很大。

　　（4）震级一般不高，但震中烈度较大，多数属于微震，中强震很少，最大震级一般不超过 6.5 级。

地震主要发生在工程活动影响范围之内，因此震源浅。构造性矿震，震级较矿区范围低。由于震源浅，所以面波强烈，震中烈度一般较天然地震高，零点几级就有感，3级就可以造成破坏。

表 4-2　我国水库诱发地震蓄水开始与微震活动加强关系

水库名称	蓄水时间	地震活动加强时间	间隔时间/月
新丰江	1959 年 10 月	1959 年 11 月	1
丹江口	1967 年 11 月	1968 年 03 月	4
前进	1970 年 05 月	1971 年 10 月	17
南冲	1967 年 07 月	1967 年 08 月	1
蒉窝	1972 年 11 月	1973 年 02 月	3
柘林	1972 年 01 月	1972 年 10 月	9
佛子岭	1954 年 06 月	1954 年 12 月	6

（5）能量衰减与余震。

由于震源浅且震源体小，因此地震的影响范围小，地震活动前震丰富，属于前震余震型。等震线衰减迅速，其影响范围多属局部性，余震活动以低速度衰减。

水库诱发地震震源机制主要为走向滑动型和正断型两种，且前者多于后者。属于逆冲型机制者极其少见。按水库诱发地震的震源机制，将水库地震划分为以下三种类型：

（1）卡利巴-科列马斯塔型：地震活动与库水位波动相关性不明显，震源机制解为倾滑型（正断层型），水库位于下降盘。

（2）科因纳-新丰江型：地震活动与库水位波动明显相关，但震动峰值滞后于水位峰值，震源机制解属走滑型（平移断层型）。

（3）努列克型：地震活动对水库充水速率降低极为敏感，震源机制解为逆冲、走滑兼而有之。诱发地震则产生于逆冲断层上盘。

（三）诱发地震的成因分析

1. 荷载变化

水库蓄水、深井注水等都使局部地壳所受的荷载增大，引起地壳下沉。在地壳中存在各种成因的断裂构造，地层下沉又是不均匀的，随着压力的增加，能使岩层产生弯曲及剪切变形，使岩块（地块）之间沿断裂面产生了错动并释放出能量，产生震动。当库区蓄水深度不很大时，如水深 200 m，地层应力增加 2.0 MPa，在这个荷载增量作用下，岩块之间的错动规模不大，释放能量有限，产生震动的程度较低，震级就低。当蓄水深度达到最高水位时（与坝高、库容有关），荷载进一步增大，诱发地震级别也逐步提高。在荷载增大的过程中及荷载增大后，岩块之间的错动和应力（能量）释放及伴随产生的震动是不连续的、缓慢的、滞后的，所以在主震之后，余震（小震）延续时间很长。

矿井中大规模地抽排水，也同样引起工程区内地壳应力的增大。因为大规模抽排水使地下水位明显下降，岩层失去了浮力，由原来的有效重度变成了天然重度或饱和重度。荷载的增大引起了岩层的变形及岩块之间的错动并释放能量及伴随产生震动。大规模抽排水使岩层所受的水压力突然降低，失去了原来的平衡状态，也使岩块之间产生滑动，释放能量，伴随产生震动。

采空区塌陷、核爆炸试验、大规模山崩、巨大陨石坠落等都是对局部地壳突加的巨大的动力荷载。其诱发地震的成因都可以用上述加荷—地层沉降和错动—释放能量并伴随震动的过程进行解释。

2. 孔隙水压力的作用

水库蓄水、深井注水等，水沿着岩体中的节理裂隙渗流，这就使深部岩体断裂面上的孔隙水压力显著升高，有效应力降低，由此使岩体的抗剪强度降低。虽然剪应力增量不大，由于抗剪强度降低，也易产生错动、释放能量、伴随震动即诱发地震。

3. 地质条件

实践表明，碳酸盐岩类地区，水库诱发地震率较高，而在花岗岩地区震级较高。显然，这和能够积累应变能的强度大小有关。相对不透水的黏土岩和砂页岩，因强度低，遇水软化，塑性变形大，聚集能量少，所以诱发地震极少。遇水产生相变或体积膨胀的岩层如硫酸盐岩类，更有利于岩体错动、断裂，易诱发地震。

区域地质构造显著影响着诱发地震。构造运动越复杂，岩体断裂越发育，渗流水作用越强烈，越容易发生诱发地震。在断裂的交汇处、转折处最易产生新的断裂或旧断裂的复活、延展等。在新构造运动强烈的地区（如新丰江库区、丹江口库区），容易产生新的局部的中小型的构造运动。在现代火山活动为主要特征的新构造运动的强烈区，诱发或触发因素比较容易引起地震。

4. 天然地应力状态

发震构造与地应力场密切相关，诱发或触发因素只是起加剧作用、引发作用。而形成地震的最基本的原因还是区域应力场和区域地质构造与岩性的相互作用关系。所以在拦河坝选址时，在采矿巷道、隧道等的定位时，应当首先考察区域应力场，同时考察区域地质构造和基本岩性等重要因素。

采矿形成的自由空间使采空区周围的岩体由原来的三向受压变成两向或单向受压，从而引起应力、重力的重新分布。在采矿区范围内，沿断裂形成众多的应力集中地段和高地压异常带，最后促使应变能提前分散释放，从而实现了采矿的诱发作用，而矿区外围的诱震则是断裂活动传递的结果。

（四）水库诱发地震工程地质研究的基本原则

若水库建成蓄水后地震活动频繁，应进行以下专门研究：

（1）增设流动台站进行精确测震工作，测定震源位置、参数、研究地震序列、确定它与断裂的关系；

（2）装置地应力测试装置观测地应力变化，装置倾斜仪等以观察地形变；

（3）定期进行精密水准测量与跨断层短基线三角测量，特别是较高震级的地震发生要立即测量并与地震前对比；

（4）研究库水位变动、库容增减及水库充水速率变化与地震频度、震级之间的关系；

（5）研究较强诱发地震的震害及地震影响场特征；

（6）对库区主要岩石类型进行岩石力学测试，测定它们的力学参数；

（7）对诱发地震的发展趋势做出评价与预测；

（8）配合设计、施工人员，对震害防治与处理措施提出建议。

二、库岸失稳

（一）水库塌岸影响因素分析

1. 岸坡物质组成

岸坡物质组成及土层性质是影响水库塌岸的内在因素。汾河水库库岸处于黄土丘陵沟壑区，左右岸为 2～3 级黄土台地。黄土的大孔性、疏松性、湿陷性促进了沟谷发育，沟头延伸，库岸崩塌，这正是汾河水库产生塌岸的主要原因。

2. 库水位变化的作用

随着库水位上升，形成新的浅滩，使库水直接作用于岸坡，加速塌岸的形成；库水位突然大幅消落，造成岸坡土体内产生很大的渗透压力，使土体产生渗透破坏，进而发生塌岸。

3. 风浪作用

风浪作用是水库塌岸的主要外部因素。风浪对塌岸的影响主要表现为击岸风浪对岸坡土体的冲刷与磨蚀，对塌落物体进行搬运，从而加速塌岸的形成。对于同一类型的库岸来说，水面越宽，水深越大，击岸风浪的冲击能越大，塌岸作用越强，如大泉沟一带的库岸。

4. 其他因素

土体冻融作用：冻融作用破坏土体结构，使土体、发生裂缝或坍塌。解冻时冻结土层的冰融化，造成土层松散而塌落。

冰的作用：结冰及解冻后浮冰在风的作用下，撞击岸坡对库岸起着一定的破坏作用；封冻期间，冰体产生的冰压力，对库岸也有较强的破坏作用。

（二）水库库岸边坡坍塌形成机理和稳定性分析

汾河水库发生库岸坍塌地段，坡度相对较陡，黄土垂直节理发育，为库岸坍塌的形成提供了有利的地形条件。由于山高坡陡，下移体势能较大，使下移体产生下滑趋势而脱离母体，促使库岸坍塌。并且大气降水渗透至土体，对土体产生了浸润、软化及溶解作用，使土体结构遭到破坏，减少了摩擦力和凝聚力，土体含水量增大，使土体达到塑性状态而降低土体的稳定性，促使库岸坍塌发生。在春季春浇时水位下降较快，造成岸坡土体体内产生很大的渗透压力，使土体渗透破坏，加上春季土体消融，土体结构破坏，导致库岸土体坍塌。

在主汛期（7—9 月）洪水冲刷和风浪淘刷将塌落堆积物搬移入库，使岸壁下部再次外露，造成新的塌岸。如此恶性循环是库岸坍塌持续发生、发展的根本原因。

水对岸坡土体作用产生的物理、化学反应，孔隙表静、动水压力效应等，改变了岸坡土体的结构和应力状态，从而诱发岸坡变形破坏。

（三）水库岸坡坍塌防治

通过库岸的稳定性分析及地质灾害现状，结合库区的水文、地质和地形多种因素，可以较为准确地预测库岸的灾害发生。目前多数大、中型水库都采用这一有效措施，对坝区附近库岸进行地质处理，达到防治和治理库区塌岸的目的。

塌岸的预测分析除了按照稳定性方法计算可能发生塌岸的地方外，还必须结合水库的实际情况，如不同的运行阶段、不同的运行方式、不同的岸坡形态、不同部位、不同库区范围、不同植被覆盖等多种因素对塌岸形成与发展的影响，分析库岸演变过程，采取相应的防治对策。

根据水库库岸高度和坍塌的具体情况，按照《建筑边坡工程技术规范》（GB 50330）中的边坡工程安全等级、土质边坡坡率允许值的规定，库岸治理可按环库封闭绿化生物措施治理和塌岸砌石工程治理为主。

三、海水入侵

（一）海水入侵的概念

海水入侵定义为：滨海地区人为超量开采地下水，引起地下水位大幅度下降，海水与淡水之间的水动力平衡被破坏，导致咸淡水界面向陆地方向移动的现象。

（二）海水入侵的现状

目前，全世界已经有几十个国家和地区的几百个地方发现了海水入侵问题，如荷兰、德国、意大利、比利时、法国、希腊、西班牙、葡萄牙、英国、澳大利亚、美国、墨西哥、以色列、印度、菲律宾、印度尼西亚、巴基斯坦、日本、中国、埃及等。海水入侵给各国沿海地区带来严重危害，造成巨大经济损失，严重阻碍经济社会的持续发展。全球范围海水入侵的普遍性已经引起国际社会的共同关注。

20 世纪 80 年代以来，我国海水入侵的问题发展迅速。目前，我国主要滨海城市大多存在不同程度的海水入侵，比较严重的有大连、秦皇岛、青岛、烟台、福州、广州等城市。环渤海地区是我国海水入侵危害最严重的地区。根据国家海洋局监测结果显示，辽东湾北部及两侧的滨海地区，海水入侵的面积已超过 4 000 km²，其中严重入侵区的面积为 1 500 km²，最大入侵距离达 68 km；胶州湾海水入侵面积已达 2 500 km²，其中，莱州湾东南岸入侵面积约 260 km²，莱州湾南侧（小清河至胶莱河范围）海水入侵面积已超过 2 000 km²，最大入侵距离达 45 km。截至 2005 年，河北省海水入侵面积 81.43 km²，秦皇岛地区海水入侵距离约 61 km，唐山地区最大入侵距离超过 10 km。

（三）海水入侵的原因

海水入侵是陆地地下水的压力与海水压力失衡造成的。这种情形的出现，有下列几种原因。

1. 海平面上升

温室效应导致全球变暖，使大陆冰川和海洋冰川消融，地球表面海水量增大，海平面上升。另外有些学者认为，气候变暖会导致海水温度上升，引发海水体积膨胀。菲尔布里奇曾做过假定情况下的计算，若现有海水温度普遍增温 1 ℃，海平面将较目前上升 2 m。另外，大洋中脊体积增大，海底不断沉降陆远物质，都会导致洋盆容积变小，引起海平面上升。此外，构造运动导致大陆板壳边缘地块下沉，沿海地区高程下降，也引起海面相对上升。

2. 陆地地下水水头下降

当陆地地表面和海平面处于相对稳定状态时，陆地地下水会受各种自然或人为活动的影响，导致水位（水头）的降低，从而引发海水入侵。例如入海河流的上游修建水库，切断了下游地区地表水对地下水的补给途径，造成地下水位下降；又如沿海地区地下水的开采，直接引起地下水位的降低。此外，某些地区气候的干旱化、水文过程失调也会使区域地下水因补给不足，造成沿海地区地下水位的明显下降。目前，我国海水入侵问题比较突出的地区，主要与人为活动引发的沿海地下水水位下降有关。

此外，提引海水进入陆地冲洗污染物、进行陆地海水养殖、修建盐田，都会引发或加剧海水侵入陆地含水层。

（四）海水入侵的形成机理

海水入侵时，会出现海水楔状体不断扩大，前端持续向内陆方向移动的现象。所以，对海水入侵机理的讨论，通常侧重于楔状体移动的动力学过程，并把楔状体的上表面即海水与陆地地下水的分界面作为考察对象。

为了便于研究，可以将海水与陆地地下水分界面的不稳定运动过程，处理为由多个时间段构成的，而每个时段都可近似为特定的稳定状态。通过对各时段的分析，可最终把握分界面的位置和形态的变化过程。基于这种考虑，国外学者提出两种描述海水入侵的模式。

1. 稳定分界面的静力平衡模式

海水入侵定义最核心的东西是 "人为超量开采地下水造成水动力平衡的破坏"。换句话说，海水入侵是人为因素引起的，自然因素只是对海水入侵起一定的影响和控制作用。我们知道，滨海地区地下淡水与海水同在一个水循环系统中，它们之间存在着密切的水力联系。由于普通淡水密度为 1 g/cm³，普通海水密度为 1.025 g/cm³，所以海水必然形成楔形体伏在淡水体下面。稳定分界面的静力平衡模式是 19 世纪末和 20 世纪初，由吉本和赫尔兹伯格提出来的，其假定条件是暂不考虑海水的回流和淡水入海渗流，并且把过渡带看作简单的界面，那么海水与淡水的水静力学模型如图 4-1 所示。

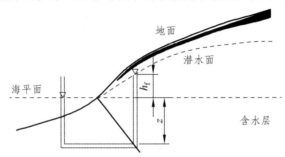

图 4-1　天然状态下海水与淡水的静力学模型示意图

根据静水压力平衡原理，咸淡水界面上任一点处淡水压强与咸水压强相等，即

$$(z + h_f)\rho_f = z \cdot \rho_s \tag{4-1}$$

式中：h_f——潜水水位（m）；

　　　z——淡水区海平面以下淡水水深（m）；

　　　ρ_f——淡水密度（g/cm³）；

　　　ρ_s——海水密度（g/cm³）。

将淡水和海水的密度代入式（4-1）求得

$$z = 40h_f \tag{4-2}$$

由式（4-2）可以看出，淡水在海平面以上的水深决定着淡水在海平面以下的水深，如果 h_f 减小，z 也相应减小，则咸淡水界面向内陆移动，直至形成新的平衡。相反，如果 h_f 增加，z 也相应增加，则咸淡水界面向海域移动，再次重建平衡。由式（4-2）进一步看出，在超量开采条件下，h_f 大幅度减小，z 随之成倍减小，h_f 每减少 1 m，z 就要减少 40 m，结果是海水楔形体增宽增厚，上覆淡水层变薄，抽水井中就可能抽出咸水，这就是海水入侵。事实上，海水和淡水都不是静止的水体，海水楔形体在浅部会有回流入海，同时淡水还有渗流入海。回流入海的海水与渗流入海的淡水因扩散和弥散而局部混合，形成咸淡水过渡带，所以客观上不存在海水与淡水之间的突变界面。随着海潮涨落和地下水位的变动，过渡带还在不断发生变化。

2. 稳定分界面的动水压力平衡模式

根据地下水动力学中有关流网的知识，当地下水向大海排泄时，呈现图 4-2 的形态特征。维鲁特等人将吉本-赫尔兹伯格的静水压力平衡模式和水平流动的裘布依假设结合起来考虑，得出了关于潜水含水层中海水入侵的解析法模型。该模型的假设条件为潜水含水层的介质是均质各向同性的，地下水流为渐变流时，可忽略渗透速度的垂直分量，视为平面二维稳定流。在稳定流前提下，潜水面的水头分布可用式（4-3）描述。

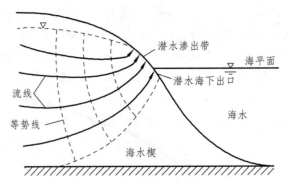

图 4-2　天然状态下海水与淡水的动力学模型示意图

$$y = \sqrt{\frac{2\beta q}{k(1+\beta)}x} \qquad (4\text{-}3)$$

式中：x——从海岸线起算的水平距离（m）；

$\quad\quad y$——潜水面的水位（m）；

$\quad\quad q$——潜水向大海径流的单宽流量（m³/s）；

$\quad\quad k$——潜水含水层的渗透系数（m/s）；

$\quad\quad \beta$——潜水与海水的相对密度差，$\beta = \dfrac{\rho_2 - \rho_1}{\rho_1} \approx 0.025$ ；

$\quad\quad \rho_1$，ρ_2——分别为潜水和海水的相对密度。

咸淡水分界面的曲线方程式为

$$Y = -\sqrt{\left(\frac{q}{k\beta}\right)^2\left(\frac{1-\beta}{1+\beta}\right) + \frac{2qx}{k\beta(1+\beta)}} \qquad (4\text{-}4)$$

式中：Y——分界面的高程（m）。

由于位于海平面以下，所以式（4-4）右端加负号，式中其他符号含义同上式。由式（4-4）即可计算海水入侵的纵深长度，咸淡水分界面深度计算如图 4-3 所示。

（五）海水入侵的防治措施

海水入侵的发生需要具备两个基本条件：① 海平面上升或陆地地下水位下降，海水和陆地淡水间动水压力失衡；② 存在联系的海水与地下淡水的"地下通道"。海水入侵的防治也从这两方面入手。

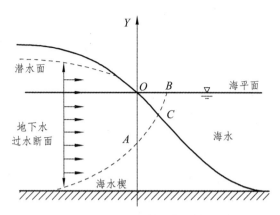

图 4-3　咸淡水分界面深度计算示意图

　　根据海水入侵的成因分析，国内外已经发生海水入侵问题的地区主要是由于过量开采地下水造成的。对于海水入侵的防治措施主要有控制和调整地下水开采、增加地下水补给、重建咸淡水区域汇、修建隔水屏障等。

　　1. 控制地下水开采

　　在当前阶段，海水入侵的根本原因是过量开采地下水引起的，所以要防止海水入侵就必须将地下水开采量限制在允许范围之内，对地下水资源进行合理调配。使沿海地区淡水压力与海水压力达到平衡，或者大于海水压力。

　　2. 人工回灌

　　在滨海地带有计划地回补地下水，是世界各国普遍施行的防治海水入侵的有效方法。其原理是通过建立人工湖，增大滨海含水层地下水的补给量，使地下水水位得到抬升，地下水径流入海量增加，陆地淡水的压力增大，与来自海水的压力达到新的平衡，或大于海水压力。从静水压力平衡模型可以知道，陆地地下水位的微小抬升，可以使咸淡水界面的埋藏深度发生显著变化，所有通过人工回灌防治海水入侵的效果非常显著。

　　3. 重建咸淡水区域汇

　　这种方法可以在沿海地区打一排抽水孔，将咸水和淡水一起抽出，排入大海，在地下含水层中形成一个抽水槽，即线状汇，以阻止海水入侵。从理论上讲，抽水槽是防治海水入侵的一种方法，但该方法造成了淡水资源的浪费，并且经济上过于昂贵，在实践中应用较少。

　　4. 修建隔水屏障

　　常见的方法是在沿海含水层中以帷幕灌浆的办法修造隔水屏障，将咸水和淡水隔开，以彻底防止咸水入侵。该方法适用于含水层隔水底板不深的条件下，在含水层很厚的条件下，隔水墙亦可起到加长咸水渗透路径、减少入侵量的结果。

　　目前，许多沿海地区开始试验和推广地下水库技术，其实质就是在陆地含水层中修建隔水墙或隔水坝，在阻止海水对淡水入侵的同时，对地下淡水资源进行拦蓄调节。例如，日本于 1979 年建造的冲绳宫古岛皆福地下水库，蓄水 $70 \times 10^4 \, m^3$，1980 年修建的长崎县野母崎町桦岛地下水库，蓄水 $7.3 \times 10^4 \, m^3$，1983 年修建的神井三方町常福地下水库，蓄水 $7.3 \times 10^4 \, m^3$，这 3 座地下水库均达到了增加地下水资源、防止海水入侵的良好效果。

四、回填土工程问题

随着西部大开发和城镇化的不断推进，工程建设可利用的土地资源日益紧缺，城市发展越来越受黄土丘陵沟壑地形地貌条件限制，为满足城镇发展需要，人们通过挖山造地、黄土开塬工程来不断拓展城市发展空间，建造新城区。黄土丘陵沟壑区大面积工程建设平整场地多需要大挖大填，有些工程填方厚度甚至可达 100 m 以上。我国西北地区大范围大厚度的填方工程近年来很多，如延安新区、延安新机场、吕梁机场、兰州城市扩建等。在西南地区，也有一批高填方机场建设工程。

在高填方场地，近年来面临的主要工程问题是填方体的稳定性问题和填方地基的沉降问题。

（一）填方体的稳定性问题

山区机场高填方项目的设计和施工要求相对严格，但时有发生的高填方边坡滑坡灾害仍不断挑战着这一战略的科学性。例如，宜昌三峡机场灯光带 2 次滑坡、云南丽江机场西侧跑道滑坡、贵州某机场滑坡、九黄机场滑坡、攀枝花机场多次滑坡等均造成了重大财产损失或严重社会影响。究其原因，以往对边坡稳定性的研究多集中在自然边坡或挖方边坡，而对高填方边坡问题研究较少，关于高填方边坡滑动过程的原位监测与时空演变规律也鲜有报道。

某机场跑道高边坡（图 4-4）在 2014 年初开始填筑，至 2015 年 4 月 25 日，还未完成所有填方工程。在填方过程中，坡体即发生相应的变形。第一阶段为初始变形阶段（2015 年 1 月 16 日—2 月 15 日），滑体平均沉降速率 3.5 mm/d，变形从无到有，逐步产生裂缝，变形曲线表现出相对较大的斜率，但随着时间的延续，变形逐渐趋于正常状态，曲线斜率有所减缓；第二阶段为匀速变形阶段（2 月 15 日—4 月 25 日），滑体平均沉降速率下降约 80%，下降为 0.87 mm/d，在第一阶段变形的基础上，填筑体基本上以相近的速率持续变形；第三阶段为加速变形阶段，于 2015 年 4 月 25 日发生滑动破坏（图 4-5）。

经过对该高填方机场边坡滑坡成因分析可知：

（1）山区高填方边坡蠕滑过程中，变形以沉降为主，兼有明显水平侧向位移，属于典型的人工加载的"后推式"滑坡类型，滑移面一般呈前缓后陡的形态。空间上，裂缝形成与发展一般经历后缘拉裂缝形成、中部侧翼剪切裂缝产生和前缘隆胀裂缝形成 3 步；时间上，变形一般包含初始变形、匀速变形、稳定收敛或加速变形 3 个阶段。

（2）山区机场高填方边坡中填筑土体或原地基土体中相对软弱夹层在超孔隙水压力和上覆填筑体高压力作用下，一般最先发展成滑移面。

图 4-4　某机场跑道高填方工程

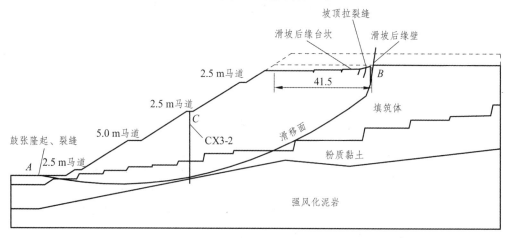

图 4-5　某机场跑道高填方滑坡断面图

（3）提高填筑土体压实度、降低水位、设置土工织物均能有效提高山区高填方边坡的稳定性，但原地基处理合格与否直接决定其上部高填方边坡能否稳定。原地基处理合格后，填土压实系数不宜小于 0.93。

可见，高填方边坡的稳定性问题与其特有的较大的竖向沉降有关。另外，须对原地基土进行处理，保证填土质量，而且应控制施工工期，不宜填筑速度太快，以便于填土层的充分固结。某机场跑道高填方滑坡治理工程如图 4-6 所示。

图 4-6　某机场跑道高填方滑坡治理工程

（二）填方地基的沉降问题

填方地基的沉降变形一般包括两部分，一是重力作用下填方体自身的压缩变形，二是填方体下部土体在上覆土压力作用下的压缩变形。大厚度填方体的压缩固结过程是比较缓慢的，往往会在工后几年甚至几十年持续进行。

但是，高速公路、铁路和机场等设施对于沉降的要求非常严格，稍稍大的差异沉降可能就会严重影响正常使用。因此，对高填方长期工后沉降的预测和控制成为该类工程成功的关键。某高填方工程沉降监测断面如图 4-7 所示。

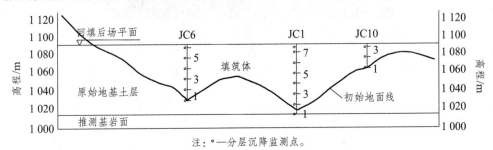

注：°—分层沉降监测点。

图 4-7　某高填方工程沉降监测断面

高填方的长期工后沉降和时间的对数之间近似呈线性关系（图 4-8）。这些结论是根据有限数量的调查得来的，其中以碎岩石填料居多。在我国，高填方工程往往是削山填谷，挖方和填方量巨大，通常利用挖方的土石料就地填方，因而各个工程所用填料之间差异很大，填筑方式也不尽相同。因此，很有必要对我国典型的高填方工程进行长期系统的监测，建立起相关的数据库，为设计和研究提供现场实测数据。

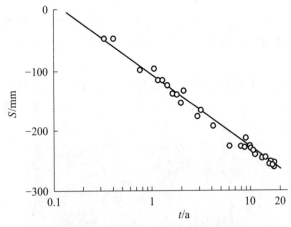

图 4-8　某 73 m 高填方沉降与时间的关系

目前，国内高填方一般是在少水情况下由人工填筑而成的，对工后可能发生的湿陷沉降没有给予足够重视，并且不同地区地下水文地质条件复杂程度不同。因此，需要对我国典型的高填方填料进行有针对性的深入研究，并在设计和施工阶段采取措施加以预防。

回填土体的工程性质取决于土的物质组成、压实程度及含水状态。一般来说，压实填土的工程性质是比较好的，具有一定的密实程度和强度，可以作为一般建筑物的天然地基。利用压实填土作为建筑物地基时，不得使用淤泥、耕植土、冻土、膨胀土以及有机物含量大于 8%的土做填料。

填土地基土的工程特性：

1. 结构疏松，孔隙大，密实程度不均匀

填土填筑质量控制不严，土体压实程度不够，是导致土体结构疏松，孔隙大的主要原因。另外，由于填料多为挖山所取，其中有体积较大的泥岩块，本身不易压实，块体间也留有较大的孔隙，也致使填土结构疏松，孔隙大。比如在某填土场地进行的动力触探检测中，发现其锤击数非常不均匀，检测结果比较直观地反映出填土的不均匀性。

2. 固结未完成，下沉量大

填土施工完成后，尤其是深厚填土，下部填土在上部填土自重荷载作用下压密下沉，变形持续发生，尚未完成，若此时在填土上进行工程施工，会使下部地基土进一步下沉，最终导致建筑物出现较大沉降量。

3. 含水量低，遇水易沉陷

填土施工过程中，现场开挖的土体含水量较低，土体较为干燥。若在填土时对填料的颗粒大小及含水程度控制不严，也直接导致填土不密实。填土施工完成后，若后期场地防排水条件不良，造成场地积水及下渗，也将导致填土地基的大量下沉。填土上某建筑物地基不均匀沉降开裂如图 4-9 所示。

近些年来，在填土地基上进行的工程建设活动越来越多，发生在此类地基上的工程病害问题也越来越多的情况下，为了更好地进行城市工程建设活动，提高建筑物的安全性能和可靠程度，避免和减少此类病害对建筑物安全使用的影响，有效解决填土工程问题已然成为迫在眉睫的工程任务。

（a）外墙裂缝

（b）内墙裂缝

图 4-9 填土上某建筑物地基不均匀沉降开裂

填土地基不均匀沉降控制措施：

第一，建筑平面布设要求。可采用挖方区先建，填方区后建的施工顺序。重要建筑物宜布置在挖方场地，次要建筑物或对差异沉降不敏感的建筑物可布置在填方场地。对差异沉降敏感的建筑物不得横跨填挖方场地布置。填方场地上的建筑物填土地基厚度不宜相差较大。厚度大于 30 m 且不均匀的填方场地不宜布置建筑物。建筑物宜尽可能沿原地形等高线方向平行布置。

第二，地基处理措施。填土上多采用挤密法处理或挤密法处理后再采用桩基础。另外，可根据实际情况采用强夯法+灰土垫层进行填土地基处理。

第三，要设计合理的基础形式及上部结构。除了采取必要的地基处理措施外，建筑物宜采用特殊的基础形式及上部结构形式，增强建筑物抵抗不均匀沉降的能力，如采用桩基础、筏板基础、十字交叉梁条形基础。上部采用框架结构、钢结构或剪力墙结构等。填方场地建筑物布设沉降缝，缝间距不宜大于 30 m，挖填交界部位、原地形起伏较大部位均应布设。对重要构筑物，可预先在基础下设置变形调整结构。

第四，防排水措施。对于地面防排水，可采用灰土或混凝土封水，增加地面坡度，以利于地表排水。不宜设计水面和种草，慎用渗灌、喷灌、滴灌等系统。排水管道宜设置为不易渗漏的钢筋混凝土防水管道，而且可预留降水井位置，若地下水上升可采取降水措施。

如果能做到以上填土施工的要求，保证填土的质量，将会大大降低填土地基病害的发生。此外，由于填土地基规模大、造价高，应注重技术和经济两方面的研究。高填方地基的沉降是一个很复杂的问题，需要长期的监测可能才会得到确切的结果。填方地基上的工程建设需要我们在时间换安全、空间换安全和资金换安全中间做出抉择，最好能综合平衡考虑。

五、地面塌陷与地裂缝

地裂缝是在内外力作用下，岩石和土层发生变形，当力的作用与积累超过岩土层内部的结合力时，岩土层发生破裂，其连续性被破坏，所形成的裂隙。在地下，因受到周围岩土层的限制和上部岩土层的作用力，其闭合比较紧密。而在地表，由于其围压作用力减小，又具一定的自由空间，裂隙一般较宽，表现为裂缝，即地裂缝。地裂缝是现代地表的一种线状破裂形式，绝大多数发生在第四系分布区，呈一定方向延伸的线状地面裂开或塌陷。其排列有一定规律性，可呈雁列状、锯齿状、直线状、弧状、放射状等不同的几何形态；其规模一般延伸数十米至数百米或十几千米，最长可达上千千米，宽几毫米至数十厘米，最宽达 1 至 2 米，深数米至数十米，有的和下伏基岩中的隐伏断裂直接相连；其性质以张性为多，有的还伴有水平位移。

我国自 1963 年以来，除河北、山西、陕西、山东、安徽、河南发现地裂缝外，还在辽宁、吉林、甘肃、湖北、云南、广东等省也相继发现地裂缝，其中以西安市地裂缝最典型、危害最严重。西安地裂缝分现代新地裂缝和古代地裂缝。新地裂缝发现于 1959 年，在该市及郊区 150 km² 范围，发育 11 条正在活动的地裂缝，如图 4-10 所示。其产状为走向北东，倾向南东，倾角很陡，大致呈平行等距展布；其性质为倾滑张破裂，大多数北（盘）升、南（盘）降。单个地裂缝最长达 10 km。主裂缝两侧发育次级（分支）地裂缝，组成 8~10 m 宽的地裂缝破碎带。

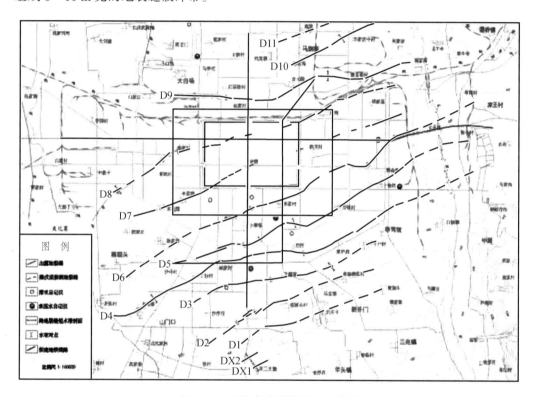

图 4-10　西安市地裂缝分布示意图

地面塌陷是指小范围的地面，突然快速下陷。下陷的范围一般仅几平方米至百余平方米，塌陷深度约几米至几十米不等，形成漏斗状塌陷地面。地面塌陷主要分布在我国东部和中部地区，绝大多数是岩溶塌陷，这类灾害约有 70% 是因人类活动造成的。泰安火车站 1977—1982 年因附近开采地下水，先后产生 25 个塌陷坑，致使路基下沉，站房开裂，治理费达 3 000 万元以上。山西省内 8 个主要矿务局所属煤矿区的地面塌陷已影响到数百个村庄、数千公顷农田和十几万人口的正常生活和生产。

（一）地裂缝的成因分类

我国的地裂缝具有明显的区域性规律，它们在空间上自然地呈现为华南地裂缝分布区、华北地裂缝分布区、东北地裂缝分布区和西部地裂缝分布区等四大区。

地裂缝灾害是地面变形地质灾害中的一种。在自然界中，有时地裂缝的形态和力学性质相似，但它们的成因各异。不同成因的地裂缝对生产、建设和人民生活常常有不同的影响，并需要采取不同的防治措施。目前，科技界对地裂缝尚无统一的分类，一些专家对分类进行了探索。

根据已形成地裂缝的主导因素为主，将地裂缝按成因划分为非构造地裂缝和构造地裂缝两大类，如表 4-3 所示。

表 4-3　地裂缝分类

类别	主导因素	动力类型	种别
非构造地裂缝	人类活动作用为主	次生重力或动载荷	采空区塌陷地裂缝
			采油、采水地面不均匀沉降地裂缝
			人为滑坡、崩塌地裂缝
			地面负重下沉地裂缝
			强烈爆炸或机械震动地裂缝
	自然外营力作用为主	特殊土	膨胀土地裂缝
			黄土地裂缝
			冻土和盐丘地裂缝
			干旱地裂缝
		自然重力作用	陷落地裂缝
			滑坡、崩塌地裂缝
			地震次生地裂缝
构造地裂缝	自然内营力作用为主	断层作用	速滑地裂缝-地震构造地裂缝
			蠕滑地裂缝
		区域微破裂开启	土层构造节理开启型地裂缝
			黄土岩溶陷落型地裂缝

华南地裂缝主要集中在海南岛北部、雷州半岛和珠江三角洲等靠近南海的地区，其次分布在广西中部岩溶丘陵平原区和贵州中部易干缩的第四系土层与岩溶区，特点是稀疏分散、分布不均、发育不良、类型多样，其大地构造位置与华南亚板块吻合；东北地裂缝主要分布在吉林、黑龙江两省，其大地构造位置大体相当于黑龙江亚板块东部，分布特点是稀少罕见、发育不良；西部地裂缝分布面积约占全国总面积的一半，大地构造位置与青藏亚板块、新疆亚板块相吻合，由于两个亚板块边缘断裂活动强烈，该区主要为地震断层地裂缝，我国发现的 54 条长度大于 1 km 的地震断层地裂缝中，西部地区就有 43 条，占总数的 79.6%；华北地裂缝是指分布在冀、晋、陕、苏、鲁、皖、豫七省的地裂缝，其大多数出现在第四系风积、冲积、洪积、湖积、坡积、残积等不同成因的松散沉积物内，地裂缝主要出现在该区的断陷带内和构造带上，区内地裂缝约 80%是构造地裂缝，湿陷、膨胀土、滑塌、陷落等非构造地裂缝只有不到 20%，该区非地震构造地裂缝发育，又有部分地震断层地裂缝，也有较多的非构造地裂缝，对工农业危害严重。

（二）地裂与地陷

地裂与地陷是地面变形的常见形式（图 4-11，图 4-12），两者常常互为伴生现象，有时表现为一种地质灾害，其成因是多方面的。

图 4-11　日本福冈路面塌陷（2016 年 11 月 8 日） 图 4-12　危地马拉城地陷（2010 年 5 月 31 日）

1. 构造地裂缝与地陷

构造地裂缝是大陆内部一种特殊的反映地壳表层构造活动的形迹，它们是由于地壳块体或断裂的蠕动，导致地壳表层发生的一系列微型破裂构造。它们在高应力作用下：一是地壳浅表层新发生的裂隙（节理）；二是使原已存在的裂隙进一步开启成缝；三是因一些特定部位的地壳表层断裂继承性活动在地表产生地裂缝。总之，它们实为现今新发生的节理和断层。所以，它们的一般特征近似地质时期形成的断层和节理的特征。只是地裂缝仅仅产生在地壳浅表层，并由于现今地壳活动而开启成缝，应属于显现在地表的原发破裂迹象。与此同时，伴随地裂缝活动又发生一些宏观构造活动现象。许多由构造活动产生的地裂缝位移，向上传递接近地表面时，常被松散土层吸收或被人类耕耘活动掩埋，而隐伏于地表之下。当遇降雨或人类抽汲地下水产生地面沉降等非构造活动因素作用时，这些隐伏的地裂缝才显露在地表上。因此，许多由非构造活动诱发显露的构造地裂缝，常混有非构造的诱发破裂迹象特征。总之，现存地裂缝形态，常是以原发破裂迹象为主、局部显示诱发破裂迹象的综合现象，是几种作用的叠加效应。

构造地裂缝与地陷有时与中小地震相伴而生。1957 年我国辽宁海城 7.3 级地震，由于震中区基岩为石灰岩、大理岩等，岩溶现象比较发育，震后出现了大量的塌陷坑，仅海城县孤山乡的塌陷坑就有 216 个，塌坑直径 3～8 m，深 3～18 m。1983 年 4 月、8 月和 10 月渭河盆地泾阳县发生震群 3 次，共有小震 237 次，最大地震 2.2 级，震源深度 5 km；后一次震群岳家村地面为开裂，走向 NW50°，两个月后扩成宽 15 cm、长 400 m 的地裂缝。2003 年 7 月 21 日，在云南省大姚县发生 6.2 级地震，其后余震不断，7 月 24 日下午，大姚县石羊镇潘家村发生了大面积地陷，地陷面积达 20 000 m²，平均深度为 7 m。

构造地裂缝的分布受大型地貌的影响，而不受中小型地貌和地物的限制；大多数构造地裂缝分布在第四系松散沉积物中；构造地裂缝呈线性沿固定方向延伸，绝大多数地裂缝张开、具连通性。

陕西省境内地质地貌条件复杂，大地构造单元有陕北鄂尔多斯地台、陕南秦岭褶皱带和关中渭河地堑。由断陷盆地控制的渭河平原，活动构造发育、地震与地裂缝活动频繁。渭河盆地地裂缝出现在盆地两侧的山前洪积扇、黄土台塬和中间的渭河河谷平原的阶地上，发生在洪积、风积、冲积的砂砾互层、细砂层、粉土、粉质黏土和黄土层等第四纪的松散沉积物中。其空间展布主要受活断层、区域微破裂及黄土构造节理和局部微地貌的控制。1971 年，华阴汽修厂产生了两条东西走向、长 500 m 的地裂缝，造成 12 幢楼开裂。

2. 岩溶区的塌陷与地裂

在岩溶化地区，当岩溶化地层上覆有厚薄不均的第四系松散沉积盖层时，由于天然原因或人为活动因素的作用，造成地面表层第四系覆盖层突然开裂下沉、垂直向下陷落，形成规模和形态各异的塌坑，即为岩溶区地面塌陷。我国岩溶地面塌陷多分布在人口稠密的中部和东南地区（表 4-4），其中尤以石灰岩广布的广西、贵州等省尤为突出。近几十年来，桂林市东郊因过量抽汲地下水产生的塌陷，使许多民房、厂房车间开裂倒塌，毁坏公路、铁路设施和农田等，造成经济财产损失，危害严重。

表 4-4　我国主要岩溶地面塌陷统计（据地矿部岩溶地质研究所）

省区			广西	广东	贵州	湖南	江西	四川	云南	湖北	安徽	山东	河北	辽宁
塌陷数目			289	22	95	66	82	58	55	58	12	8	7	5
成因类型	自然塌陷		112	3	35	6	34	32	7	16	2	1	1	3
	人类活动诱发	矿坑排、突水	3	6	1	19	13	8		21	3	3	1	
		抽水	101	9	23	18	22	3	8	12	6	4	3	1
		水库蓄、引水	43	1	21	19	5	14	13	4		1		
		振动加荷	9		10		1	1	7	1				1
		表水、污水下渗	3		4				1					1
	成因不明		18	3	1	4	7			19	4		1	

岩溶区的塌陷与地裂缝一般是相继产生，伴随出现。在岩溶发育地区，地面沉降一般先于塌陷，影响范围广，分布面积大。沉降范围内，开裂、塌陷分布普遍。地面开裂是塌陷及沉降的伴生产物，涉及的范围广，数量多，形态为弧形、直线形、封闭圆形或同心圆形，剖面形状为漏斗状，一般多分布在沉降范围内或塌陷周围。岩溶区地面塌陷、地面沉降和地面开裂现象之间具有密切的内在联系，塌陷、开裂一般发生在沉陷区内，地面开裂则是围绕着沉降中心或塌陷呈弧形展布，塌陷又往往是沉降的中心。

岩溶地面塌陷多产生在岩溶强烈发育区。由岩溶含水层排水或充水等原因而造成地面塌陷的首要条件是具有开口溶洞，覆盖层中的潜水与下部岩溶水有水力联系。塌陷主要分布在：①第四纪松散层较薄的地段；②在河床两侧及地形低洼地段、降落漏斗中心附近，特别是沿地下水径流方向分布。

3. 地下工程、采空区与地裂、地陷

在隧道及地下工程洞体上方常出现地面塌陷及地裂，但其影响范围不是很大。当地下洞室埋藏较浅，地貌、岩体结构、地层岩性、水文地质条件相对不利于洞体稳定时，

则容易造成洞顶坍塌，由此引起地表塌陷及地裂。

矿山资源的开发，在一定程度上活跃了地方经济，但同时也给环境带来负面影响和危害。由于矿体被采出，使采空区围岩应力重新分布，破坏了地层深部的原有应力稳定平衡状态，经过一定时间后，若围岩不能适应变化后的应力状态，顶板岩层开始断裂、冒落，冒落带上部岩层也随后断裂，引起其上部岩层弯曲。随着采空区的逐渐增大，地表开始移动，产生地面沉陷、塌陷和地裂缝。采空区的塌陷和地裂对建筑物、公路、铁路、地下市政工程等的影响和破坏很大。

地下开采常常引起地层断裂和塌陷，塌陷面积通常随塌陷深度而变化。地表塌陷后，一部分可能会形成常年积水，塌陷较浅的常造成耕地盐渍化或变成沼泽。当塌陷深度超过地下水位时，塌陷区就会被地下水浸满，陆地系统变成水域。

4. 抽取地下液体引起的地裂与塌陷

目前，至少已有 46 个城市地段因过量抽汲地下水而出现了这种地质灾害，总沉降面积 4.87 万 km^2，主要分布在我国东部的平原地区和内陆盆地。对于其成灾程度，即经济损失还缺乏统计。据常州、无锡和苏州三市不完全统计，仅因地面沉降造成地面积水一项，直接经济损失就达 1 000 多万元，间接损失无法估计。

矿坑排水常引起上覆地层的塌陷及地裂。我国湖南某铅锌矿，处于衡阳盆地南缘，基岩上覆土层很薄，约 10 ~ 20 m，由黏性土及砂土组成，基岩为二叠纪变质灰岩。20 世纪 60 年代中期，由于矿井抽排水疏干，使地下水位降低 300 m 以上，在降水漏斗形成后，地表出现塌陷坑 700 ~ 800 个，最大的塌陷坑直径约 70 m，深约 50 m。我国广东某铅锌矿，基岩为中、晚石炭纪白云质灰岩，岩溶发育，溶洞多，上覆第四纪土层 10 ~ 80 m。1965—1977 年，由于长期抽排地下水，疏干采矿区，使地下水位降低了 100 m 以上，形成了降水漏斗。地表出现塌陷坑 1 400 多个，直径多为 1 ~ 5 m，深度和直径相当。最大直径约 40 m，最大深度约 80 m，塌陷区面积约 5 km^2。

常年的采油、采盐井的开采使地下原来的地应力平衡被破坏，同时地层有效应力增大，使地面出现陷落。例如美国某油井，1936 年开始采油，此后不久便出现了油井附近的地面陷落，当时归于地震的影响。在地面陷落继续发展的过程中，人们逐渐认识到地面陷落和采油有关。到了 1950 年，地面塌陷的范围已达长约 18 km，宽约 5 km，平面呈椭圆形，塌陷最大深度约 3.5 m。到了 1959 年，塌陷区面积达 50 ~ 60 km^2，最大塌陷深度约 6.1 m。采盐井的情况与采油井类同，它们都能诱发地震，在地震发生时，还会有塌陷和地裂。

长期大量抽取地下水而引起地面沉降和地裂缝发展的情况在全世界及我国许多地方都普遍存在，不仅存在于软土地基区，也存在于非软土地基区域。例如我国山东泰安，第四纪土层厚 10 ~ 30 m，较薄，由砂土和含泥的卵石、砾石、碎石组成，基岩为石灰岩，其中岩溶发育。由于 20 世纪 70 年代以后严重超采地下水，使地下水位下降 50 ~ 75 m，浅部的岩溶水水量已被抽干，地下水位降低形成的漏斗面积达 40 ~ 50 km^2，由此出现了许多处地面塌陷，使建筑物破坏，也影响到铁路安全。

5. 黄土湿陷地裂与塌陷

我国黄土的面积约为 63.53 万 km²，第四纪早中更新世黄土，一般不具湿陷性；而分布在地表上层部位的晚更新世和全新世黄土多为湿陷性黄土，其面积约 38 万 km²，约占我国黄土面积的 60%。由于湿陷变形造成工程建筑物的毁损也是严重的。据不完整的统计资料，西宁、兰州、西安、洛阳四地对建筑物毁损情况的调查，毁损建筑物占被调查数的百分比分别为 58%、60%、15.4%、7%。例如，青海湟源物探队和某公司的仓库是由近百栋建筑物组成，它们大部分遭到强烈的湿陷破坏，最大沉降差达 61.6 cm，最大裂缝宽度达 100 mm，最大局部倾斜达 53.6%。自 1966 年兴建以来，连年不断报废拆除，年年翻新加固，年年出现新事故，至 1978 年不得不另选址搬迁。

黄土湿陷变形量，是由于湿陷作用而产生的湿陷变形大小的量。黄土的垂直渗透系数约是水平渗透系数的 2~3 倍，有时达 10 倍以上。因此，当黄土受水浸润时，迅速向深处渗透，直至遇见地下水水位或隔水层后，侧向浸润才能加强，水体浸润的"扩散角" θ（水边线起深向倾斜角）往往小于 45°。自重湿陷就是在浸水面积之下，不大于 45° 的"扩散角"以内，湿陷性黄土层下部界限以上这块土体中发生的，如图 4-13 中的斜线阴影部分。

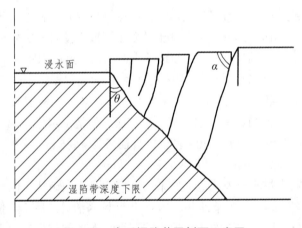

图 4-13　自重湿陷范围剖面示意图

由于黄土为塑性材料，地下湿陷变形后，能围绕浸水土体的周边产生一些环形裂缝（图 4-14），一直延伸到地表，在剖面上看这些环形裂缝多呈倒"八"字形。裂缝倾角 α 约为 75°。地表裂缝是自重湿陷影响范围的重要标志之一，例如青海某地质队基地，预浸水处理地基时，形成的地面裂缝距水边线达 34 m，甘肃某铝厂预浸水地面裂缝距水边线为 30 m。

湿陷变形过程分为两个阶段：第一阶段湿陷经历的时间较短，土的结构迅速破坏，物理化学作用十分明显，完成湿陷变形的绝大部分，通常为总变形的 70%~90%；第二阶段，湿陷过程经历的时间较长，在这一阶段里，完成第一阶段剩余部分的湿陷。湿陷的时间过程，第一阶段迅速而剧烈，对建筑物的破坏作用很突出；第二阶段延续的时间较长，致使地基长时间处于不稳定的状态，对建筑物同样有危害。

图 4-14　自重湿陷黄土场地环形裂缝

　　我国北方分布有广阔的黄土地层，而湿陷性黄土，又多出现在地表上层，数以万计的城市村镇坐落在湿陷性黄土地层之上，广厦万间，烟囱林立，许多铁路、公路和水电站、发电厂建设在湿陷黄土地区，因而黄土的湿陷性给工程建筑物带来了不少危害。表4-5 列举了陕西省有关房屋建筑物湿陷事故的统计数字，从该表列出的数字中不难看出，房屋建筑物湿陷事故占有较大的比重。

表 4-5　陕西省各类建筑物湿陷事故所占比例

建筑物类型	事故程度			
	轻微 $b<2, i<4, h<5$	一般 $b=2\sim5, i=4\sim8, h=5\sim12$	严重 $b>5, i>8, h>12$	总数
单层厂房	54	40	6	100
空旷砖房	46	31	23	100
多层砖房	62	31	7	100
小型砖房	64	33	3	100

　　注：据《陕西省湿陷性黄土地区建筑调查总结》。表中 b 为裂缝宽度（mm），i 为局部倾斜（%），h 为相对沉降（mm）。

　　湿陷地裂缝受黄土湿陷形成的地貌形态所制约。由于黄土湿陷时形成了一些近似圆形的洼地，因此地裂缝常常环绕着洼地周围，或者呈同心状展布，或者呈环形状展布。湿陷洼地周围地裂缝的疏密状况，受湿陷规模、湿陷深度和黄土的柱状节理所影响。一般来说，柱状节理比较发育的黄土地区，当其发生湿陷时，在湿陷洼地的边缘地裂缝也比较密集。

（三）地裂缝场地的工程地质评价

1. 地裂缝场地工程地质评价的内容

　　地裂缝场地工程地质评价的目的是在今后的工程建设中，评价与地裂缝发生发展有关的工程地质问题。其考虑的内容不仅包括地裂缝本身在空间上的展布及其对地基土层的变形破坏影响范围，而且还包括地裂缝两盘在主要诱因降雨和地下水超采的作用下，所产生的以其他形式（地面沉降，洞穴坍塌等）出现的工程地质问题，以及局部工程地质条件的影响作用。也就是说，地裂缝场地的工程地质评价，不是将地裂缝本身作为一个孤立的研究对象，而是从工程地质环境角度，将包括地裂缝及与其伴生的两侧差异升降、地表塌陷、地面沉降等问题的一定范围的地区，作为整体加以考虑。地裂缝场地工程地质评价的基本内容如下：

（1）地裂缝的空间展布特征、成因类型和规模。

（2）地裂缝活动特点及其规律性。

（3）地裂缝带场地的性状及物理力学性质变化特征。

（4）地裂缝与活断层的双重构造作用。

（5）地裂缝与区域地质环境的关系。

（6）现存的人类工程经济活动及未来土地利用、工程布局。

2. 地裂缝场地工程地质评价的原则

地裂缝场地评价以不同工程种类为对象，以工程与地裂缝配置关系（包括尺寸和距离）为前提，充分研究地裂缝对建筑和工程产生的变形和破坏作用。

地裂缝场地评价既着眼于其直接危害，又重视其间接灾害作用；既注意现今，又考虑未来；空间上，既注重地裂缝带局部条件，又要考虑到区域地质环境特征；对地裂缝灾害作用的强弱，既重视静态条件下的自重荷载缓慢作用，又要考虑动力作用下突然事件影响。

地裂缝场地工程地质评价是一个由多因子构成的环境系统。因此，地裂缝场地评价应该采用综合评价原则。

3. 地裂缝地质灾害的防治和减灾对策

拟建工程选址时对地裂缝必须采取相应的避让原则。构造地裂缝是现今正在活动的表层断层，且地裂缝长期蠕动具有单向位移累积的特征，这种位移累积足以使建筑物地基失效，导致建筑物在其使用期间内被破坏。

对已建跨地裂缝的建筑物应采取拆除局部、保留整体的原则。以避免局部损失危及整体建筑的安全，并注意保留部分及主要裂缝附近建筑物的安全加固。

确定合理的安全距离。为了既保证地裂缝两侧建筑物的使用安全，又不浪费宝贵的城镇土地资源，确定合理的安全距离是防治和减轻地裂缝地质灾害的主要措施之一。在设防带内不宜修建高层或永久性建筑物，在设防带以外可考虑地裂缝破裂效应对各类建筑物的影响。

对无法避让地裂缝的线性工程（铁路、公路及供水、排水、供电、供气等各类管道），应在确定其穿越地裂缝的具体位置的基础上，采取一些有针对性的措施来降低地裂缝的危害程度。

对与人类工程活动有关的地裂缝应适当调整人类工程活动作用的强度，控制和尽量减轻地裂缝灾害的发展。

六、弃渣及尾矿堆积

近年来，随着工程建设规模越来越大，隧道开挖、地铁施工及建筑基坑工程等产生大量的余泥渣土，需要专门的场地进行堆放。另外，采矿、选矿工程及火力发电方面也会产生大量的尾矿、粉煤灰等需要专门的场地进行处置。由于渣土、尾矿等堆积的方量越来越大，随之而来也产生了一系列的问题，如弃渣、尾矿堆积体的稳定性、对环境的影响等。近年来也发生了一些影响人们生命财产安全的弃渣及尾矿堆积体失稳灾害，所以人们对弃渣、尾矿堆积问题也越来越重视。

（a）滑动前的红坳渣土场　　　　　　　（b）滑动后渣土堆积

图 4-15　深圳市光明新区渣土场滑坡

2015 年 12 月 20 日 11 时 40 分，广东省深圳市光明新区凤凰社区恒泰裕工业园发生山体滑坡（图 4-15），此次灾害滑坡覆盖面积约 38 万 m²，造成 33 栋建筑物被掩埋或不同程度受损，事故造成 73 人死亡、4 人失踪，直接经济损失人民币 8.8 亿余元。

据红坳受纳场设计资料显示，受纳场设计在原采矿区的北部边界即出山口标高为 50 m 的位置，设置顶面高程为 65 m 的挡土坝。以挡土坝为基础，每 10 m 为一个填埋台阶，马道宽为 3 m，台阶间坡面按 1∶2.5 放坡，自北向南逐层填埋，直到 155 m 标高，共设 10 个平台。

从 2013 年采石场停用到 2014 年受纳场被批复建立期间，废弃的采石场已违规倾倒余泥渣土约 100 万 m³。

2014 年，采石场变成余泥渣土受纳场，大量建筑废料及泥石沿着山脊线倾倒进采石坑中，原本的碎石及积水被余泥渣土掩盖，工业园区正处于谷口下方。该阶段的受纳场卫星照片显示，未被碾压密实的渣土已有向山下出口滑动趋势。

　　2015 年初，采石场中心的水塘完全被余泥渣土覆盖。截至 2015 年 9 月 29 日，受纳场已填土至第 5 级台阶，填土高度约 60 m，填土量约 150 万 m³。各层的绿化覆盖已完成，且在第 3 至第 4 级台阶铺设了排水设施。该阶段的受纳场卫星照片显示，至 2015 年 9 月，采石坑内渣土已有明显滑动。

　　2015 年 12 月 18 日，事故发生前红坳受纳场渣土堆填体由北向南、由低向高呈台阶状布置，共有 9 级台阶。其中，1~6 级台阶已经成型，斜坡已复绿；上部 7~9 级台阶正在进行堆填、碾压，已见雏型；0 级台阶高程 56.9 m，堆填体实际高程 160.0 m，严重超库容、超高堆填，如图 4-16 所示。滑坡前红坳受纳场总堆填量约 583 万 m³，主要由建设工程渣土组成，掺有生活垃圾约 0.73 万 m³，占 0.12%。

图 4-16　深圳市光明新区红坳渣土场

　　事故直接影响范围约 38 万 m²，南北长 1 100 m，东西最宽处 630 m（前缘），最窄处宽 150 m（中部），如图 4-17 所示。事故影响范围自南向北分三个区段：南段为红坳受纳场滑坡物源区，即处于第 3 级与第 4 级台阶之间滑出口以南的渣土堆填段，南北最长 374 m，东西最宽 400 m，面积约 11.6 万 m²；中段为流通区，介于滑出口与渣土堆填体原第 1 级台阶底部，南北最长 118 m，东西最窄处宽约 150 m，面积约 1.8 万 m²；北段为堆积区，介于渣土堆填体原第 1 级台阶向北至外侧堆积边界线，南北最长 608 m，东西最宽 630 m，厚度为 2~10 m，面积约 24.6 m²。滑坡物源区与滑坡堆积区最大高差 126 m，最大堆积厚度约为 28 m。

　　产生滑坡的原因是多方面的，现从内外因分析，滑坡的形成条件包括地形地貌、余泥渣土性质和水文地质条件等三个方面，主控因素是地层岩性和水文地质条件。深圳光明滑坡发生原因具体分析如下：

1. 地形地貌

　　滑坡区原始地貌为山脊，自然坡度 15°~30°，坡顶较为平缓，后经开挖形成深约 80 m 的采石坑，再加上自然山体的高度，形成了一个高达 150 m 的人工边坡。同时，采石坑三面环山，仅北面为一宽 100 m 左右的狭小出口，形成一个天然的积水碗。

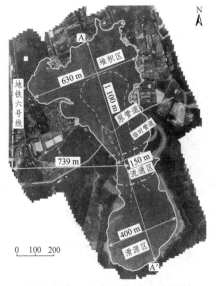

（a）滑动后渣土区域划分及周界　　　　　　（b）滑坡后渣土堆积照片

图 4-17　深圳市光明新区滑坡滑动后余泥、渣土分布情况

　　后来经过采石坑内堆积余泥渣土，堆填工作分级进行，每级高约为 10 m，坡比 1∶2.5，过大过高的堆填不但在空间上加大了临空面，还大大改变了原有堆填体的应力分布，为滑坡提供了内部条件。

　　2. 余泥渣土性质

　　坡体主要由余泥渣土组成，余泥渣土的成分主要为花岗岩风化后的黏性土为主，局部还含有淤泥质黏土及建筑垃圾。坡体属于土质边坡，土体工程性状较差，渗透性较差，遇水易软化。在地层土体还未完成固结就往上堆填余泥渣土，这类似于在软弱地基上快速加载，随堆填高度越来越大，坡体中剪应力大于潜在滑动面的抗剪强度时，主滑面便产生剪切蠕动变形，随后发生渐进破坏。这不但为滑坡提供了外部条件，也为滑坡提供了下滑力。

　　3. 水文地质条件

　　山脊上的多条小型冲沟有常年性水流，沿基岩表面下渗至采石坑内。由于采石坑内岩性基本为中—微风化岩石，透水性较差，为地下水的储存和堆载体的饱和提供了良好的条件。受纳场堆填体后缘西侧山体有一处小溪，常年流水，事故发生后，实测流量为 6 m³/d。

　　调查发现红坳受纳场没有建设有效的导排水系统，仅在渣土堆填体第 3 至第 4 级台阶铺设了盲沟排水设施，但没有起到作用，未建设场外坡顶截水沟，未将基底原采石坑约 9 万 m³ 积水排出就堆填渣土，加之持续流入场内的地表水流、裂隙水、雨水和堆填渣土中的水分，导致堆填的渣土内部含水量过饱和，在底部形成软弱滑动带。

　　在滑坡物源区前缘，即渣土堆填体第 3 至第 4 级台阶附近向南，现场勘查发现 3 段被破坏的盲沟排水设施。排水盲沟采用花管填埋碎石方法铺设，花管及上覆碎石中未见排水痕迹。

某铁路隧道弃渣堆渣场建造在一 U 形沟谷中，沟口设置梯形混凝土重力坝支挡工程。弃渣场在运营过程中，发生坝体开裂等病害，如图 4-18 所示。

图 4-18 拦渣坝坝体开裂部位示意图

（a）拦渣坝顶部堆渣

（b）拦渣坝坝体裂缝

图 4-19 拦渣坝顶部堆渣及裂缝调查照片

经过现场调查（图 4-19），分析事故原因如下：

1. 坝后弃渣超载

该弃渣场设计库容 25 万 m³，但经施工单位介绍及现场调查，该渣场弃渣堆积严重超过设计库容，目前已堆积弃渣约 60 万 m³，大大超过了设计库容。从图 4-20 中可以看出，坝后弃渣未按设计要求堆积，在坝顶堆积过高、过量弃渣是导致该拦渣坝发生开裂的主要原因。由于该拦渣坝截面为梯形，在坝后有一定的坡度，在坝顶堆积较高弃渣后，弃渣重量直接作用于坝体上，过大的坝顶渣石重量对坝体产生巨大的压应力，是坝体产生开裂的应力来源。

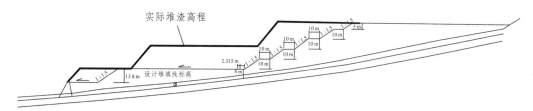

图 4-20　弃渣场超填示意图

另外，在离坝体 30 m 开外，形成高约 30 m 的弃渣堆积台阶，这些也都增加了坝体上的作用力，对坝体的开裂破坏及稳定性是极其不利的。

2. 坝基下沉

在设计资料中，该拦渣坝基础为桩基，保证该拦渣坝的基础稳定性。该拦渣坝虽然为素混凝土重力坝，相对来说抗压强度较高，单纯在上部荷载作用下不至于产生坝体开裂，该裂缝明显是坝体中存在较大拉张应力形成的。所以，推断该拦渣坝基础局部产生轻微下沉后导致坝体底部支撑减弱，在坝体中产生较大拉张应力，将坝体混凝土拉裂，从而在坝体中形成从底部向上贯通的拉张裂缝。

3. 坝基渗水

在调查中发现，在该拦渣坝坝前坑中，有水渗出，渗水量约 0.001 m³/s，在坝体表面泄水孔中基本未见水流出。坝后水分通过坝基础连续的渗透，会将坝基土体中的细颗粒带走，导致坝基土发生潜蚀甚至掏空，影响坝基土体的稳定及增加坝基的沉降增大等问题。所以，坝基渗水也是导致该拦渣坝开裂原因的一个方面。

经过现场调查及影响因素分析，该弃渣场在使用过程中，弃渣量超过设计要求。直接在坝顶堆积大量弃渣，直接导致该拦渣坝开裂，形成贯通性裂缝，破坏了坝体的整体结构，使其稳定性大大降低。坝基础下沉及渗水，也导致该拦渣坝坝基下沉变形及承载力降低，对拦渣坝的稳定起到不利的影响作用。若遇强降雨等特殊气候条件，不能及时排出坝后积聚水分，将会进一步降低拦渣坝及坝后大量弃渣稳定性。目前，该拦渣坝已处于危险工作阶段，应及时进行整治，以防坝体失稳等灾害发生，威胁该弃渣场山谷出口附近 40 多户住户的生命财产安全。

通过对深圳光明新区滑坡及该弃渣场拦挡坝开裂分析来看，弃渣堆填体的稳定性主要与地形地貌、水文条件、渣土的性质、填筑质量及库容超载有关。对于弃渣堆填，应按照设计要求进行回填，保证堆填体的填筑质量；建立完善的隔水排水设施，防止地表水及地下水的作用降低弃渣堆积体的稳定性；随着堆填体的填筑，设置观测系统，对堆填体的变形进行实时监测；严格按照设计库容进行堆填，若有超载现象，重新计算堆填体的稳定性，及时调整堆填方案；堆填完成后，应在堆填体表面进行绿化，美化生态环境。

七、隧道高地应力问题

近年来，随着经济发展和技术进步，水工、公路、铁路隧洞等地下工程迅速发展，其"长、大、深、群"的特点日趋明显，而它们所处的地质环境往往易于形成高地应力现象，并经常引发岩爆、大变形等严重的次生工程地质灾害问题。高地应力与岩爆及大变形已成为影响地下工程围岩稳定性的难题。

初始地应力是岩体自重应力与构造应力的组合。一般来讲，其主要影响因素为构造运动、埋深、地形地貌、地壳剥蚀程度等。岩体的地应力状态是影响工程岩体安全的主导因素。对于地应力高低的判断，目前还没有统一的标准。一般来讲，认为最大主应力达到 20～30 MPa 时，就可以认为岩体处于高地应力状态。另外，还可以利用岩石的单轴抗压强度与最大主应力的比值（岩石强度应力比，R_b/σ_{max}）来划分地应力等级。但在不同国家对地应力的高低的界定存在一定的差别。我国在《工程岩体分级标准》（GB 50218—1994）中，可按表 4-6 来划分地应力的高低。

表 4-6　我国《工程岩体分级标准》（GB 50218—1994）地应力分级

地应力级别	一般应力	高地应力	极高地应力
R_C/σ_{max}	>7	4～7	<4

注：R_C——岩石单轴饱和抗压强度（MPa）；σ_{max}——垂直硐室轴线方向最大初始应力。

高地应力是一个相对的概念，它与岩体所经受的应力历史、岩体强度、岩石弹性模量等诸多因素有关。1993 年，中科院孙广忠教授就曾指出：强烈构造作用地区，地应力与岩体强度有关；轻缓构造作用地区，岩体内储存的地应力大小与岩石弹性模量相关，即弹性模量大的岩体内地应力高，弹性模量小的岩体内地应力低。

（一）岩爆问题

岩爆是指在高地应力区域，临空岩体中应力释放产生的突发式破坏的现象。岩爆发生的原因是临空岩体积聚的应变能突然而猛烈地全部释放，致使岩体发生像爆炸一样的脆性断裂，造成大量岩石崩落，并产生巨大声响和气浪冲击。

岩爆，也称冲击地压，是一种岩体中聚积的弹性变形势能在一定条件下突然猛烈释放，导致岩石爆裂并弹射出来的现象。轻微的岩爆仅有剥落岩片，无弹射现象，严重的可测到 4.6 级的震级，烈度达 7～8 度，并伴有很大的声响。岩爆可瞬间突然发生，也可以持续几天到几个月。发生岩爆的条件是岩体中有较高的地应力，并且超过了岩石本身的强度，同时岩石具有较高的脆性度和弹性。在这种条件下，一旦隧道开挖破坏了岩体原有的平衡状态，岩体中积聚的能量释放就会导致岩石破坏，并将破碎岩石抛出。

1. 发生岩爆时的特点

（1）围岩坚硬、质脆，岩石的单轴抗压强度大于 50 MPa；

（2）岩爆一般发生于新鲜完整、裂隙极少或仅有隐裂隙且具有较高的脆性和弹性的围岩，能够储存能量，而其变形特性属于脆性破坏类型，具有明显的岩体结构效应；

（3）如果地下水较少，岩体干燥，也容易发生岩爆；

（4）掘进过程中，掌子面至三倍洞径范围内岩爆活动较为频繁，且多发生在断面周边不圆顺处及壁面凹凸不平处等硐室周壁应力易集中部位，如图 4-21 所示；

（a）雅西路隧道出口岩爆　　　　　　　　　（b）锦屏水电站引水隧道岩爆

图 4-21　地下硐室施工过程中的岩爆现象

（5）岩爆段的硐室埋深可大可小，埋深不是判定岩爆发生与否的重要依据；

（6）岩爆发生的时间迟早不一，有的硐室开挖后随即就会发生岩爆，有的则要滞后若干时日或一个多月才会发生；

（7）岩爆随时间的延续有向深部累进发展的特征，因而岩爆地段应及时采取合理有效的支护措施。

2. 岩爆烈度分级及预测方法

通过大量的工程实践，国内外学者大多将岩爆烈度划分为轻微岩爆、中等岩爆和强烈岩爆 3 个等级，并主要采用洞壁围岩切向应力 σ_θ 与其单轴抗压强度 R_b 之比值作为岩爆判据。$\sigma_\theta/R_b \leqslant 0.3$，一般不会发生岩爆；$0.3 < \sigma_\theta/R_b < 0.7$，轻微岩爆；$0.7 \leqslant \sigma_\theta/R_b < 0.9$，中等岩爆；$\sigma_\theta/R_b \geqslant 0.9$，强烈岩爆。

在高地应力地区不一定都会发生岩爆，根据不同的岩体特性，地应力高低，强度应力比 R_b/σ_{max}，开挖及支护方式，会产生不同的结果。但在高地应力地区，有发生岩爆的潜在可能。一般高强度岩体会发生岩爆，中低强度岩体则发生较大变形。

高地应力区岩爆段施工过程中的预测预报研究工作非常重要，可以指导施工。目前，国内外对于岩爆的预测预报主要有以下几种。

（1）利用特殊地质现象。例如，钻孔岩芯饼裂现象（图 4-22）；探洞现场大剪试验或表面应力解除时，底部会自动断裂甚至会被弹起；岩石应力-应变全过程试验曲线异常等。这些现象均预示着岩体具有较高地应力水平，可以帮助我们判断岩爆是否会发生。

（2）利用现场声发射现象监测进行岩爆预测。岩石在破坏前声发射信号会急剧增加，根据这一特点，可以将声发射技术推广应用到岩爆监测预报中。

（3）采用模糊数学综合评判方法，选取影响岩爆的因素，例如地应力大小、岩石抗压和抗拉强度、岩石弹性能量指数、岩体结构、水文地质条件等，对岩爆的发生与否进行预测评判。

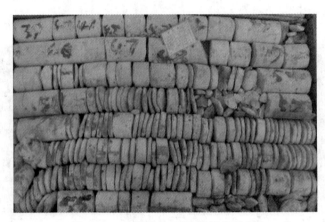

图 4-22　高地应力区岩芯饼化现象

3. 岩爆安全防控与防治措施

在地下工程施工中，岩爆是潜在的工程危害，对施工人员及设备的安全构成巨大的威胁。在工程施工中总结的防控方法有：

（1）时间分期控制法。主要是根据施工及应力释放过程中各个阶段分别采取不同措施来防控，开挖前超期释放与超前支护结合，开挖后由浅至深的分层适时支护相结合，中后期释放岩体应力二次加固加以稳定。

（2）空间分区控制法。空间分区控制法的要点是"化整为零，分区释放，分区稳固与总体稳固相结合"。

（3）结构空间优化法。选择合理的结构形式，避免应力集中发生岩爆。

为了预防岩爆发生，工程选址时应当尽量避开易发生岩爆的高地应力集中区域，实在难避开时，也应尽量使硐室轴线与最大主应力方向平行布置，以减小应力集中系数，防止岩爆和降低岩爆烈度等级。目前，地下工程中岩爆防治措施主要有以下三大类：

（1）改善围岩物理力学性质。

在掌子面和洞壁喷水、洒水，一定程度上可以降低表层围岩的强度。采用超前钻孔向岩体高压注水，可以提前释放弹性应变能，并将最大切向应力向围岩深部转移；高压注水的劈裂作用可以软化、降低岩体的强度；高压注水可产生新的张裂隙并使原有裂隙扩展，降低岩体的储存弹性应变能的能力。

（2）改善围岩应力条件。

在岩爆地段宜短进尺掘进，减小装药量，控制进行光面爆破，减少围岩表层应力集中。轻微、中等岩爆段尽可能采用全断面一次开挖成型的施工方法，减少对围岩的扰动。强烈岩爆地段必要时可采用上下台阶法开挖，降低岩爆的破坏程度。可采用超前钻孔、松动爆破等方法，降低岩体应力，在开挖前释放围岩应变能。

（3）加固围岩。

对于不同岩爆烈度的围岩，一般分别采取不同的加固处理措施。岩爆强烈地段，采用超前锚杆预支护，锁定前方围岩。超前开挖顶板支撑及紧跟衬砌可减少岩爆危害。

（二）软岩大变形问题

1. 大变形的定义

在相同的强度应力比（R_b / σ_{max}）条件下，高强度岩体会发生岩爆，中低强度的岩体则会发生大变形，其主要问题就是围岩收敛变形大，且持续时间长。《铁路二隧道设计规范》（TB 10003—2005）中对于大变形规定，岩石强度比（R_c / σ_1）小于 4 时为极高应力，软质岩在开挖过程中位移极为显著，甚至发生大位移，持续时间长，成洞性差；岩石强度比（R_c / σ_1）为 4~7 时为高应力，软质岩在开挖过程中位移显著，持续时间长，成洞性差。

这种隧道围岩变形量大，而且位移速度也很大，一般可以达到数十厘米到数米，如果不支护或支护不当，收敛的最终趋势是隧道将被完全封死，如果发生在永久衬砌构筑以前，往往表现为初期支护严重破裂、扭曲，挤出面侵入限界。围岩破坏区主要集中在两侧边墙，拱肩以上区域，主要出现鼓出、掉块，沿拱架的环向裂缝发育和变形破坏，如图 4-23 所示。

挤压性大变形通常为高地应力引起的大变形，是指围岩具有时效的大变形，其本质上是岩体内的剪应力超限而引起的剪切蠕动，变形可发生在施工阶段，也可能会延续较长时间。

（a）初衬开裂破坏　　　　　　　　　　　　（b）二衬开裂破坏

图 4-23　隧道衬砌开裂

2. 软岩大变形的主要特征

（1）变形持续时间长。

（2）变形量值大。

（3）变形存在显著部位，一般边墙收敛较大。挤压大变形的变形显著部位集中在拱腰以下墙脚以上的两侧边墙。

（4）变而不塌，没有突变。

3. 隧道围岩大变形分级

隧道围岩大变形分级如表 4-7 所示。

表 4-7 隧道围岩大变形分级

大变形等级	围岩变形特征	初期支护破坏现象	力学机制	定量判别指标				对工程影响
				σ_v /MPa	R_b / σ_v	U_a/cm	(U_a/a) /%	
轻微（Ⅰ级）	洞周局部有较大的位移，持续时间较长	喷混凝土层龟裂，斜向裂缝，钢架局部与喷层脱离	剪切滑移型、弯曲型、松脱扩展型、围岩移动型	5～10	0.25～0.5	15～35	3～6	较大
中等（Ⅱ级）	洞周位移明显，洞底局部有隆起现象，变形持续时间长	喷混凝土层严重开裂，掉块，局部钢架变形，锚杆垫板凹陷	弯曲型、软岩塑流型、膨胀型	10～15	0.15～0.25	35～50	6～10	大
强烈（Ⅲ级）	洞周变形强烈，洞底有明显隆起现象，流变特征很明显	现象同上，但大面积发生，且产生锚杆拉断及钢架变形扭曲现象	软岩塑流型、结构性流变型、膨胀型	>15	<0.15	>50	>10	很大

4. 高地应力下软弱围岩大变形机理分析

对于高地应力区的中低强度的软弱围岩，隧道围岩的大量变形主要是围岩发生塑性流动造成的，如图 4-24 所示。塑性流变破坏指隧道开挖引起应力重分布达到屈服面后，围岩处于塑性状态，发生塑性变形并引起围岩应力的继续调整，导致围岩剪切滑移，产生大变形，如图 4-25 所示。

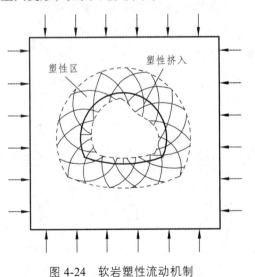

图 4-24 软岩塑性流动机制

图 4-25 隧道拱顶下沉

（1）隧道围岩变形的计算方法。

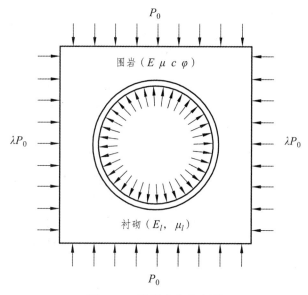

图 4-26　隧道应力分布图

图 4-26 所示为隧道应力布，其中径向应力为

$$\sigma_r = \frac{1}{2}(1+\lambda)p_0\left(1-\frac{R_a^2}{r^2}\right) - \frac{1}{2}(1-\lambda)p_0\left(1-4\frac{R_a^2}{r^2}+3\frac{R_a^4}{r^4}\right)\cos 2\theta \qquad （4-5）$$

切向应力为

$$\sigma_\theta = \frac{1}{2}(1+\lambda)p_0\left(1+\frac{R_a^2}{r^2}\right) + \frac{1}{2}(1-\lambda)p_0\left(1+3\frac{R_a^4}{r^4}\right)\cos 2\theta \qquad （4-6）$$

剪切应力为

$$\tau_{r\theta} = \frac{1}{2}(1-\lambda)p_0\left(1+2\frac{R_a^2}{r^2}-3\frac{R_a^4}{r^4}\right)\sin 2\theta \qquad （4-7）$$

$\lambda=1$（侧压力系数）时塑性区半径为

$$R_P = \left[\frac{(p_0+c\cdot\cot\varphi)(1-\sin\varphi)}{p_i+c\cdot\cot\varphi}\right]^{\frac{1-\sin\varphi}{2\sin\varphi}}\cdot R_0 \qquad （4-8）$$

洞壁位移为

$$u = \frac{1+\mu}{E}\left\{p_0 - \frac{c}{\tan\varphi}\left[\left(\frac{R_P}{R_0}\right)^{\frac{2\sin\varphi}{1-\sin\varphi}}-1\right] - p_i\left(\frac{R_P}{R_0}\right)^{\frac{2\sin\varphi}{1-\sin\varphi}}\right\}\frac{R_P^2}{R_0} \qquad （4-9）$$

围岩抗压强度为

$$R_b = \frac{2c\cos\varphi}{1-\sin\varphi}$$
（4-10）

式中：R_p——塑性区半径（m）；

R_0——隧道半径（m）；

P_0——地应力（MPa）；

P_i——支护抗力（MPa）；

R_b——围岩抗压强度（MPa）；

c——黏聚力（MPa）；

φ——内摩擦角（°）。

隧道开挖后原有应力状态被破坏。地应力以能量的形式一部分随开挖而释放，围岩发生瞬时回弹变形；另一部分则向围岩深部转移，发生应力重分布和局部区域应力集中。

岩体在开挖前处于高围压环境，开挖后处于高地应力状态下的低围压和高应力差环境。围压降低，岩石的峰值强度、残余强度和弹性变形区相应地减小。

（2）隧道塑性区扩展的影响因素。

① 围岩强度应力比、围岩强度。

高地应力与围岩强度是塑性区、洞壁位移增大的直接影响因素。塑性区半径随围岩强度及强度应力比的增加而减小。当强度应力比小于 0.3 ~ 0.5 时，即能产生比正常隧道开挖大一倍以上的变形。

② 高地应力。

高地应力值越大，塑性区范围越大，侧压力系数不等于 1 时更为明显；洞壁位移与塑性区的面积成正比。

③ 侧压力系数。

当侧压力系数小于 1/3 或大于 3 时，在拱顶、边墙位置产生拉应力。随着侧压力系数的增大，洞壁位移也逐渐增大。

5. 软岩大变形隧道工程案例

日本的岩手隧道，长 25.8 km，采用新奥法施工，地质条件为凝灰岩及泥岩互层，单轴抗压强度为 2 ~ 6 MPa。施工中净空位移和拱顶沉降都是很大的，上断面的净空位移为 100 ~ 400 mm，最大达到 411 mm；下断面的净空位移最大为 200 mm，拱顶下沉为 10 ~ 100 mm。

日本惠那山隧道，长 8.635 km，围岩以花岗岩为主，其中断层破碎带较多，局部为黏土，岩体节理发育、破碎，岩石的抗压强度为 1.7 ~ 3.0 MPa，隧道埋深为 400 ~ 450 m，原始地应力为 10 ~ 11 MPa。施工时产生了大变形，在地质最差的地段，拱顶下沉达到 930 mm，边墙收敛达到 1 120 mm，有 600 cm² 面积的喷射混凝土侵入模筑混凝土净空。最后采用 9.0 m 和 13.5 m 的长锚杆，并重新喷护 20 cm 厚的钢纤维混凝土后，结构才得以基本稳定。

奥地利阿尔贝格隧道长 13 980 m，开挖断面面积 90 ~ 103 m²，岩石主要为千枚岩、片麻岩，局部为含糜棱岩的片岩、绿泥岩，岩石强度为 1.2~1.9 MPa，隧道的埋深平均为 350 m，最大埋深为 740 m，原始地应力为 13.0 MPa，围岩强度比为 0.1~0.2。隧道采用自上而下的分布开挖法，先开挖弧形导坑，施作初期支护，然后再开挖台阶（分左、右两次分别进行），最后检底。由于阿尔贝格隧道是在陶恩隧道之后施工的，该隧道设计时的初期支护就比较强，喷射混凝土厚 20~25 cm，锚杆长 6.0 m，同时安设了可缩刚架。但是由于岩层产状不利，锚杆的长度仍不够，施工中支护产生了很大变形，拱顶下沉量达到 15~35 cm，最大水平收敛达 70 cm，变形速度达 11.5 cm/d，后来采取将锚杆的长度增加到 9.0~12.0 m 的办法，才使变形得到了控制，变形速度降为 5.0 cm/d，变形收敛时间为 100~150 d。

家竹箐隧道全长 4 990 m。隧道位于盘关向斜东翼，属单斜构造，岩层产状 N20°~35°E/18°~30°NW。由于距向斜轴部较远，故皱褶、断层不发育，只在隧道中部煤系地层中发育有一正断层 F_1，其破碎带宽 15~20 m。隧道横穿家竹箐煤田，隧道南段为玄武岩，北段为灰岩，中部 3 890 m 为砂、泥岩及为钙质、泥质胶结的砂岩夹泥岩的煤系地层。隧道掘进进入分水岭之下的地层深部后，在接近最大埋深（404 m）的煤系地层地段，由于高地应力的作用，锚喷支护相继发生严重变形。在一般地段拱顶下沉为 50~80 cm，侧壁内移 50~60 cm，底部隆起 50~80 cm；在变形最严重地段，拱顶下沉达到 240 cm，底部隆起达到 80~100 cm，侧壁内移达到 160 cm。为整治病害，具体措施如下：① 设置特长锚杆加固地层；② 改善隧道断面形状，加大边墙曲率；③ 采用先柔后刚、先放后抗的支护措施；④ 加大预留变形量；⑤ 提高二次衬砌的刚度；⑥ 加强仰拱。大变形得到迅速整治，衬砌施工后，结构完好，未出现任何开裂现象，经预埋的应力、应变计测试，有足够的安全储备。

木寨岭隧道全长 1 710 m，穿越地层围岩主要为二叠系炭质板岩夹砂岩及硅质砂板岩。存在的主要构造体系是山字形构造体系。该区域属地应力集中区，隧道穿越区为沟谷侧，原始地应力难以释放。隧道主要地质为炭质板岩夹泥岩，局部泥化软弱，呈灰黑色，围岩层理呈褶皱状扭曲变形严重，大部分地段围岩较破碎，洞身渗涌水频繁，部分地段呈股流。隧道在高地应力大变形地段，严重处拱顶累计下沉达 155 cm。经研究主要采取的处理措施有：① 开挖总体采用双侧壁法；② 初期支护钢架及临时支撑采用 I22 型工字钢、自进式锚杆，超前支护小导管，拱脚两侧增设小导管锁脚。导坑开挖时预留变形；③ 修改原设计仰拱；④ 二次衬砌采用双层钢筋网，与仰拱预留钢筋焊接；⑤ 对需换拱段及开挖后变形较大的地段，除施作长的自进式锚杆外，再采用小导管进行双液注浆。

6. 软岩大变形的控制措施

根据国内外的隧道工程施工经验，对软弱围岩大变形的治理措施归纳如下：

（1）选择合理的开挖方式。

（2）预留变形量设置。

《公路隧道设计规范》和《铁路隧道设计规范》中规定高地应力条件下，预留变形量应根据量测数据反馈分析确定。

（3）控制二次衬砌合理施作时间。

（4）采取合理的支护措施。

① 在控制变形方面，可以采用提高喷射混凝土标号、钢支撑规格，采用多重支护结构（二次支护、套拱）等方法，以及采用可缩性钢架、系统长锚杆、大变形恒阻锚杆、让压锚杆等适应大变形的支护措施；

② 在控制掌子面超前变形方面，可以采用超前导洞（图4-27）或者超前钻孔（图4-28）超前进行应力释放，或者超前支护加固围岩，控制围岩变形。

图 4-27　超前导洞

图 4-28　超前钻孔

（5）加强施工期间的监测与预报。

在施工期间，加强洞壁收敛变形及拱顶下沉量监测，以及变形速率发展趋势，对最终位移值进行预测。加强对掌子面前方地质体的预报，及时了解前方的地质条件，在施工中及时调整施工措施。

八、隧道热害问题

（一）隧道工程热害及其影响

地球内部蕴藏着巨大的热量，离地表越深，温度越高。埋深1 000 m以下的地层，正常情况下地温也要达到30～40 ℃左右，如果是富含地下热水的区域，地温会更高。隧道施工通过这种地层，受高地温影响会很大。为保证隧道施工人员进行正常的安全生产，我国有关部门对隧道施工作业环境的卫生标准都有规定。例如，铁路规范规定，隧道内气温不得超过28 ℃；交通部门规定，隧道内气温不宜高于28 ℃。

一般情况下，地温超过30 ℃时，便称为高地温。隧道工程中若发生高地温问题，一方面将恶化作业环境，降低劳动生产率，并严重威胁到施工人员的生命安全。例如在炎热的季节，一般人的排汗量约为1 L，在闷、潮、热的隧道或矿井中从事繁重的体力劳动时，8 h内人的排汗量可达8～10 L，甚至更高，如不适时地补充水分，则可能导致人脱水、失钠、血液浓缩及黏稠度增大，再加上血管扩张，血容量更显不足，以致引起周围循环衰竭，从而使人产生热疲劳、中暑、热衰竭、热虚脱、热痉挛、热疹，甚至死亡，造成重大安全事故。另一方面将影响到施工材料的选取（如耐高温炸药）和混凝土的耐久性，而且由于产生的附加温度应力还将引起衬砌开裂，严重影响隧道的稳定性。

高地温对隧道工程的不利影响主要表现在：

（1）恶化施工作业环境，增加工程的施工难度，降低劳动生产率，并严重威胁到施工人员的健康和安全；

（2）由于地热流体（气、液相）中含有大量的腐蚀性矿物成分，对施工材料特别是铁质材料具有强烈的腐蚀作用，同时影响止水带、排水盲管及防水板等，在设计、施工中对施工材料的要求会更高；

（3）当采用钻爆法施工时，高地温隧道环境对爆破器材的性能稳定性会产生影响，严重时可造成炸药和起爆器材的自热和自爆，使爆破人员的人身安全受到严重威胁，直接影响到工程的施工进度、生产成本和经济效益；

（4）产生的附加温度应力还可能引起衬砌开裂，对衬砌结构的安全及耐久性不利；

（5）使得围岩条件恶化，影响围岩的稳定性；

（6）隧道内的高温高湿将导致机械设备的工作条件恶化、效率降低、故障增多；

（7）隧道建成运营后，由于洞内温度过高，将造成隧道养护维修困难，从而可能导致运营成本大幅提高。

从国内外高地温实践情况来看，当原始地温达到 35 ℃、湿度达到 80%时，隧道中的高温问题就已经显得非常严重，高地温隧道将恶化施工作业环境，降低劳动生产效率，并严重威胁施工人员的健康和安全。隧道内的高温高湿还会导致机械设备的工作调节恶化、效率降低、故障增多。

（二）隧道工程热源及其影响因素

从热的来源来讲，主要有相对热源和绝对热源。相对热源的散热量与其周围气温差值有关，如高温岩层和热水散热。绝对热源的散热量受气温影响较小，如机电设备、化学反应和空气压缩等热源散热。一般来说，造成高地温值的大多数情况是高温岩层和热水散热。地温值与隧道所在地区的地层岩性、地质构造、近期岩浆活动，以及地下水的活动等因素均有密切关系。

在隧道与矿井等地下工程中，高温岩层散热是影响隧道与矿井空气温度升高的重要原因，它主要通过隧道与井巷岩壁和冒落、运输中的矿岩与空气进行热交换而造成隧道与矿井空气温度升高。另外，当隧道与矿井中有高温热水涌出时，也将影响整个地下环境的微气候，从而使巷道内空气温度略有升高。从总体上来看，造成隧道与矿井高温热害的主要因素有地热、采掘机电设备运转时放热、运输中矿物和矸石放热以及风流下流时自压缩放热等 4 大热源。此外，造成隧道与矿井高温还有以下几个因素：

（1）隧道与矿井深度大，岩石温度高。在我国中北部地区，大部分高温矿井都是由于此类原因所致。

（2）地下热水涌出。地下热水由于易于流动，且热容量大，是良好的载体，地下热水主要是通过以下两个途径把热量传递给风流：

① 岩层中的热水通过对流作用，加热了井巷围岩，围岩再将热量传递给风流；

② 热水涌入巷道中，直接加热了风流。

（3）采掘工作面风量偏低。通风不良、风量偏低是我国目前造成采掘工作面气温较高的普遍性因素。

（三）隧道工程热环境评价指标及热害分级

国际上热环境评价的指标主要有四种，包含三个 ISO 标准，分别为：WBGT 指数（Wet-Bulb Globe Temperature，ISO7243）、S_{req} 指数（Required Sweat，ISO7933）、生理学指数（Physiological Measurements，ISO9886）和 ET 指数（Effective Temperature）。除此之外，应用比较多的还有 TEQ 指数（Temperature of the Equivalent Climate），以及当辐射热比较大时，ET 指标要进行修正所构成的 CET 指数（Corrected Effective Temperature）等。不同的评价指标有各自的特点，通过不同的指标评价，可以分析热湿环境的极端程度，便于不同环境的定量比较，配合必要的试验研究，分析热湿环境对人体的影响。隧道热害的基本分级与对策如表 4-8 所示。

表 4-8　隧道热害的基本分级与对策

热害等级	隧道内气温/°C		施工对策
	空气湿度 ≤75%	空气湿度 >75%	
Ⅰ	28～30	26～28	个体注意、合理安排作业时间、加强健康管理
Ⅱ	30～37	28～35	增加风量、洒水、隔绝热源、低温岩层预冷入风流、个体防护及其组合
Ⅲ	37～42	35～40	大型通风设备及或人工制冷技术其他措施辅助
Ⅳ	>42	>40	大型通风设备、人工制冷等综合技术

（四）隧道通风降温措施

对于高温隧道热害的降温措施，目前国内外普遍采用的方法有通风降温、个体防护、减少热源及人工制冷降温等措施。人工制冷降温技术关键是制冷、输冷、传冷与排热，以及降温系统及其控制。

1. 通风降温

增加风量可以大大降低空气的含热量，是一种有效的降温措施。日本一学者的试验研究结果表明，增加通风量，则气流温度大幅度下降，并且该温度的下降程度在通风量达到一定量时则有急剧加快之势，如果风量再增加则气流温度的下降又逐渐缓慢下来，最经济的通风量为巷道的 0.56~0.84 倍。总之，在隧道热害不太严重的情况下，加大风量降低井下温度是有效的。改善通风系统，增加隧道通风量，可采用减少风阻、防止漏风、加大风机功率、加强通风管理等措施。但是，风量的增加不是无限制的，它受规定的风速和降温成本的制约。据现场增风降温的经验，高温工作面的风量最低限应为 800~1 000 m³/min。

2. 个体防护

个体防护的主要措施是工人穿冷却服。冷却服的适用范围很广，即可以是独头高温作业面，又可以是井下各种大型设备操作人员和未采用中央制冷空调时的井下游动工作人员和生产管理者。

3. 减少热源

隧道热源一般包括围岩散热、机电设备散热、热水散热、矿物氧化放热等。减少机电设备放热不外乎提高设备效率，选择正确的安装位置。在围岩壁上涂敷绝热材料，岩温较高时作用较大，经过一定时间后作用消失。减少湿源对围岩的放热也具有重要意义。因地下裂隙水经过与围岩充分热交换后渗入井巷，带入大量的热湿污染。对于高温原岩的放热，可以通过在隧道壁面涂隔热材料或降低巷道壁面与空气热传导系数的物质，以实现减少原岩对隧道内空气的放热量。

4. 人工制冷降温

根据国内外的经验，当采用隔绝热源、加强通风措施不足以消除隧道热害，或技术经济效果不佳的情况下，才采取人工制冷降温。

人工制冷方式按制冷机的容量和设置位置可大致分为：① 独立移动式制冷机制冷，即在各工作面实施局部制冷的方式；② 大型制冷机安装在隧道外的集中固定式制冷方式，即制冷机在隧道洞口冷却全部进风的直接制冷方式和制冷机的冷水用送水管送往工作面附近与移动式热交换器配套，组成局部冷却的分散制冷方式。

5. 其他降温措施

高温隧道热害在采用非制冷空调降温方面还有其他一些措施。例如，可采用掌子面喷水；局部性的措施有喷雾、放置冰块、利用压风引射器通风、利用空气调节器降温等。

九、隧道涌水、涌泥问题

2006 年的 1 月 21 日，宜万铁路马鹿菁隧道发生突泥涌水，顷刻间天崩地裂，山呼海啸，瞬时涌水量达到了的 81 万 m³/h。

2018 年 6 月 10 日上午，贵南客专 K170+671 处朝阳隧道发生一起涌水、涌泥事件（图 4-29），水位高度大约在底板以上 2.5 m，持续大约 1 h 后恢复至之前的正常出水量。洞口外约 100 m 处，有一当地村民驾驶自有挖掘机正在进行清理工作，被洞内突然涌水冲走。

隧道开挖发生的涌水多成为困扰隧道开挖的主要因素。特别是突发涌水和高压大量涌水，使隧道开挖变得极为困难，伴随大量涌水、土砂流出等成为对隧道开挖影响极大的主要因素。隧道涌水和涌泥如图 4-30、图 4-31 所示。

（a）隧道洞口

（b）隧道内部

图 4-29　隧道涌水

图 4-30　隧道涌水

图 4-31　隧道涌泥

（一）隧道涌水的分类

隧道涌水视其发生位置、涌水量、发生时期、涌水量的历时变化其类型是各种各样的。隧道开挖中的涌水，根据其发生位置和测定位置可分为掌子面涌水、区间涌水和洞口涌水 3 类，如图 4-32 所示。

涌水量与地下水头有一定关系。一般来说，涌水量大，地下水头也高。因此，根据涌水量的大小，大致可以确定水头的大小。

通过水压和渗水量，将隧道涌水状态分为干燥、潮湿、滴水、线状流水、涌水 5 级，如表 4-9 所示。

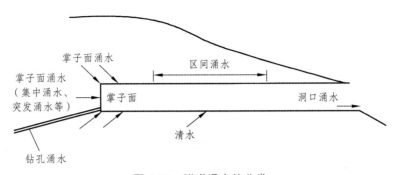

图 4-32　隧道涌水的分类

表 4-9　水压和渗水量分级

水压力/MPa	渗水量/[L/（min·m）]	出水状态
0	0	干燥
<0.1	<1	潮湿
0.1~0.2	1~2.5	滴水
0.2~0.5	2.5~12.5	线状流水
>0.5	>12.5	涌水

　　从涌水现象的分类看，可能出现的涌水现象大体上分为局部的集中涌水、局部的突发涌水、正常涌水、伴随涌水的崩塌及土砂流出等。其中，伴随开挖的集中涌水、异常涌水和随掌子面崩塌的突发涌水、开挖初期阶段的大量涌水、伴随涌水的土砂流出等对施工安全、环境影响极大，应是关注的重点。

　　可见，隧道涌水的形态与地质情况和地下水的存在形态关系密切。特别是突发的异常涌水，分布极不均匀，可能是突然的、不可预计的，也会形成水荷载状态异常。因此，在规划时准确掌握隧道周边的地下水存在形态、水文地质构造等，对于应对隧道开挖中可能出现的问题是非常重要的。

　　因此，尽管对地下水有这样或那样的分类，但重要的是如何对隧道涌水进行分类，以便有的放矢地采取相应的对策。

（二）隧道涌水处理的原则

　　从施工角度出发，涌水处理应达到以下 2 个目标。

　　目标 1：确保隧道施工在无水的条件下进行，或者是在可以接受的渗漏水条件下进行，或者是在对周边环境"可接受干扰"的条件下进行。

　　目标 2：二次衬砌原则上不承受水压作用，不得已时把水压控制在二次衬砌容许的范围内。

　　从结构角度出发，涌水处理应达到的目标：运营中的隧道洞内不能成为地下水流经的通道，隧道衬砌背后必须形成一个纵横交错的、不易堵塞的、通畅的排水系统。

达到上述目标的基本方法是：充分利用和提高围岩的隔水性能，合理地处理"排"与"堵"的关系。

隧道施工原则上应在无水的条件下进行，也就是说应该在掌子面稳定的条件下施工。实际上，所谓的无水条件是理想化的条件，不管是山岭隧道还是城市隧道，在存在地下水的条件下要保持无水施工，是较为困难的，而且也是不经济的。因此，多数隧道，特别是围岩条件较好的隧道，地下水对掌子面稳定性影响比较小的情况下，完全可以在排水的条件下顺利施工，这已被许多工程实践所证实。在围岩条件比较差的隧道，只要能够保持隧道的渗漏水在施工可接受的范围内，采取排水措施也是可以施工的。

一般来说，在干燥、潮湿、滴水渗水的状态下，基本上可以不采取排水对策进行施工；而在其他条件，均需采取不同的排堵水对策进行施工。也就是说，在涌水量 $q \leqslant 2.5$ L/（min·m）时，基本上可以认为是在无水条件下施工。在一般情况下，线状流水、经常涌水可以采用通常的自然排水方式排水，而突发大量涌水则需要采取特殊的地下水对策予以解决。对地下水控制技术来说，突发大量涌水是大家最为关注的问题，也是当前地下水控制技术发展的主流。

隧道的涌水量与地下水赋存状态和围岩的渗透系数有直接关系，即隧道的涌水量 q 与围岩综合渗透系数 k、水头 h 均成比例关系。渗透系数越大或水头越大，涌水量也越大。因此，了解围岩的综合渗透系数是必要的。

在大量涌水或承压水的条件下，即水压值比较大的场合，让衬砌来承担水压，从经济上、安全上都是不现实的。例如，在类似青函海底隧道那样埋深很大的隧道中，让衬砌抵抗水压几乎是不可能的。因此，用注浆方法提高围岩的抗渗性，让围岩也承担一部分水压是唯一可能的选择。

隧道的防排水构造各国基本上是大同小异，大家的认识也比较一致。不管是排水型隧道还是非排水型隧道，都需要在衬砌背后形成一个纵横交错的、不易堵塞的、通畅的排水系统。绝大多数国家都不容许地下水流入隧道内，而是通过衬砌背后的排水系统将地下水排出隧道。我国铁路隧道长期以来采用把地下水引入隧道，再从洞内两侧边墙附近设置的排水沟将地下水排出隧道的做法是值得商榷的。特别是在可能发生冻害的地区，采用深埋的排水沟更不可取。

大多数国家基本上是把排水管（沟）移设到仰拱的填充层中或仰拱的下面，也有把排水管（沟）设置在衬砌拱脚外侧的。例如日本铁路、公路隧道的排水管，基本上是把中央排水管设置在仰拱内或仰拱下方，而在隧道两侧只留有用于排出流入隧道内的雨水或隧道清洗水的排水沟。

（三）隧道涌水的处理措施

在进行隧道涌水处理时，首先要进行详细的涌水调查，掌握地下水的动态和水量的大小及动向，要考虑围岩条件、涌水量、埋深、周边环境条件等综合因素决定，达到缩减开挖成本和提高施工安全性的目的。涌水对策，大体上分积极进行排水的地下水位降低方法（排水工法）和降低地层渗透系数减少涌水的方法（止水工法）两大类。选择涌水对策时，除需要考虑维持掌子面自稳性外，还需要考虑对地表面的影响。

1. 排水法

排水坑道是以主洞开挖前先行排出地下水为目的，在主洞外施工的。排水法适用以下条件。

（1）断层背后保持大量而且高压的地下水，预计形成突发涌水的场合或者主洞施工因围岩流失而施工困难的场合（迂回坑道）。

（2）在洪积砂层等风化层围岩中，全线需要降低地下水位的场合。前者的场合，通常与排水钻孔并用（从侧壁向掌子面前方施工），边施工边前进，也有利用其最前端作为排水钻孔基地的场合。

还可在隧道掌子面前方钻 50~200 mm 的先行钻孔，降低掌子面到达前的地下水位（重力排水）。这种方法从硬岩到土砂都可采用，适用范围极广。

2. 止水法

止水工法比排水工法价格高，采用时要充分研究适当的安全性、经济性、进度等决定。止水工法中的注浆法是减少涌水量、改良地层效果促使掌子面稳定对策中有效性比较高的工法，可以在隧道开挖面及开挖轮廓线外一定范围内进行超前全断面注浆。

注浆法在山岭隧道中多与排水工法并用，可在只用排水不能处理的大量涌水和砂质围岩中采用，也有采用注浆法把涌水减少到一定程度后再用排水钻孔等，一边排水一边开挖的事例。为了发挥最佳的注浆效果，视地质条件选定注浆材料和注浆方式。

在进行工程建设活动之前，首先要选择合适的建设场地，掌握场地的工程地质条件，查明各地层的物理力学参数，为工程的设计、建造及运营提供参考资料和依据。进行工程地质勘察是取得这些资料和数据的基本手段和途径。工程地质勘察工作是工程建设活动的前提和基础，可以根据工程建设的规模和阶段，开展相应的工程地质勘察工作。结合现场勘察，工程地质原位测试因其独特的优点在现场被大量采用，既能达到工作快捷、便利的效果，又能为工程技术人员提供直接而详实的地层参数。

第五章

工程地质勘察 与原位测试

第一节　工程地质勘察

在道路交通、建筑、水利水电等工程兴建之前，都需要进行工程地质勘察工作。工程地质勘察是应用工程地质理论和各种勘察测试技术手段和方法，获取工程建筑场地的工程地质条件的原始资料，为制定技术正确、经济合理和社会效益显著的设计和施工方案服务，达到合理利用和保护自然环境的目的。

工程地质勘察必须符合国家、行业现行有关标准、规范的规定，工程地质勘察的现行标准，除水利、铁路、公路、桥隧工程执行相关的行业标准之外，一律执行国家标准《岩土工程勘察规范》（GB 50021）。

一、工程地质勘察的目的和任务

工程地质勘察的目的是查明工程建筑涉及范围的工程地质条件，分析评价可能出现的工程地质问题，对建筑地区做出工程地质评价，为工程建设的规划、设计、施工提供可靠的地质依据，以充分利用有利的自然地质条件，避开或改造不利的地质因素，保证工程建筑物的安全和正常使用。

工程地质勘察的任务可归纳为：① 查明建筑场地的工程地质条件，对场地稳定性和适宜性做出评价，选择地质条件好的建筑场地；② 分析研究建筑场地可能发生的工程地质问题，并为制订合理的设计、施工方案提出建议；③ 查明工程范围内岩土体的成因、分布、性状，地质构造的类型、分布，地下水类型、埋深及分布变化，为设计、施工和整治提供岩土体的物理力学性质参数；④ 预测兴建工程对地质环境和周围建筑物的影响，提出切实可行的处理方法或防治措施；⑤ 对于道路工程还应调查沿线路天然建筑材料的分布、数量、质量及运输条件等。

二、工程地质勘察方法

为完成工程地质勘察的任务，需要采用许多勘察方法和测试手段，主要有工程地质测绘、工程地质勘探（包括坑探、钻探和物探）、工程地质室内和现场原位试验、现场检测与长期监测、资料的分析整理等。

各种勘察方法应相互配合，由面到点，由浅到深。工程地质勘察的程序一般为：准备工作→测绘→勘探（物探→坑探→钻探）→室内、现场试验→长期观测→文件编制。准备工作包括明确任务，搜集整理资料，方案研究，组织队伍，准备机具、仪器等。

随着科学技术的飞速发展，一些高新技术被逐渐应用到工程地质勘察中，如遥感（RS）、地理信息系统（GIS）和全球卫星定位系统（GPS），即"3S"技术，被用于工程地质综合分析、工程地质测绘和地质灾害监测中。地质雷达和地球物理层析成像技术（CT）也被应用于工程地质勘探中。

三、工程地质勘察阶段的划分及勘察要求

工程地质勘察是为工程的设计、施工服务的，必须与工程设计的进度相配合，而工程设计是分阶段的，为了与设计阶段相适应，勘察也是分阶段的。各勘察阶段的工作内容和工作深度应与各设计阶段的要求相适应。虽然各类建设工程对勘察阶段划分的名称不尽相同，但勘察各阶段的实质内容则是大同小异。

我国建筑部门一般将工程地质勘察分为可行性研究勘察、初步勘察及详细勘察三个阶段。对工程地质条件复杂或有特殊施工要求的重大工程，尚需进行施工勘察；对于地质条件简单，建筑物占地面积不大的场地，或有建设经验的地区，也可适当简化勘察阶段。可行性研究勘察也称选址勘察，主要根据建设条件，完成方案比选所需的工程地质资料和评价。初步勘察是在选定的建设场址上进行的，需要对场地内建筑地段的稳定性做出评价，为确定建筑总平面布置、主要建筑物地基基础设计方案以及不良地质现象的防治工程方案做出工程地质论证。详细勘察是为施工图设计提供资料，提出设计所需的工程地质条件的各项技术参数，对建筑地基做出岩土工程评价，为基础设计、地基处理加固、不良地质现象的防治工程等具体方案做出论证和结论，其具体内容应视建筑物的具体情况和工程要求而定。施工勘察主要是与设计施工单位相结合进行的地基验槽，桩基工程与地基处理的质量和效果的检验，施工中的岩土工程监测和必要的补充勘察，解决与施工有关的岩土问题，并为施工阶段地基基础的设计变更提出相应的地质资料。

新建铁路、公路、城市地铁等工程按预可行性研究、可行性研究、初步设计和施工图设计四个阶段开展工作。铁路部门对应的工程地质勘察分别为踏勘、初测、定测和详测（或称补充定测）。踏勘的任务是了解影响线路方案的主要工程地质问题和各线路方案的一般工程地质条件，为编制建设项目意见书提供工程地质资料。初测的任务是根据建设项目审查意见，进行工程地质勘察，主要解决线路方案、道路工程主要技术标准、主要设计原则等问题。定测的任务是根据可行性研究报告批复意见，在利用可行性研究资料的基础上，详细查明采用方案沿线的工程地质和水文地质条件，确定线路具体位置，为各类工程建筑物搜集初步设计的工程地质资料。详测的内容是根据初步设计审查意见，详细查明线路条件需改善地段的工程地质条件，准确确定线路位置，并搜集该段工程建筑施工图设计所需的工程地质资料，为准确提供沿线各类工程施工图设计所需的工程地质资料补充进行工程地质勘察工作。

水利水电工程的工程地质勘察工作一般可划分为规划、可行性研究、初步设计和技施设计四个勘察阶段。规划勘察的目的是为工程选点提供初步的工程地质资料和地质依

据。该阶段的主要任务是搜集、整编区域地质、地形地貌和地震资料；了解工程建设地区的基本地质条件和主要工程地质问题，分析工程建设的可能性；了解各规划方案所需天然建筑材料概况，进行建筑材料的普查。可行性研究勘察的目的是为选定坝址、基本坝型、引水线路和枢纽布置方案进行地质论证，并提供工程地质资料。该阶段勘察的主要任务是区域构造稳定性研究，并对工程场地的构造稳定性和地震危险性做出评价；调查并评价水库区主要工程地质问题，调查坝址引水线路和其他主要建筑物场地工程地质条件，并初步评价有关主要工程地质问题，以及进行天然建筑材料的初查。初步设计勘察是在可行性研究阶段选定的坝址和建筑场地上进行的勘察，其目的是查明水库区及建筑物地区的工程地质条件，为选定坝型、枢纽布置进行地质论证，并为建筑物设计提供地质资料。该阶段的主要任务是查明水库区专门性水文地质、工程地质问题和预测蓄水后变化；查明建筑物地区工程地质条件并进行评价，为选定各建筑物的轴线和地基处理方案提供地质资料与建议；查明导流工程的工程地质条件；进行天然建筑材料的详查；进行地下水动态观测和岩土体位移监测。技施设计勘察是在初步设计阶段选定的枢纽建筑物场地上进行的勘察，其目的是检验前期勘察的地质资料与结论，为优化建筑物设计提供地质资料。技施设计勘察的任务主要包括对在进行初步设计审批中要求补充论证的和施工开挖中出现的专门性工程地质问题进行勘察；进行施工期间的地质工作；提出施工和运行期工程地质监测内容、布置方案和技术要求的建议；分析施工期工程地质监测资料。

第二节　工程地质测绘

　　工程地质测绘是最基本的勘察方法和基础性工作，通过测绘将测区的工程地质条件反映在一定比例尺的地形图上，绘制成工程地质图。

　　在进行测绘工作之前，应收集整理已有的地质资料，如有航片、卫片时，先进行室内判释，获取测绘区的地质信息，这样可减少地面工作量。

一、工程地质测绘的内容

　　工程地质测绘的内容包括工程地质条件的全部要素，其次还包括对已有建筑物的调查。实际工作中应根据勘察阶段的要求和测绘比例尺的大小，分别对工程地质条件的各个要素进行调查工作。工程地质条件的各个要素的调查内容分述如下。

　　1. 地形地貌

　　调查内容包括地形地貌的类型、成因、发育特征与发展过程，地形地貌与岩性、构造等地质因素的关系，划分地貌单元。

中小比例尺工程地质测绘着重研究地貌单元的成因类型及宏观结构特征。大比例尺工程地质测绘侧重研究与工程建筑布局和设计有直接关系的微地貌及其细部特征。

2. 地层和岩性

调查内容包括地层的层序、厚度、时代、成因及其分布情况，岩性，风化破碎程度及风化层厚度，土石的类别，工程性质及对工程的影响等。特别应注意研究工程性质特殊的软土、软岩、软弱夹层、膨胀土、可溶岩等。另外，还要注意查清易于造成渗漏的砂砾层及岩溶化灰岩分布情况，它们的存在往往会给工程带来极大的麻烦，必要时需做特殊的工程处理。

工程测绘中应注重岩土体物理力学性质的定量研究，以便判断岩土的工程性质，分析它们与工程建筑相互作用的关系。

3. 地质构造

调查内容包括断裂和褶曲的位置、构造线走向、产状等形态特征和力学性质方面的特征，岩层产状、接触关系、节理的发育情况、新构造活动的特点。着重注意分析地质构造与建筑工程的关系。

4. 水文地质

通过地质构造和地层岩性分析，结合地下水的天然或人工露头以及地表水的研究，查明含水层和隔水层、岩层透水性、地下水类型及埋藏与分布、水质、水量、地下水动态等。必要时可配合取样分析、动态长期观测及渗流试验等进行试验研究。

5. 特殊地质和不良地质

查明各种不良地质现象及特殊地质问题的分布范围、形成条件、发育程度、分布规律，判明其目前所处状态对建筑物和地质环境的影响。

6. 天然建筑材料

调查内容包括天然建筑材料的储量、质量及其开采运输条件，并对其进行施工工程分级。

二、工程地质测绘的范围、比例尺和精度

1. 工程地质测绘的范围

工程地质测绘的范围取决于拟建建筑物的类型和规模、勘察阶段以及工程地质条件的复杂程度。

线路工程地质测绘一般沿线路中线或导线进行，测绘宽度多限定在中线两侧各 200～300 m 的范围。对于控制线路方案的地段、特殊地质及地质条件复杂的长隧道、大桥、不

良地质等工点，应进行较大面积的区域测绘。另外，还应根据测绘目的、地质复杂程度、天然露头情况等因素对测绘线路进行调整。例如，对于铁路、高速公路、一级公路、二级公路和独立工点，均应进行地质测绘；而对于工程地质条件简单的一般公路，可不进行地质测绘；对于洞室工程的地质测绘，不仅包括洞室本身，还应包括进洞山体及其外围地段。

大型水库的测绘范围至少要包括地下水影响到的地区。一般建筑工程的工程地质测绘的范围应包括场地及附近与研究内容有关的地段。

2. 工程地质测绘比例尺

工程地质测绘比例尺主要取决于勘察阶段、建筑类型与等级、规模和工程地质条件的复杂程度。

工程地质测绘一般采用如下比例尺：

（1）踏勘及线路测绘比例尺（1∶500 000～1∶200 000），这种比例尺的工程地质测绘主要用来了解区域工程地质条件，以便能初步估计建筑物对区域地质条件的适宜性。

（2）小比例尺测绘比例尺（1∶100 000～1∶50 000），多用与铁路、公路、水利水电工程等可行性研究阶段工程地质勘察，而在工业与民用建筑，地下建筑工程中此阶段多采用的比例尺为 1∶5 000～1∶50 000。

（3）中比例尺测绘比例尺（1∶25 000～1∶10 000），多用于铁路、公路、水利水电工程等初步设计阶段工程地质勘察，而在工业与民用建筑、地下工程中此阶段多采用的比例尺为 1∶2 000～1∶5 000。

（4）大比例尺测绘比例尺（大于 1∶10 000），多用于铁路、公路、水利水电建筑工程等施工图设计阶段的工程地质勘察，而在工业与民用建筑、地下建筑工程中此阶段多采用的比例尺为 1∶100～1∶1 000。

3. 工程地质测绘的精度

工程地质测绘的精度是指对地质现象描述的详细程度，以及工程地质条件各因素在工程地质图上反映的详细程度和精确程度，主要取决于单位面积上观察点的多少。观察点应布置在反映工程地质条件各因素的关键位置上。通常在工程地质图上大于 2 mm 的一切地质现象均应反映出来，还应反映出对工程有重要影响的地质内容，如滑坡、软弱夹层、溶洞、泉等。如果在图上不足 2 mm 时，应扩大比例尺表示，并注明真实数据。

对于建筑地段的地质界线，测绘精度在图上的误差不应超过 3 mm，其他地段不应超过 5 mm。

三、工程地质测绘方法

工程地质测绘方法有像片成图法和实地测绘法。

像片成图法是利用地面摄影或航空（卫星）摄影的像片，在室内根据判释标志，结合所掌握的区域地质资料，把判明的地层岩性、地质构造、地貌、水系和不良地质现象等，绘制在单张像片上，并在像片上选择需要调查的若干地点和线路，做实地调查、进行核对修正和补充，最后将调查得到的资料转绘在地形图上而形成工程地质图的测绘方法。

当该地区没有航测等像片时，工程地质测绘主要依靠野外工作，即实地测绘法。实地测绘有下列三种常用方法：

（1）线路法。该方法沿着一些选择的线路，穿越测绘区，将沿线测绘或调查到的地层、构造、地质现象、水文地质、地貌界线等填绘在地形图上。线路可以是直线也可以是折线。观测线路应选择在露头较好的地方，其方向应大致与岩层走向、构造线方向及地貌单元相垂直，这样可以用较少的工作量而获得较多工程地质资料。

（2）布点法。该方法根据地质条件复杂程度和测绘比例尺的要求，预先在地形图上布置一定数量的观测线路和观测点。观测点一般应根据观测目的和要求布置在观测线路上。布点法常用于大、中比例尺的工程地质测绘。

（3）追索法。该方法沿地层走向或某一地质构造线或某些不良地质现象界线进行布点追索，主要目的是查明局部的工程地质问题。追索法通常是在布点法或线路法的基础上进行的，它是一种辅助方法。

工程地质调查测绘是整个工程地质工作中最基本、最重要的工作，不仅靠它获取大量所需的各种基本地质资料，也是正确指导下一步勘探、测试等项工作的基础。因此，调查测绘的原始记录资料应准确可靠、条理清晰、文图相符，重要的、代表性强的观测点，应用素描图或照片来补充文字说明。

第三节　工程地质勘探

工程地质勘探是在工程地质测绘的基础上，为进一步查明有关的工程地质问题，取得深部更详细的地质资料而进行的，它是工程地质勘察中的重要手段。工程地质勘探的主要任务是：

（1）探明建筑场地的岩性及地质构造，如各地层的厚度、性质及其变化，基岩的风化程度、风化带的厚度，岩层的产状、裂隙发育程度及其随深度的变化，褶皱、断裂的空间分布和变化等。

（2）探明水文地质条件，即含水层、隔水层的分布、埋藏、厚度、性质及地下水位等。

（3）探明地貌及不良地质现象，如河谷阶地、冲洪积扇、坡积层的位置和土层结构，岩溶的规模及发育程度，滑坡、崩塌及泥石流的分布、范围、特性等。

（4）提取岩土样及水样，提供野外试验条件。从钻孔或勘探点取岩土样或水样，供室内试验、分析、鉴定之用。勘探形成的坑孔可为现场原位试验，如岩土力学性质试验、地应力测量、水文地质试验等提供场所和条件。

工程地质勘探常用方法有物探、坑探和钻探。下面对它们做以简要描述。

一、地球物理勘探

地球物理勘探简称物探，它是以专用仪器探测地壳表层各种地质体的地球物理场的变化来进行地层划分，判明地质构造、水文地质及各种不良地质现象的地球物理勘探方法。由于组成地壳的不同岩层介质往往在密度、弹性、导电性、磁性、放射性以及导热性等方面存在差异，这些差异将引起相应的地球物理场的局部变化，如重力场、电场、磁场、弹性波的应力场、辐射场等的局部变化。通过量测这些物理场的分布和变化特征，结合已知地质资料进行分析研究，就可以达到推断地质形状的目的。该方法的优点是效率高、成本低、装备轻便，能从较大范围勘察地质构造和测定地层各种物理参数等。合理有效地使用物探可以提高地质勘察质量，加快勘探进度，节省勘探费用。因此，在勘探工作中应积极采用物探。但是物探是一种非直观的勘探方法，不能取样，不能直接观察。解释成果时具有多解性，故多与钻探配合使用。物探一般应用于工程地址勘察的初期阶段。

二、坑 探

坑探是用人工或机械掘进的方式来探明地表以下浅部的工程地质条件，它包括探槽、探坑、浅井和斜井、竖井、平洞、平巷等（图 5-1），前三种方法称为轻型坑探，后几种称为重型坑探。轻型坑探是除去地表覆盖土层以揭露出基岩的类型和构造情况，往往是建筑工程和公路工程中广泛采用的方法；重型坑探则在大型工程中使用较多，如应用于大中型水利水电工程、大型桥梁隧道工程、重型建筑工程等。坑探的特点是使用工具简单，技术要求不高，揭露的面积较大，能取得直观资料和原状土样，并可用来做现场大型原位测试。但坑探深度受到一定限制，劳动强度大。

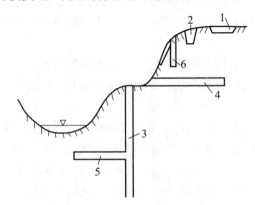

1—探槽；2—探坑；3—竖井；4—平洞；5—平巷；6—浅井。

图 5-1 工程地质常用的坑探类型

（1）探槽。它是在地表挖掘成长条形且两壁常为倾斜的、上宽下窄的槽子，其断面有梯形或阶梯状两种。当探槽深度较大时，常用阶梯形的。否则，其两壁要进行必要的支护。探槽一般在覆盖土层小于 3 m 时使用。它适用于了解地质构造线、断裂破碎带宽度、地层分界线、岩脉宽度及其延伸方向和采取原状土试样等。

（2）探坑。凡挖掘深度不大且形状不一的坑，或者成矩形的较短的探槽状坑，都称为探坑。探坑的深度一般为 1～2 m，与探槽的目的相同。

（3）浅井。在工程地质勘探工作中，特别在一些山区内，经常采用浅井来确定覆盖层及风化层的岩性及厚度，查明地表以下的地质与地下水等情况。浅井深度通常在 5～15 m，断面形状有方形的（1 m×1 m、1.5 m×1.5 m），矩形的（1 m×1.2 m）和圆形的（直径一般为 0.6～1.25 m）。浅井挖掘过程中一般要采取支护措施，特别在表土不甚稳固，易坍塌的地层中挖掘时更应该支护。

（4）竖井与斜井。在地形较平缓、岩层倾角较小的地段，为了解覆盖层的厚度、风化层分带、软弱夹层分布、断层破碎带、岩溶发育情况以及滑坡体结构及滑动面位置等，可开挖竖井（或斜井）。竖井或斜井深度通常大于 15 m，多采用方形井口，铅直掘进，破碎的井段须要进行井壁支护。

（5）平洞。指在地面有出口的水平坑道，应用于较陡的基岩斜坡。常用于调查斜坡的地质结构，查明河谷地段的地层岩性、软弱夹层、破碎带、风化岩层等，也可用于做原位岩体力学试验及地应力量测。

（6）平巷。指不出露地面而与竖井相连的水平坑道，也叫石门。适用于岩层倾角较大的地层，多用于了解河底地质构造，为大型原位试验提供场地等。

坑探工程的地质资料除了要有详细的描述记录外，还要绘制展示图，即按一定的方法将坑壁展开的断面图（图 5-2）。绘制方法通常有四壁辐射展开法和四壁平行展开法两种。前者适用于探坑，后者适用于浅井或竖井。探槽一般只画出底面和一个侧壁。

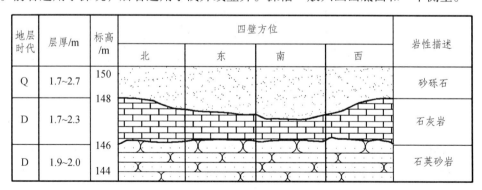

图 5-2　用四壁平行展开法绘制的浅井展示图

三、钻　探

钻探是利用钻探机械和工具在岩土层中钻孔的一种勘探方法。它可以直接探明地层岩性、地质构造（断层、节理、破碎带等）、地下水埋深、含水层类型和厚度、滑坡滑动面的位置以及岩溶发育情况等，还可以取出岩芯作为原状岩土样和通过钻探孔做现场原位试验，如抽压水试验、声波测试、触探试验、旁压试验或长期监测等。有条件时，还可采用钻孔摄影、井下电视等技术手段。与坑探相比，钻探的深度大，且选位一般不受地形、地质条件的限制；与物探相比，钻探是直接的勘探手段，精度高、准确可靠，因此在土木工程勘察中被广泛采用。

钻探工程根据动力来源可分为人力钻探和机械钻探两种。前者也称简易钻探，仅适用于土层、浅孔，后者则适用于各类岩土。

1. 简易钻探

简易钻探的优点是工具轻、体积小、操作方便、进尺较快、劳动强度小，缺点是不能采取原状土样或不能取样，在密实或坚硬的地层内不易钻进或不能使用。常用的简易钻探工具有洛阳铲、锥铲、小螺纹钻等。

（1）洛阳铲勘探。它是借助洛阳铲（图 5-3）的重力和人力将铲头冲入土中，钻成直径小而深度较大的圆孔，可采取扰动土样。冲进深度一般为 10 m，在黄土层中可达 30 m。针对不同土层可采用不同形状的铲头。弧形铲头适用于黄土及黏性土层；圆形铲头可安装铁十字或活页，既可冲进也可取出砂石样品；掌形铲头可将孔内较大碎石、卵石击碎。

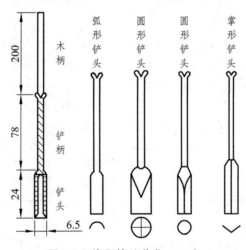

图 5-3　洛阳铲（单位：cm）

（2）锥探。该法是用锥具（图 5-4）向下冲入土中，凭感觉探查疏松覆盖层的厚度或基岩的埋藏深度。探深一般可达 10 m 左右。常用来查明黄土陷穴、沼泽、软土的厚度等。

（3）小螺纹钻勘探。小螺纹钻（图 5-5）是由人力加压回转钻进，能取出扰动土样，适用于黏性土及砂类土层，一般探深在 6 m 以内。

2. 钻　探

在地层内钻成直径较小并且具有相当深度的圆筒形孔眼的孔称为钻孔，其基本要素如图 5-6 所示。钻孔的直径、深度、方向等，应根据工程要求、地质条件和钻探方法综合确定。

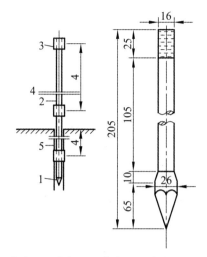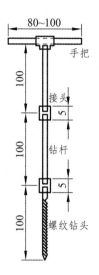

1—锥头；2—锥杆；3—接头；4—手把；5—锥孔。

图 5-4　锥具（单位：mm）　　　　　　图 5-5　小螺纹钻（单位：cm）

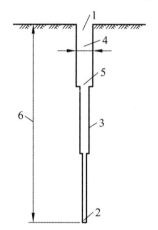

1—孔口；2—孔底；3—孔壁；4—孔径；5—换径；6—孔深。

图 5-6　钻孔示意图

钻探的常规口径为开孔 168 mm，终孔 91 mm。为了鉴别和划分地层，终孔直径不宜小于 33 mm。

为了采取原状土样，取样段的孔径不宜小于 108 mm；为了采取岩石试样，取样段的孔径对于软质岩不宜小于 108 mm，对于硬质岩不宜小于 89 mm。做孔内试验时，试验段的孔径应按试验要求确定。钻孔深度由几米至上百米，一般工业与民用建筑工程地质钻探深度在数十米以内。

钻孔的方向一般为垂直的，也有打成倾斜的钻孔，这样钻孔称为倾斜孔。在地下工程中还有打成水平的，甚至直立向上的钻孔。

根据钻进时破碎岩石的方法，钻探可分为冲击钻进、回转钻进（图 5-7）、冲击-回转钻进、振动钻进及冲洗钻进等几种。

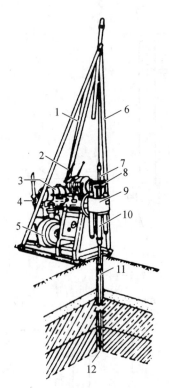

1—钢丝绳；2—卷扬机；3—柴油机；4—操把；5—转轮；6—钻架；7—钻杆；8—卡杆器；
9—回转器；10—立轴；11—钻孔；12—螺旋钻头。

图 5-7　回转钻机钻进示意图

（1）冲击钻进。该法是利用钻具的自重和反复自由下落的冲击力，使钻头冲击孔底以破碎岩石。这种方法能保持较大的钻孔口径。机械冲击钻进，适用于黄土、黏性土、砂性土、砾石层、卵石层及基岩，不能取得完整岩芯。

（2）回转钻进。该法是利用钻具回转，使钻头的切割刃或研磨材料消磨岩石而不断钻进，可分为孔底全面钻进与孔底环状钻进（岩芯钻进）两种。工程地质勘探中广泛采用岩芯钻进，它能取得原状土和比较完整的岩芯，机械回转钻进可适用于各种软硬不同的地层。

（3）冲击-回转钻进。该法也称综合钻进，钻进过程是在冲击与回转综合作用下进行的。它适用于各种不同的地层，能采取岩芯，在工程地质勘探中应用也比较广泛。

（4）振动钻进。该法是利用机械动力所产生的振动力，通过连接杆及钻具传到钻头周围的土层中，由于振动器高速振动，使土层的抗剪强度急剧降低，借振动器和钻具的重力，切削孔底土层，达到钻进的目的。该法速度快，但主要适用于土层及粒径较小的碎、卵石层。

（5）冲洗钻探。该法是通过高压射水破坏孔底土层从而实现钻进，适用于砂层、粉土层和不太坚硬的黏土层，是一种简单快速的钻探方式。

具体的钻探方法可根据钻进地层和勘察要求按表 5-1 选择。

表 5-1　钻进方法的适用范围

钻探方法		钻进地层					勘察要求	
		黏性土	粉土	黏土	碎石土	岩石	直观鉴别，采取不扰动试样	直观鉴别，采取扰动试样
回转	螺纹钻探	○	△	△	—	—	○	○
	无岩芯钻探	○	○	○	△	○	—	—
	岩芯钻探	○	○	○	△	○	○	○
冲击	冲击钻探	—	△	△	○	△	—	—
	锤击钻探	△	△	△	△	—	△	○
振动钻探		○	○	○	△	—	△	○
冲洗钻探		△	○	○	—	—	—	—

注：○代表适用；△代表部分情况适合；—代表不适用。

钻探过程中，应进行钻探资料编录，它包括钻进时的钻孔编录和钻孔地质柱状图的编制。其中，钻孔编录又包括地质、技术和经济等的编录。地质编录就是准确地对钻孔提取出来的岩土碎屑或岩土样进行详细的描述，定出岩土的名称，指明各地层的接触带深度，确定各岩土层的厚度，并测定地下水位和温度等，并从钻头或取样器中取出试样将其密封，注明试样的位置、上下端、名称和编号，填写标签和登记册。技术编录包括钻孔的深度、直径及换径、钻头类型、每个工序时间、钻进速度等。经济编录包括计算和统计各种材料的消耗数量和各项开支等。将钻孔所穿过的地层综合成图表，即为钻孔地质柱状图。

第四节　地球物理勘探

工程地质勘探工作中常用的物探方法有：

（1）电法勘探。该法是一种利用天然或人工的直流或交流电场来勘察地质体的方法。通常是对地质体以人工形成电场，通过电测仪测定地质体的视电阻率大小及其变化，从而推断划分地层、岩性、地质构造以及覆盖层、风化层厚度、含水层分布和深度、古河道及天然建筑材料分布范围和储量等。

（2）地震勘探。该法是利用地质介质的波动性来探测地质现象的一种物探方法。其原理是利用爆炸或敲击方法向岩体内激发地震波，根据不同介质弹性波传播速度的差异来判断地质现象。地震勘探可用于了解地下地质结构，如基岩面、覆盖层厚度、风化壳、断层带等。

（3）声波探测。该法属于弹性波勘探的一种方法。它与地震勘探的区别主要是地震勘探用的是低频弹性波，频率范围从几赫兹到几百赫兹，主要是利用反射波和折射波勘探大范围地下较深处的地质情况。声波探测用的是高频声震动，常用频率为几千赫兹到两万赫兹，主要是利用直达波的传播特点，了解较小范围岩体的结构特征，研究节理、裂隙发育情况，评价隧道围岩稳定性等。

（4）磁法勘探。该法是以测定岩石磁性差异为基础的方法，它可以确定岩浆岩体的分布范围，确定接触带位置，寻找岩脉、断层等。

（5）测井。该法是在钻孔中进行各种物探的方法，有电测井、磁测井之分。正确应用测井法有助于降低钻探成本，提高钻孔使用率，验证或提高钻探质量，充分发挥物探与钻孔相结合的良好效果。

此外，还有重力勘探、放射性勘探、电磁波探测、钻孔电视、地质雷达探测等方法，目前在工程地质勘测中已开始使用。下面就一些常用的地球物理勘探方法进行介绍。

一、电法勘探

电法勘探不仅可以利用地下天然存在的电场或电磁场，还能通过人工方法以多种形式在地下建立电场或电磁场。

目前，可将电法勘探分为两大类，即传导类电法勘探（如电阻率法）和感应类电法勘探（如电磁波法、探地雷达等）。

（一）电阻率法

电阻率法是建立在地壳中各种岩石之间具有导电差异的基础上，通过观测和研究与这些差异有关的天然电场或人工电场的分布规律，达到查明地下地质构造或寻找矿产资源的目的。

1. 电阻率法的理论基础

岩石间的电阻率差异是电阻率法的物理前提。电阻率是描述物质导电性能的一个电性参数。从物理学中我们已经知道，当电流沿着一段导体的延伸方向流过时，导体的电阻 R 与其长度 l 成正比，与垂直于电流方向的导体横截面积 S 成反比，即

$$R = \rho \frac{l}{S} \tag{5-1}$$

式中：ρ——导体的电阻率。可将式（5-1）改写成

$$\rho = R \frac{S}{l} \tag{5-2}$$

显然，电阻率在数值上等于电流垂直通过单位立方体截面时，该导体所呈现的电阻。岩石的电阻率值越大，其导电性就越差；反之，则导电性越好。

2. 电阻率公式及视电阻率

（1）电阻率公式。

电阻率法工作中，通常是在地面上任意两点用供电极 A、B 供电，在另两点用测量电极 MN 测定电位差（图 5-8）。

电阻率的计算公式为

$$\rho = \frac{2\pi}{\dfrac{1}{AM} - \dfrac{1}{AN} - \dfrac{1}{BM} + \dfrac{1}{BN}} \cdot \frac{\Delta V_{MN}}{l} \tag{5-3}$$

令

$$K = \frac{2\pi}{\dfrac{1}{AM} - \dfrac{1}{AN} - \dfrac{1}{BM} + \dfrac{1}{BN}} \tag{5-4}$$

则式（5-3）变为

$$\rho = K\frac{\Delta V_{MN}}{l} \tag{5-5}$$

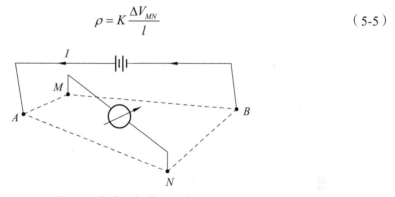

图 5-8　任意四极装置示意图

式中：ΔV_{MN}——测量电极 M、N 之间的电压差（V）；

I——电源供电电流（A）；

K——装置系数（或排列系数），它是一个与各电极间的距离有关的物理量。

式（5-5）是利用四级装置测定均匀各向同性半空间电阻率的基本公式。在野外工作中，装置形式和极距一经确定，K 值便可计算出来。

获得岩石电阻率的方法之一，是用小极距的四极装置在岩石露头上进行测定，称为露头法。此外，通过电测井或标本测定也可以获得岩石的电阻率。

（2）视电阻率。

式（5-5）是在均匀各向同性半空间，即地表水平、地下介质均匀各向同性的假设下导出的。实际工作中，地下介质往往呈各向异性非均匀分布，且地表也不水平，因此有必要研究这种情况下的稳定电场。

首先需要引入"地电断面"的概念。所谓地电断面，是指根据地下地质体电阻率的差异而划分界线的断面。这些界线可能同地质体、地质层位的界线吻合，也可能不一致。

图 5-9 中的地电断面中分布呈倾斜接触，电阻率分别为 ρ_1 和 ρ_2 的两种岩层，还有一个电阻率为 ρ_3 的透镜体。向地下通电并进行测量，也可以按式（5-5）求出一个"电阻率"值。不过，它既不是 ρ_1，也不是 ρ_2 和 ρ_3，而是与三者都有关的物理量，用符号 ρ_s 表示，并称之为视电阻率，即

$$\rho_s = K \frac{\Delta V_{MN}}{l} \qquad (5\text{-}6)$$

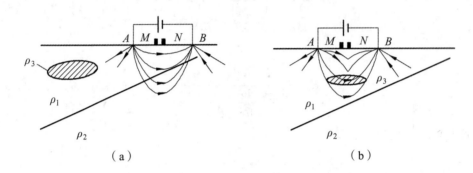

图 5-9   四极装置建立的电场在地电断面中的分布

视电阻率实质上是在电场有效作用范围内各种地质体电阻率的综合影响值。虽然式（5-5）和式（5-6）等号右端的形式完全相同，但左端的 ρ 和 ρ_s 却是两个完全不同的概念。只有在地下介质均匀且各向同性的情况下，ρ 和 ρ_s 才是等同的。

由图 5-9 还可以看出，在图（a）所示的情况下，除地层 ρ_1 外，地层 ρ_2 对视电阻率 ρ_s 的值也有相当大的影响，但透镜体对 ρ_s 的影响很小。在图（b）的情况下，地层对 ρ_s 的影响减小而透镜体对 ρ_s 的影响相当大。因此，不难理解，影响视电阻率的因素有：① 电极装置的类型及电极距；② 测点位置；③ 电场有效作用范围内各地质体的电阻率；④ 各地质体的分布状况，包括它们的形状、大小、厚度、埋深和相互位置等。

3. 电阻率法的仪器及装备

根据式（5-6），电阻率法测量仪器的任务就是测量电位差 ΔV_{MN} 和供电电流 I。为适应野外条件，仪器除必须有较高的灵敏度、较好的稳定性、较强的抗干扰能力外，还必须有较高的输入阻抗，以克服测量电极打入地下而产生的"接地电阻"对测量结果的影响。

目前，国内常用的直流电法仪有 DDC-2B 型电子自动补偿仪、ZWD-2 型直流数字电测仪、JD-2 型自控电位仪、C-2 型微测深仪、LZSD-C 型自动直流数字电测仪、MIR-IB 型多功能直流电测仪，以及近年来出现的高密度电法仪等。

电阻率法的其他设备还有作为供电电极用的铁棒、作为测量电极用的铜棒、导线、线架，以及供电电源（45 V 乙型干电池或小型发电机）等。

（二）高密度电阻率法

高密度电阻率法是一种在方法技术上有较大进步的电阻率法。就其原理而言，它与

常规电阻率法完全相同。但由于它采用了多电极高密度一次布极并实现了跑极和数据采集的自动化，因此相对常规电阻率法来说，它具有许多优点：① 由于电极的布设是一次完成的，测量过程中无须跑极，因此可防止因电极移动而引起的故障和干扰；② 一条观测剖面上，通过电极变换和数据转换可获得多种装置的 ρ_s 断面等值线图；③ 可进行资料的现场实时处理与成图解释；④ 成本低，效率高。

由于高密度电阻率法与常规电阻率法相比有以上一些优点，因此自 20 世纪 80 年代初由日本学者提出后，经国内对方法、仪器的研制开发与生产，很快在水、工、环等领域中得到了推广应用并取得良好的效果，现简要介绍如下。

1. 高密度电阻率法的观测系统

高密度电阻率法在一条观测剖面上，通常要打上数十根乃至上百根电极（一个排列常用 60 根），而且多为等间距布设。所谓观测系统是指在一个排列上进行逐点观测时，供电和测量电极采用何种排列方式。目前常用的有四电极排列的"三电位系统"、三电极排列的"双边三极系统"以及二极采集系统等（图 5-10）。

图 5-10　RESECS II 高密度电法仪（德国 DMT 公司）

2. 三电位观测系统

如图 5-11 所示，相隔距离为 a（$a=nx$，x 为点距，$n=1$，2，3，…）的 4 个电极，只需改变导线的连接方式，在同一测点上便可获得 3 种装置（α、β、γ）的视电阻率（ρ_s^α、ρ_s^β、ρ_s^γ）值，故称三电位系统。其中 α 即温纳装置，β 即偶极装置，γ 则称双二极装置。

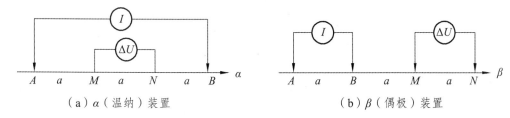

（a）α（温纳）装置　　　　　　　　　（b）β（偶极）装置

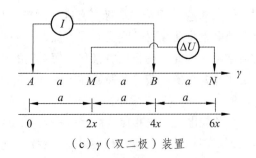

（c）γ（双二极）装置

图 5-11　三电位观测系统示意图（$x=1$，$a=2x$）

3 种装置的视电阻率及其相互关系表达式为

$$\begin{cases} \rho_s^{\alpha} = 2\pi a \dfrac{\Delta U_{\alpha}}{l}; \rho_s^{\alpha} = \dfrac{1}{3}\rho_s^{\beta} + \dfrac{2}{3}\rho_s^{\gamma} \\[2mm] \rho_s^{\beta} = 6\pi a \dfrac{\Delta U_{\beta}}{l}; \rho_s^{\beta} = 3\rho_s^{\alpha} - 2\rho_s^{\gamma} \\[2mm] \rho_s^{\gamma} = 3\pi a \dfrac{\Delta U_{\gamma}}{l}; \rho_s^{\gamma} = \dfrac{1}{2}(3\rho_s^{\alpha} - \rho_s^{\beta}) \end{cases} \qquad (5-7)$$

3 种装置的视电阻率断面等值线分布各异，但在当前所讨论地电条件下，温纳装置的 ρ_s^{α} 和偶极装置的 ρ_s^{β} 对低阻凹陷中高阻体的反映较好，而双二极装置的 ρ_s^{γ} 则无明显反映。因此，利用三电位观测系统获得的 3 种视电阻率资料，可根据它们的不同特点，用来解决不同的地质问题。

3．双边三极观测系统

如图 5-12 所示，该系统是当供电电极 A 固定在某测点之后，在其两边各测点上沿相反方向进行逐点观测。当整条剖面测定后，在相同极距 AO（O 为 MN 中点）所对应的测点上均可获得 2 个三极装置的视电阻率值（ρ_s^z 和 ρ_s^f）。根据前面在讨论电阻率法装置时给出的它们之间的相互关系表达式，便可换算出对称四极、温纳、偶极以及双二极等装置的视电阻率，进而可绘出它们的 ρ_s 断面等值线图。

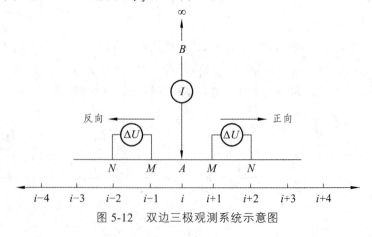

图 5-12　双边三极观测系统示意图

4. 高密度电阻率法的实际应用

（1）主要仪器设备。

高密度电阻率法为了实现跑极和数据采集自动化，除测量主机和电极外，还需要配有多道电极转换器、多芯电缆和微处理机。以往国内用的高密度电阻率仪多为电缆芯数与电极道数相同的连接方式，如对 60 道电极而言，则需配上 12 芯的电缆 5 根。若扩展到 100 道以上，则需要的电缆根数更多，因此影响了工作效率。为了克服这一问题，近年已研制出一种分布式智能化测量系统，即用一根 10 芯电缆可覆盖所有电极通道（最大可覆盖 240 道），并且电极通道转换、测量和数据处理等工作均由笔记本电脑完成，实现了工作方式选择、参数设置、数据处理及资料解释等的自动化、智能化。

（2）应用实例。

实践证明，高密度电阻率法是一种"多快好省"的勘探方法，在地基勘察、坝基选址、水库或堤坝查漏、地裂缝探测、岩溶塌陷及煤矿采空区调查等方面，均能发挥重要作用，并取得良好效果。

广东省鹤山市某单位拟在新建场区寻找地下水，以供生产之用，单井涌水量要求超过 100 m³/d。采用高密度电阻率法查找区内基岩中的含水破碎带，为钻探成井提供井位。由地质勘查资料可知，场地覆盖层由填土、淤泥质土、软塑状粉质黏土、可塑粉质黏土、粉土等组成，厚度为 0～25 m，下伏基岩为强—中分化细粒花岗岩。基岩（花岗岩）的分化带较发育，赋存有裂隙水，属块状岩类裂隙水。这类含水层在不同地点单井水量会有明显的差异，如能找到其中的断层破碎带或基岩中的局部低阻带，则成井希望较大。现场工作采用温纳装置，电极间距 5 m，最大 AB 距为 240 m，解释深度取 $AB/3$。图 5-13 是其中一条测线上的电阻率等值线断面图，从图中可以看出：在工区中间有一条明显的高低阻接触带（在其他平行测线上均有此反映），倾向东，以此带为界，西部电阻较高，基岩埋深较浅，东部电阻较低，基岩埋深较大，这与地质钻探资料一致。结合场地平整前的地形图可知，场地西部原为一小山头，东部低凹，中间有一条小冲沟经过，从区域构造图中也可以看出场地不远处有区域断裂构造。由此推断，本场地电阻率断面图中的高低阻接触带为断层破碎带。据此提供钻井井位，成井后，出水量为 159 m³/d。

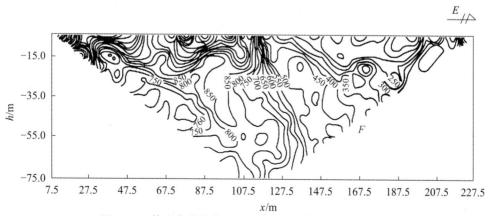

图 5-13　鹤山市某单位 1-1′测线视电阻率断面等值线图

（三）电磁法

电磁法是以地壳中岩、矿石的导电性、导磁性和介电性差异为基础，通过观测和研究人工的或天然的交变电磁场的分布，来寻找矿产资源或解决其他地质问题的一类电法勘探方法。

电磁法所依据的是电磁感应现象。以低频电磁法（$f<10^{-4}$ Hz）为例，如图 5-14 所示，当发射机以交变电流 I 供入发射线圈时，就在该线圈周围建立了频率和相位都相同的交变磁场 H_1，H_1 称为一次场。若这个交变磁场穿过地下良导电体，则由于电磁感应，可使导体内产生二次感应电流 I_2（这是一种涡旋电流）。这个电流又在周围空间建立了交变磁场 H_2，H_2 称为二次场或异常场。利用接收线圈接收二次场或总场（一次场与二次场的合成），在接收机上记录或读出相应的场强或相位值，并分析它们的分布规律，就可以达到寻找有用矿产或解决其他地质问题的目的。

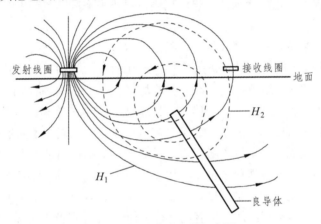

图 5-14　电磁法原理示意图

电磁法的种类较多，按场源的形式可分为人工场源（又称主动场源）和天然场源（又称被动场源）两大类。前者包括可控源音频大地电磁测深法、无线电波透视法和地质雷达法等，后者包括天然音频法和大地电磁测深法等。

按发射场性质不同，又分为连续谱变（频率域）电磁法和阶跃瞬变（时间域）电磁法两类。

按工作环境，又可以将电磁法分为地面、航空和井中电磁法三类。与传导类电法相比，电磁法具有如下特点：① 它的发射和接收装置都可以不采用接地电极，而是以感应方式建立和观测电磁场，因此航空电法才成为可能；② 采用多种频率测量，可以扩大方法的应用范围；③ 观测电磁场的多种量值，如振幅（实分量、虚分量）、相位等，可以提高地质效果。

1. 频率域电磁场的基本特征

在频率域电磁场中常用的电磁场是谐变场，其中场强、电流密度以及其他量均按余弦或正弦规律变化，如

$$H = |H|\cos(\omega t - \varphi_H) \tag{5-8}$$

$$E = |E|\cos(\omega t - \varphi_E) \tag{5-9}$$

这里 φ_H 和 φ_E 为初始相位。

借助于交流电的发射装置，如振荡器发电机等，在地中及空气中建立谐变场。激发方式一般有接地式和感应式两种，如图 5-15 所示。第一种方式如图 5-15（a）所示，与直流电法一样利用 A、B 供电电极，将交流电直接供入大地。由于供电导线和大地不仅具有电阻而且还有电感，所以由 A、B 电极直接传入地中的一次电流场在相位上与电源相位发生位移。地中的分散电流及供电导线中的集中电流均在其周围产生交变一次磁场。后者在地中又感应产生二次电场，它是封闭的涡旋电场。交变电磁场的第二种激发方式如图 5-15（b）所示，它是在地表敷设通有交变电流的不接地回线或者多匝的小型发射线圈——磁偶极子，在回线或线圈周围产生交变一次磁场，由它激发地中的二次电磁场。感应激发方式多半用于接地条件较差的地区，这时可彻底摆脱接地的困难。

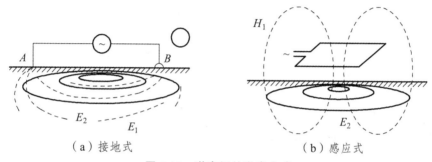

（a）接地式　　　　　　　　　　（b）感应式

图 5-15　谐变场的激发方式

2. 时间域电磁场的基本特征

时间域电磁法中的瞬变场，是指那些在阶跃变化电流作用下，地中产生的过渡过程的感应电磁场。因为这一过渡过程的场具有瞬时变化的特点，故取名为瞬变场。与谐变场一样，其激发方式也有接地式和感应式两种。在阶跃电流（通电或断电）的强大变化磁场作用下，良导介质内产生涡旋的交变电磁场，其结构和频谱在时间和空间上均连续地发生变化。瞬变电磁场状态的基本参数是时间，这一时间依赖于岩石的导电性和收-发距。在近区的高阻岩石中，瞬变场的建立和消失很快（几十到几百毫秒），而在良导地层中，这一过程变得缓慢。在远区这一过程可持续几秒到几十秒，而在较厚的导电地质体中可延续到一分钟或更长。由此可见，研究瞬变电磁场随时间的变化规律，可探测具有不同导电性的地层分布（各层的纵向电导或地层总的纵向电导），也可以发现地下赋存的较大的良导矿体。

（四）探地雷达法

1. 探地雷达的基本原理与方法技术

探地雷达法（GPR）是利用一个天线发射高频宽带（1 MHz ~ 1 GHz）电磁波，另一个天线接收来自地下介质界面的反射波而进行地下介质结构探测的一种电磁法。由于它是从地面向地下发射电磁波来实现探测的，故称探地雷达，有时亦将其称作地质雷达。它是近年来在环境、工程探测中发展最快、应用最广的种地球物理方法。20 世纪 70 年代以后，探地雷达的实际应用范围迅速扩大，包括石灰岩地区采石场的探测，淡水和沙漠地区的探测，工程地质探测，煤矿井探测，泥炭调查，放射性废弃物处理调查以及地面和钻孔雷达用于地质构造填图，水文地质调查，地基和道路下空洞及裂缝调查，埋设物探测，水坝、隧道、堤岸、古墓遗迹探查等。探地雷达利用以宽带短脉冲（脉冲宽为数纳秒以至更小）形式的高频电磁波（主频十几兆赫至数百以至千兆赫），通过天线（T）由地面送入地下，经底层或目标体反射后返回地面，然后用另一天线（R）进行接收，如图 5-16 所示。

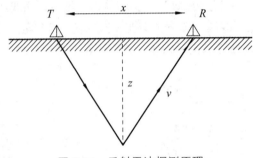

图 5-16　反射雷达探测原理

脉冲旅行时为

$$t = \sqrt{4z^2 + x^2} / v \qquad (5\text{-}10)$$

当地下介质中的波速 v 为已知时，可根据精确测得的走时 t，求出反射点的深度（m）。

波的双程走时由反射脉冲相对于发射脉冲的延时进行测定。反射脉冲波形由重复间隔发射（重复率 20 000 ~ 100 000 Hz）的电路，按采样定律等间隔地采集叠加后获得。考虑到高频波的随机干扰性质，由地下返回的反射波脉冲系列均经过多次叠加（叠加次数几十至数千）。这样，若地面的发射和接收天线沿探测线以等间隔移动时，即可在纵坐标为双程走时 t（ns）、横坐标为距离 x（m）的探地雷达屏幕上绘描出仅仅由反射体的深度所决定的"时-距"波形道的轨迹图（图 5-17）。与此同时，探地雷达仪即以数字形式记下每一道波形的数据，它们经过数字处理之后，即由仪器绘描成图或打印输出。

由于探地雷达图像呈时-距关系形式，因此类似于地震记录剖面，画面的直观性较强，波形图面上同一反射脉冲起跳点所构成的"同相轴"可用来勾画出反射界面。当然，对于有限几何体的界面，只要返回的能量足够，图面的各道记录上均可追踪反射脉冲同相轴，这自然就歪曲了目的体的实际几何形态。

2. 探地雷达法应用实例

图 5-18 为长江三峡宜昌三斗坪坝区用探地雷达划分花岗岩风化带的一条实测剖面，它是用 50 MHz 天线于雨后的探测结果。根据波形特点，雷达图可以清晰地分辨出表土以

下全风化带、强风化带、弱风化带之间的界面，甚至弱风化带内的子界面以及与弱风化带的交界面也可以识别，它们的位置和相对厚度均与钻探结果吻合甚好。由于未进行高程校正，图上见到的台阶形界面系山坡或地表台阶陡坎的反映。

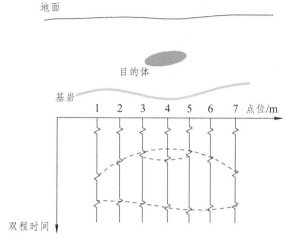

图 5-17　探地雷达剖面记录示意图

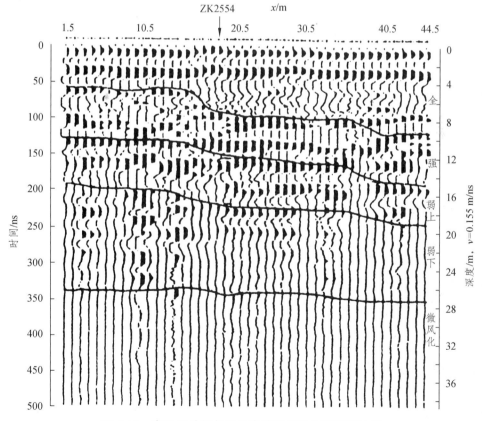

图 5-18　宜昌三斗坪长江北岸花岗岩风化带探测结果

二、地震勘探

地震勘探是通过观测和研究人工地震（炸药爆炸或锤击激发）产生的地震波在地下的传播规律来解决地质问题的一种地球物理方法。

如图 5-19 所示，人工地震引起震源附近岩石的质点发生振动。这种振动以震源为中心，由近及远地向四周传播，形成地震波。当遇到地下弹性性质不同的岩层界面时，地震波将被反射和（或）折射，从而改变前进的方向，并返回地面，引起地面的振动。用检波器接收反射和（或）折射信号，并通过电缆将它们送入地震仪中记录下来，就获得了一幅地震记录。从记录上查出波到达地面各检波点的时间，并利用一些已知的波速资料，就可以推断地下岩层分界面的埋深和产状，达到查明地质构造的目的。

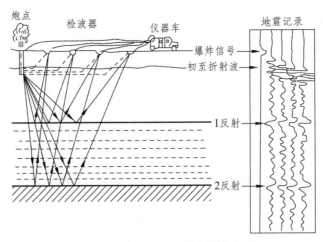

图 5-19   地震勘探反射波法示意图

根据产生波的弹性介质的形变类型，地震勘探可以分为纵波勘探和横波勘探两大类。对每一类勘探，可以根据波传播方式的不同，分为反射波法、折射波法和透射波法 3 种，其中前两种是最基本的方法。

根据工作环境的差别，还可以将地震勘探分为地面地震勘探、海洋地震勘探和地震测井 3 类。与其他物探方法相比，地震勘探具有勘探深度较大、分辨率较高、解释结果较直观单一等特点，因此得到了广泛应用。目前，能源勘探的地震已普遍实现了数字化，不仅能迅速查明复杂的储油气构造和含煤构造，而且在岩性、岩相研究和直接找油方面也取得了重大进展。在水文、工程地质工作中，利用地震勘探可以确定地下含水层、查明地下水位、研究基岩起伏、追索断裂带、确定覆盖层厚度等。通过勘查地质构造，地震勘探还可以间接寻找与构造有关的矿产，如铝矾土、砂金、铁、磷、铀等。

（一）地震勘探理论基础

1. 地震波的类型

地震勘探中由人工激发产生的地震波有体波和面波两种类型。

在弹性介质内部向四周传播的地震波称为体波。体波又可以分为两种类型，一种是质点振动方向与波的传播方向相同的波，称为纵波；另一种是质点振动方向与波传播方向垂直的波，称为横波。

只在两种介质的界面传播的地震波称为面波。面波也可以分为两类型，一种是沿自由表面（介质与大气层的界面）传播的波，称为瑞利波；另一种是在低速岩层覆盖于高速岩层的情况下，沿两岩层界面传播的波，称为勒夫波。

理论证明，体波中纵波的传播速度比横波大 1.7 倍。一般激发方式产生的地震波中，纵波能量最强，易于观测，因此目前地震勘探主要是应用纵波。此后如无特殊说明，本节所讨论的地震波都是纵波。

2. 地震波的反射和折射

假设地下存在着两种岩层，上部岩层的密度为 ρ_1，波在其中传播的速度为 V_1；下部岩层的密度为 ρ_2，波在其中传播的速度为 V_2。理论证明，当上、下岩层的波阻抗（即密度与速度的乘积）$\rho_1 V_1 \neq \rho_2 V_2$ 时，入射波 P_1 传播到两种岩层的界面 Q 上，就会使其中一部分能量返回原来的介质，形成反射波 P_{11}，且入射角 α_1 与反射角 α_2 相等。这种具有波阻抗差异的界面称为反射界面。

入射波 P_1 到达界面 Q 时，还将使一部分能量透过界面，在下层介质中传播，形成透射波 P_{12}（图 5-20）。令入射角为 α，透射角为 β，则它们之间的关系应满足斯奈尔定律，即

$$\frac{\sin \alpha}{\sin \beta} = \frac{v_1}{v_2} \tag{5-11}$$

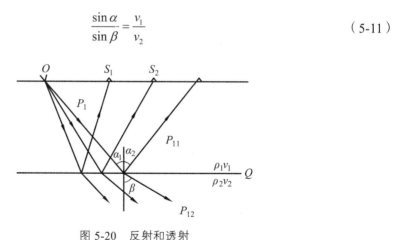

图 5-20　反射和透射

当下伏岩层具有较高的波速，即 $V_2 > V_1$ 时，$\beta > \alpha$。随着入射角 α 的增大，透射角 β 将更快地增大。当 α 增至某一临界角 i 时，$\beta = 90°$。此时出现与光学中的"全反射"类似的现象。透射波在下层介质中以速度 V_2 沿界面滑行，这种沿界面滑行的透射波又称为滑行波。由式（5-11）可知，临界角 i 应满足下列关系：

$$\sin i = \frac{v_1}{v_2} \tag{5-12}$$

　　如图 5-21 所示，以临界角 i 入射的 A 点称为临界点。由于界面两侧的质点存在着弹性联系，因此在临界点以后，由于滑行波经过所引起的界面以下质点的振动必然会引起上层各质点的振动，于是在上层介质中就会形成种新波，称为折射波或首波。

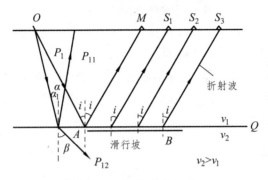

图 5-21　折射波的形成

　　折射波射线是以临界角 i 出射的一簇平行线，其中第一条射线 AM 又是以 i 角出射的"临界"反射波射线。M 是折射波出现的始点在区间 OM 内不存在折射波，该区同称为盲区。

　　折射波形成的基本物理条件是：界面下介质的波速应大于上覆介质的波速，且入射角 α 要达到形成折射波的临界角 i。在多层介质中，要使任一地层顶面形成折射波，必须该层波速大于上覆所有各层的波速。如果上覆地层中某一层波速大于下伏所有各层的波速，则在这些下伏层顶面都不能形成折射波。与形成反射的条件相比，形成折射的条件较苛刻。于是，在同一层剖面中，折射界面的数目总是少于反射界面。因而用折射波法划分地质剖面的能力要比反射波法差。折射波法常用于调查近地表基岩面起伏，或地表低速覆盖层厚度。

　　3. 有效波和干扰波

　　在地震勘查中，有效波与干扰波的概念是相对的。一般用于解决所提出地质问题的波称为有效波，而所有妨碍分辨有效波的其他波都属于干扰波。例如，在折射波法中，折射波是有效波，但在反射波法中，折射波又是干扰波了。但是，无论在哪种地震勘探方法中，爆炸引起的声波，风吹草动、机械、车辆等形成的微震都属于干扰波。

　　地震波遇到良好的弹性界面（如地面、基岩面、不整合面、低速带底面等）时，不仅能形成一次反射，而且能再次反射，形成多次反射波，有时还形成折射反射波、反射折射波等（图 5-22）。这些多次波的存在，降低了对一次波的分辨能力。因此，分辨和压制多次波是地震资料处理和解释中的重要环节。

　　4. 地震波在岩石中的传播速度

　　速度是地震资料处理和解释的重要参数。表 5-2 列举了纵波在些岩石和介质中的传播速度。由表 5-2 可见，岩浆岩和变质岩的波速一般比沉积岩的波速大；沉积岩中，灰岩的波速又比砂岩和页岩的波速大；即使同一种岩石，它们的波速也有较大的变化范围。

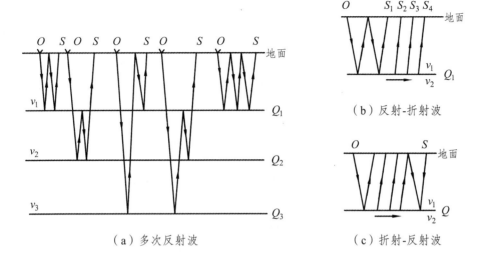

图 5-22　一些常见的多次波

表 5-2　岩石与介质中纵波的传播速度

岩石或介质	纵波速度 v_p / (m/s)	岩石或介质	纵波速度 v_p / (m/s)
空气	330	岩盐	4 200 ~ 5 500
水	1 430 ~ 1 590	石灰岩	3 400 ~ 7 000
冰	3 100 ~ 4 200	白云岩	3 500 ~ 6 900
砂	600 ~ 1 850	大理岩	3 750 ~ 6 940
泥岩	1 100 ~ 2 500	片麻岩	3 500 ~ 7 500
泥灰岩	2 000 ~ 3 500	花岗岩	4 750 ~ 6 000
砂岩	2 100 ~ 4 500	闪长岩	4 600 ~ 4 800
页岩	2 700 ~ 4 800	玄武岩	5 500 ~ 6 300
石膏	2 000 ~ 3 500	辉长岩	6 450 ~ 6 700
硬石膏	3 500 ~ 4 500	橄榄岩	7 800 ~ 8 400

　　影响波速的主要因素是岩石的密度与孔隙度。一切固体岩石都是由矿物颗粒构成的岩石骨架和充填有各种气体或液体的孔隙组成，波在孔隙的气体或液体中传播的速度要低于在岩石骨架中传播的速度。孔隙度增大时，岩石密度变小，速度也要降低。

　　岩石中的波速还与岩石的生成时代和埋藏深度有关。埋藏深、时代老的岩石要比埋藏浅、时代新的岩石速度大。

　　值得指出的是，地表附近岩石受风化作用而变得疏松，波在其中的传播速度很低，一般为 400 ~ 1 000 m/s，这种地带称为低速带。地震波穿过低速带将使其旅行时增大，消除地表低速带的影响是处理地震资料必不可少的环节。

（二）地震勘探成果解译步骤

1. 地震资料的初步整理和评价

时间剖面整理后要进行评价工作，一般分优良、合格、废品三级。优良剖面要求处理无误、信噪比高、勘探目的层全、地质现象清楚等。凡达不到以上要求，但仍可用于做解释的剖面为合格，剖面质量差到已不能用于解释，则为废品。

2. 速度参数的研究

速度参数是进行资料解释必不可少的重要参数。时间剖面上只是反射波的时间信息，要使时间剖面变成地质剖面，还要进行时深转换，就要用到速度参数。速度参数的精度如何将直接关系到地质成果的可靠性。

地震勘探中速度资料的主要来源不外乎是地震测井、声波测井和速度谱，要对这些资料进行分析研究和综合解释，确定工区所使用的速度资料。

3. 进行波的对比

对比工作的任务是运用地震波传播规律方面的知识，分析研究时间剖面上的反射同向轴的特征，识别和追踪来自反射界面的反射波，并且在一条或多条剖面上识别属于同一界面的反射波。

4. 进行地震剖面的地质解释

根据过井测线或井旁测线上各反射层的特征（主要指时间、振幅频率、连续性等）与井孔资料的对比，推断各反射层所相当的地质层位。剖面地质解释的另一个任务是识别断层、地层尖灭、不整合古潜山等在时间剖面上的空间几何形态。

5. 绘制平面图

在解释工作中要绘制深度剖面、构造图和等厚度图等。构造图是根据工区所有测线上所得到的剖面，做出反映地下某一个地层界面的起伏变化的完整图件，它作为地震解释的主要成果图件。

三、声波勘探

同地震勘探一样，声波探测是利用岩石弹性性质的一种物探方法。这种方法是利用频率很高的声波和超声波，甚至于微超声波作为信息的载体，来对岩体进行测试。与地震勘探的主要区别在于声波探测所使用的频率大大高于地震波勘探所使用的频率，这样与地震物探相比，由于其频率高、波长短，因此探测范围小、分辨率高，对于岩石的若干微观结构也会有所反映。另外，该方法本身具有简便、快速、经济、便于重复测试、对测试的岩体（岩石）无破坏作用等特点。当然，由于声波本身频率相对较高，故岩石对高频声波的吸收、衰减和散射比较严重，因而探测距离远不如地震勘探那么远。

声波探测技术可分为主动测试和被动测试两类。主动测试所利用的声波由声波仪的发射系统或人工锤击等方式产生，包括波速测定、振幅测定、频谱测定等内容；被动测试的声波则是岩体由于遭受自然界或其他作用力时，在变形或破坏过程中由其本身发出的，所以亦可称为声发射技术。

目前，声波探测技术在工程地质勘测工作中使用得越来越普遍。水利电力、交通、地质采矿和国防部门，近年来在许多地区的不少工程项目中都进行了这方面的工作，取得了一些重要的结果。特别是随着各种大型地下工程的兴建，为了保证设计和施工质量，需要对围岩性质和混凝土构筑物的质量做出定量评价，促使声波探测技术在广泛的应用中能得到迅速发展，成为工程地质勘测中不可缺少的勘测手段。

目前声波探测技术主要用于以下几个方面：

（1）围岩工程地质分类：根据波速声学参数的变化规律，进行工程岩体的地质分类，并提出各地段应采取的工程措施。

（2）围岩应力松弛范围的确定：根据波速随岩体裂隙发育而降低，以及随应力状态的变化而改变等的规律，定量测出地下工程围岩的应力松弛范围（松动圈），为确定合理的衬砌厚度和锚杆长度等提供设计依据。

（3）测定岩体或岩石的物理力学参数：包括动弹性模量、泊松比、杨氏模量和单轴抗压强度等。

（4）测定岩体的地质参数：包括岩体的裂隙系数、完整性系数、各向异性系数及风化程度等。

（5）测定小构造的情况：如探测溶洞位置大小、张开裂隙的延伸方向及长度、断层的宽度及走向等。

（6）混凝土构件的探伤及水泥灌浆效果的检查：对于混凝土构件在施工中可能存在的裂隙或空洞进行检测，并根据声波波速的变化来检查液浆前后的处理效果。

另外，声波技术已用于测井技术中，可利用声速、声幅及超声电视测井的资料划分钻井剖面、岩性剖面，确定结构面位置及套管的裂隙等。声波探测技术已成为工程地质勘察中不可缺少的手段。

（一）声波仪的基本原理

1. 声波仪主要部件及功能

声波技术的理论基础是弹性波理论，在此基础上所研制的声波仪由发射系统和接收系统两部分组成，其结构和工作原理如下：

发射系统包括发射机和发射换能器。由发射机（一种声源信号发生器）向换能器（压电材料制作）输送电脉冲、激励换能器的晶片，使之振动而产生声波，向周围岩体发射。于是声波在岩体中即以弹性波形式传播，然后由接收换能器加以接收后转换成微弱的电信号送到接收机，经放大后在终端以波形和数字形式直接显示其声波在岩体中的旅行时间 t，根据发射和换能器之间的距离 L，由公式 $v = L/t$，计算出岩体波速。

国内常用的声波仪仅有 YB-4 型及 SYC-2 型岩体波速仪。发射换能器的功能，是将发射机送来的电能转换成弹性振动形式的机械能，从而产生声波；接收换能器的功能，则是将收到的岩体中的弹性波转换成电能，然后输送给接收机。因此，它们是声波仪的重要组成部分。目前在岩体声波探测中使用的是电声换能器，最常用的是由压电效应的材料（天然晶体或人工制造的极化多晶陶瓷等）制成的压电换能器，其他还有多种型号和式样，应根据测试条件和要求加以选择。接收换能器常用的是单片弯曲式，发射换能器多用喇叭式，另外还有为测试横波而研制的横波换能器。下面以喇叭式换能器为例，简要介绍换能器的工作原理。

喇叭式换能器的结构如图 5-23 所示，主要由晶片、辐射体及配重 3 部分组成。用黏接剂将这 3 部分黏合，并用螺栓旋紧，使其能承受较大的功率。晶片为圆形，由压电陶瓷制成，其前端的辐射体为喇叭形的铝合金硬盖板，可以使压电陶瓷受激振动后所产生的声波向岩体单向发射。喇叭式换能器具有单向辐射性能，指向性能较好，机械强度高还能承受较大功率，因此多用作发射换能器。

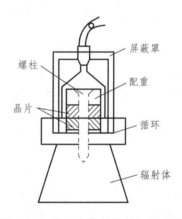

图 5-23   喇叭式换能器结构示意图

2. 纵横波的识别及波速的测定

为了求得在岩体或岩石中的纵波和横波的波速等参数，首先必须要在接收机荧光屏上正确地区分出纵波和横波，并分别读出它们的初至时间值。一般讲，由于纵波波速大于横波波速，所以纵波比横波先期到达，这样纵波的初至是比较容易读取的。如遇初至不清时，可利用记录波形中的相位校正，来求出初至时间值。横波由于其波速小于纵波，故在荧光屏上的波形往往叠加在纵波的续至区中，不易辨认。

只有当岩体比较完整时，在传播过程中，声波的反射、散射不严重，直达波形比较简单，使用的工作频率较高，纵波和横波才能清楚地分开。为了在记录中识别纵横波，可以增强横波的能量和抑制纵波的延续度。在理想弹性介质中，如坚硬完整的岩体，当其泊松比等于 0.25 时，横波与纵波到达时间关系大致为大于 $t_s = 1.73 t_p$，而在破碎岩体中，则 $t_s > 1.73 t_p$。

（二）声波探测的应用

下面就声波探测在实际工程地质中推广使用而且效果显著的几个方面做一介绍。

1. 岩体弹性力学参数测定

岩体的弹性模量、泊松比、抗压强度等力学参数，对于有关工程围岩稳定性的评价，以及进行工程设计和施工都是极重要的基本参数，需要予以测定。这项工作是岩体声波探测的一项重要内容，无论在室内或现场均可进行。

在实际工作时，先用声波仪测出待测的围岩纵波速度 V_p 及横波速度 V_s，然后可计算出动弹性模量。用声波仪确定弹性模量诸参数，简便易行，省时省力，并能够便于现场大量布置测点，为有限单元法的计算创造必要条件。

2. 岩体的工程地质分类

为了评价岩体质量，了解洞室及巷道围岩的稳定性，合理选择地下洞室或巷道的开挖方案，设计合理的支衬方案，都必须对岩体进行工程地质分类。

目前，对岩体进行工程地质分类的声学参数主要是纵波波速 V_p，并由此而计算得到裂隙系数 L、完整性系数 K_v、风化系数 F 等参数。

完整性系数定义为

$$K_v = \left(\frac{V_{Pt}}{V_{Ps}}\right)^2 \tag{5-13}$$

风化系数定义为

$$F_n = \frac{V_{P1} - V_{P2}}{V_{P1}} \tag{5-14}$$

裂隙系数定义为

$$L_s = \frac{V^2_{P1} - V^2_{P2}}{V^2_{P1}} \tag{5-15}$$

式中：V_{Pt}——岩体的波速（m/s）；

　　　V_{Ps}——岩石的波速（m/s）；

　　　V_{P1}——新鲜岩石的波速（m/s）；

　　　V_{P2}——风化岩石的波速（m/s）。

根据纵横波速值的分析整理，可以计算出岩体动弹模量、完整性系数、风化系数等岩石力学参数，利用这些参数并结合地质特征，对岩体进行结构分类和质量评价。

3. 围岩应力松弛带的测定

洞室开挖前，岩体中应力处于平衡状态。开挖后，原始的应力平衡被破坏，引起了应力的重新分布，导致应力的释放与集中。这引起岩体完整性破坏和强度的下降，从而出现了应力松弛带。为了在现场确定松动圈的范围，可用声波仪来测定。其原理是在洞壁应力下降区，岩体裂隙破碎，以致波速减小及振幅衰减较快；反之，在应力增高区，应力集中，波速增大，振幅衰减较慢。因此，利用声波速度随孔深的变化曲线，可以确定松弛带的范围。

4. 混凝土强度检测

不少工程结构框架是由混凝土构成，因而混凝土构件的混凝土浇灌质量检测是现代工程施工质量检测的关键问题之一。影响混凝土质量的因素主要有混凝土龄期、水灰比、水泥型号等，而这些因素又与声波速度有关。此外，在混凝土构件中，还可以用声波探测技术进行无损探伤。根据波速异常或波幅异常，进行混凝土中是否存在裂缝或空洞的判断。近年来，该技术大量应用于钢筋混凝土灌注桩的成桩质量检测中。

5. 水声探测技术

水声探测，又称水下地层剖面测量。它是一种利用声波传播原理，探测水下地形地貌、地层结构和岩性分布的一门技术。该方法能准确、高效、快速地完成水域工程、港口航道、滩涂的各项测量，在水电、交通和海洋部门得到了广泛应用。

第五节 工程地质原位测试

土的原位测试（In-Situ Testing of Soils），一般指的是在工程地质勘察现场，在不扰动或基本不扰动土层的情况下对土层进行测试，以获得所测土层的物理力学性质指标及划分土层的一种土工勘测技术。这里的土层包括黏性土、粉土、砂性土、碎石土及软弱岩层等。

土的原位测试技术在工程地质勘察中占有很重要的位置。这是因为它与钻探、取样、室内试验的传统方法比较起来，具有下列明显的优点。

（1）可在拟建工程场地进行测试，不用取样。

（2）原位测试涉及的土体积比室内试验样品要大得多，因而更能反映土的宏观结构（如裂隙等）对土的性质的影响。

（3）很多土的原位测试技术方法可连续进行，因而可以得到完整的土层剖面及其物理力学性质指标。

（4）土的原位测试，一般具有快速、经济的优点。

（5）电子计算机在土的原位测试技术中的应用，更加提高了测试精度和进度。

这些均有力地推动了土的原位测试技术的应用和发展，土体原位测试包括平板静力载荷试验、静力触探（包括 CPT 和 CPTU）试验、标准贯入试验、动力触探试验、十字板剪切试验、旁压试验和现场剪切试验，分别叙述如下。

一、平板载荷试验

平板载荷试验（Plate Loading Test，PLT），简称载荷试验。它是模拟建筑物基础工作条件的一种试验方法，起源于 20 世纪 30 年代的苏、美等国。平板载荷试验是在板底平整的刚性承压板上逐级施加荷载，通过承压板均布传递给地基，以测定天然埋藏条件下地基土的变形特性，评定地基土的承载力，计算地基土的变形量并预估实体基础的沉降量。试验所反映的是承压板以下约 1.5 ~ 2 倍承压板深度内土层的应力-应变-时间关系的综合性状。载荷试验装置如图 5-24 所示。

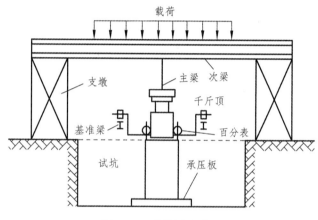

图 5-24　载荷试验装置

平板静力载荷试验原理，一般是按布西奈斯克土体应力分布计算公式，配合土的材料常数（弹性模量 E_0，泊松比 μ），建立半无限体表面局部荷载作用下地基土的沉降量计算公式，苏联什塔耶尔曾于 1949 年推导出了刚性承压板的沉降量为

$$s = 0.79 \frac{(1 - \mu^2)}{E_0} dp \qquad (5\text{-}16)$$

$$s = 0.88 \frac{(1 - \mu^2)}{E_0} BP \qquad (5\text{-}17)$$

式中：d——圆形承压板宽度（cm）；

　　　B——方形承压板宽度（cm）；

　　　p——$p\text{-}s$ 曲线直线段内任一点的压力（kPa）；

　　　μ——土的泊松比；

　　　E_0——土的变形模量（kPa）；

　　　s——p 值对应的圆形或方形承压板的沉降量（cm）。

由式（5-16）、式（5-17），结合载荷试验 $p\text{-}s$ 曲线（图 5-25）上直线比例段可反求出土的变形模量。

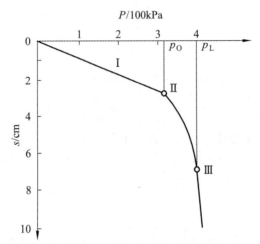

p_O—比例界限；p_L—极限界限；I—压实阶段；II—剪变阶段；III—破坏阶段。

图 5-25　载荷试验 $p\text{-}s$ 曲线

（一）试验设备

平板静力载荷试验测试设备大体上由承压板、加荷系统、反力系统和观测系统四个部分组成。各部分的作用是：加荷系统控制荷载大小；反力系向承压板施加竖向荷载；承压板将荷载均匀传至地基土；观测系统测定承压板在各级荷载下的沉降。观测系统量值的标定及试验操作过程参见相关规程。

（二）平板静力载荷试验适应条件

（1）埋深为零的均质土层上的载荷试验。

这是国内规范规定的最常用的试验情况，即无论试验深度多大，其试坑宽度均应大于承压板宽度或直径的 3 倍，压板下应为均质土层，其厚度应大于压板直径的 2 倍。这类试验既可用以确定均质土的地基基本承载力 σ_0 和变形模量 E_0 的值，又可用于与其他原位测试试验进行对比研究。

（2）基础底面土层的载荷试验。

当实际基础尺寸和埋深均不大，可直接采用与基础条件相同的承压板，在基础底面的地基土上进行载荷试验，以直接确定地基土（包括非均质土）的承载力。

（3）不同压板宽度和埋深的载荷试验。

这类载荷试验一般是在同一均质土层的相同或不同标高面上，分别以大于 3 倍压板宽度的间距，进行不同压板宽度或不同压板埋置深度（这时试坑尺寸与压板尺寸相同）的对比试验，主要用以研究不同土类的承载力随基础宽度与埋深的变化规律。

（三）试验成果整理和应用

1. 试验资料的整理

将整理好的载荷试验资料绘制成各种曲线，以便于综合对比和应用。这些曲线主要

有 p-s 曲线和 s-$\lg t$ 曲线（图 5-26）等，它们从不同的角度反映了载荷试验中沉降随荷载变化的发展过程。

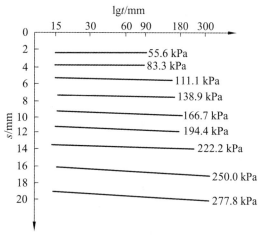

图 5-26　地基荷载试验 s-$\lg t$ 曲线

常规法载荷试验资料整理主要包括：① 绘制试验曲线草图，即根据原始记录绘制 p-s 和 s-$\lg t$ 曲线草图；② 修正沉降观测值，先求出校正值 s_0 和 p-s 曲线 c_0。s_0 和 c_0 的求法有图解法、最小二乘法等。对不具有明显直线端和拐点的 p-s 曲线，可采用三点法（假定 p-s 曲线为二次型）或高次多项式拟合（对不规则的 p-s 曲线）。

2. 试验成果的应用

（1）评价地基土的承载力。由载荷试验 p-s 曲线确定地基土承载力，可采用强度和变形双重安全度控制。按 p-s 曲线的线型可分别采用拐点法、相对沉降法和极限荷载法等方法。

① 拐点法。该方法适用于硬塑—坚硬的黏性土、粉土、砂土、碎石上等具有拐点型的 p-s 曲线或利用其他辅助曲线可确定拐点的情况，一般取第一拐点 p_y（比例界限点）所对应的荷载为地基土的容许承载力值。当 p-s 曲线上拐点不太明显时，可用下述方法加以确定：

a. 在某一级荷载下，其沉降增量超过前一级荷载下沉降增量的两倍，即 $\Delta s_n \geqslant 2\Delta s_{n-1}$ 的点所对应的压力即为比例界限 p_y。

b. 利用 p-$\Delta s/\Delta p$ 曲线来确定拐点，如图 5-27 所示。

② 相对沉降法。在经过校正后的 p-s 曲线上取 s/b（b 为刚性承压板的宽度或直径）一定比值所对应的荷载为地基土的容许承载力。

a. 太沙基（K.Terzaghi）取 $s/b=0.02$ 相对应的荷载为地基上的容许承载力；

b. 斯肯普顿（Scmpton）取 $s/b=0.03$ 相对应的荷载为地基上的容许承载力；

c. 对一般黏性土、粉土宜采用 $s/b=0.02$ 对应的压力为容许承载力；对砂土宜采用 $s/b=0.01 \sim 0.015$ 对应的压力为地基的容许承载力。[《建筑地基基础设计规范》（GB 50007—2002）]

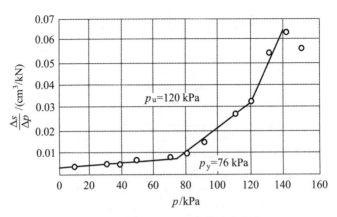

图 5-27　根据 p-$\Delta s/\Delta p$ 曲线确定拐点

③ 极限荷载法。当 p-s 曲线上的比例界限点出现后，地基土很快达到极限荷载，即比例界限点 p_y 与极限荷载 p_u 接近时，将 p_u 除以安全系数 F_s（F_s 取 $2 \sim 3$）作为地基土的容许承载力；当比例界限 p_y 与极限荷载 p_u 相差较远时，可按式（5-18）确定地基土承载力标准值。

$$f_k = p_y + \frac{p_u - p_y}{F_s} \tag{5-18}$$

式中：f_k——地基土的承载力标准（kPa）；

　　　p_y——比例界限荷载（kPa）；

　　　p_u——极限荷载（kPa）；

　　　F_s——安全系数，一般取 $2 \sim 3$。

（2）确定地基土的变形模量 E_0。不同埋深的载荷试验，计算地基土变形模量的方法不同，对于埋深为零的常规载荷试验，地基土的变形模量 E_0 可按式（5-19）、式（5-20）计算。

圆形承压板　　　　　　　　$$E_0 = \frac{\pi dp}{4s}(1-\mu^2) \tag{5-19}$$

方形承压板　　　　　　　　$$E_0 = \frac{pA}{bs}(1-\mu^2) \times 0.88 \tag{5-20}$$

式中：A——承压板的面积（m²）；

　　　s——承压板的沉降（mm）；

　　　E_0——地基土的变形模量（MPa）；

　　　p——承压板压力（kPa）；

　　　d——圆形承压板直径（m）；

　　　b——方向承压板宽度（m）；

　　　μ——地基土的泊松比，其常用经验值可以参考相关规范。

当承压板位于地表面以下时，应乘以深度修正系数 I_1，I_1 为承压板埋深 h 时的修正系数，其值可由图 5-28 查得。图中 s_z 是埋深为 z 时的沉降，s_0 是埋深为 0 时的沉降。

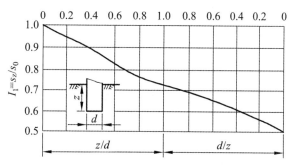

图 5-28 试验深度修正系数 I_1 的取值

（3）估算地基土的不排水抗剪强度 C_u。用快速法载荷试验得到的极限荷载 p_u 估算饱和黏性土的不排水抗剪强度 C_u（$\varphi_u=0$）可用式（5-21）计算。

$$C_u = (p_u - p_0)/N_c \qquad (5\text{-}21)$$

式中：C_u——地基土的不排水抗剪强度（kPa）；

p_0——承压板周边外的超载或土的自重应力（kPa）；

N_c——计算系数。对于方形或圆形承压板，当周边无超载时，N_c=6.15；当承压板埋深大于或等于 4 倍板径或宽度时，N_c=9.25；承压板埋深小于 4 倍板径或宽度时，N_c 采用线性内插法求得。

（4）确定地基基床反力系数。一般可根据常规荷载曲线首先计算得到荷载试验基床系数 K_v 为

$$K_v = p_{1/2}/s_{1/2} \qquad (5\text{-}22)$$

式中：$p_{1/2}$——比例界限荷载 p_y 的 1/2（kPa）；

$s_{1/2}$——相应于 $p_{1/2}$ 值的沉降值（mm）。

由荷载试验基床反力系数计算得到基准基床系数 K_{v1}（kN/m³）为

黏性土
$$K_{v1} = 3.28 K_v \qquad (5\text{-}23)$$

砂性土
$$K_{v1} = \frac{4b^2 K_v}{(b+0.305)^2} \qquad (5\text{-}24)$$

式中：b——承压板的直径或宽度（m）。

由基准基床系数 K_{v1} 可得到地基土的基床系数 K_s（kN/m³）为

黏性土
$$K_s = 3.305 K_{v1}/B \qquad (5\text{-}25)$$

砂性土
$$K_s = \left(\frac{B+0.305}{2B}\right)^2 K_{v1} \qquad (5\text{-}26)$$

式中：B——基础宽度（m）。

（5）估算基础的实际沉降量。当基础埋深小于 3 m 且地基压缩层为均质土时，根据常规荷载试验的 p-s 曲线可用下面的方法估计基础的实际沉降量。

砂土
$$s = s_1 \left(\frac{2B}{B+b} \right)$$
（5-27）

黏性土
$$s = s_1 B / b$$
（5-28）

式中：s_1——与建筑物基底应力相同的承压板沉降量（cm）。

二、静力触探试验

（一）概　述

静力触探试验[Static（Dutch）Cone Penetration Test]首先在荷兰研制成功，因此国际上常称静力触探试验为"荷兰锥"试验，简称 CPT（Cone Penetration Test）。静力触探试验是把一定规格的圆锥形探头借助机械匀速压入土中，并测定探头阻力等的一种测试方法，实际上是一种准静力触探试验。

静力触探试验分为机械式静力触探试验（Mechanical Static Cone Penetration Test）和电测式静力触探试验（Electrical Cone Penetration Test）两种。机械式静力触探试验是用机械装置把带有双层管的圆锥形探头压入土中，在地面上用压力表分别量测套筒侧壁与周围土层间的摩阻力和探头锥尖贯入土层时所受的阻力，该方法目前已很少采用。电测静力触探试验于 1964 年首先在我国研制成功，它是利用电阻应变测试技术，直接从探头中量测贯入阻力（定义为比贯入阻力）。20 世纪 60 年代后期，荷兰开始研制类似的电测静力触探仪，探头为双桥式，即所谓的 Fugro 探头。从 20 世纪 70 年代开始，电测静力触探的发展使静力触探有了新的活力，发展迅猛，应用普遍。其中，最重要的发展是 20 世纪 80 年代初成功研制出了可测孔隙水压力的电测式静力触探（Piezo Cone Penetration Test），简称孔压触探（CPTU），它可以同时测量锥头阻力、侧壁摩阻力和孔隙水压力。

到目前为止，静力触探试验适用于软土、黏性土、粉土、砂类土及含少量碎石的土层，可划分土层界面、土类定名、确定地基承载力和单桩极限荷载、判定地基土液化可能性及测定地基土的物理力学参数等。

（二）静力触探的主要技术要求

（1）常用的静力触探探头分为单桥、双桥和三功能孔压探头，如图 5-29 所示。静力触探单桥探头可测定土的比贯入阻力 p_s，双桥探头可测定土的端阻 q_c 和侧阻 f_s，三功能孔压探头除测定土的 q_c、f_s 外，还可测定贯入孔隙压力 u_0 及其消散过程值 u_t。

（2）贯入速度应均匀，为（20±5）mm/s。

（3）探杆的使用：最下的 5 m 探杆在贯入过程中起重要导向作用，探杆轴线的直线度误差应小于 0.05%，以后的探杆直线度误差小于 0.1%。当进行深层静力触探时，为避免断杆事故，应量测触探孔的偏斜角，当偏斜角超过 30°时应停止贯入；或采用组合探杆（用三种不同直径的探杆组合连接起来，直径最大的探杆在上，最小的探杆在最下）；或采用分段触探法（触探至一定深度，钻孔下套管，孔底继续触探）。

（4）探头的非线性误差、重复性误差、滞后误差、温飘、归零误差在室内率定时不应大于 1%f_s（f_s 为侧壁摩阻力）。现场试验时，应检验现场的归零误差（<3%），它是试验质量的重要指标，探头在 500 kPa 水压下 2 h 后绝缘电阻不应小于 500 MΩ；现场测试时绝缘电阻不应小于 20 mΩ。

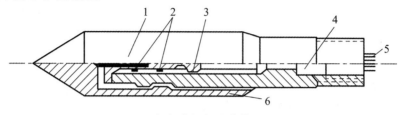

（a）单桥探头结构

1—顶柱；2—电阻应变片；3—传感器；4—密封垫圈套；5—四芯电缆；6—外套筒。

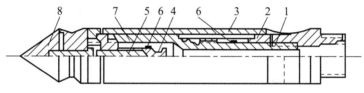

（b）双桥探头结构

1—传力杆；2—摩擦传感器；3—摩擦筒；4—锥尖传感器；5—顶柱；6—电阻应变片；7—钢珠；8—锥尖头。

图 5-29　静力触探探头示意图

（5）应保持足够的反力及起拔力，保证探杆的垂直度。

（三）静力触探试验成果整理

（1）对原始数据进行检查与校正。如初读数随深度有变化，自动记录的深度与实际贯入深度（以探杆长度计算）有差别时，应按线性内插法对原始数据进行校正。

（2）按下列公式分别计算比贯入阻力 p_s、锥头阻力 q_c、侧壁摩擦力 f_s 及摩阻比 R_f。

$$p_s = K_P \varepsilon_P \qquad\qquad (5\text{-}29)$$

$$q_c = K_q \varepsilon_q \qquad\qquad (5\text{-}30)$$

$$f_s = K_f \varepsilon_f \qquad\qquad (5\text{-}31)$$

$$R_f = \frac{f_s}{q_c} \times 100\% \quad (\text{应取同一高程处的} f_s \text{和} q_c \text{值}) \qquad (5\text{-}32)$$

式中：K_p，K_q，K_f——单桥、双桥探头的锥头传感器及摩擦筒传感器的率定系数（kPa）；

　　　　ε_p，ε_q，ε_f——单桥、双桥探头的锥头传感器及摩擦筒传感器的应变量。

（四）静力触探测试成果的应用

1. 划分场地土的类别

用静力触探测试成果划分场地土的类别是其应用最广、效果最好的一个方面。目前，一般用两种方法对场地土进行分类，即双（单）桥探头静力触探法和可测孔隙水压力的静力触探法。双桥探头静力触探法用锥头阻力和摩阻比划分土类；孔压探头静力触探法用锥头阻力和孔隙水压力划分土类；单桥探头触探只能用比贯入阻力 p_s 分土类，国内已积累了不少经验。

2. 测定土的物理力学性质

利用静力触探测定土的物理力学性质一般有以下一些方法。

（1）计算黏性土的不排水抗剪强度 C_u。

黏性土的不排水抗剪强度 C_u 按式（5-33）计算。

$$C_u = \frac{q_c - \sigma_0}{N_k} \tag{5-33}$$

式中：σ_0——原始总的上覆压力（kPa），σ_0 可用竖向总上覆压力 σ_{v0} 或水平总上覆压力 σ_{h0} 或八面体的应力 σ_{08} 来表示，$\sigma_{08} = (\sigma_{v0} + 2\sigma_{h0})/3$；

N_k——锥头系数，N_k 值按经验选取。Ladanyi 建议，对灵敏性黏土 N_k 取 5.5~8；Bagligh 建议，对于软—中等黏土 N_k 取 5~21，N_k 随 I_p 增大而减小；Kjeskstad 等建议，对于超固结黏土 N_k 取 17±5。

亦可按各地经验公式计算，下面是效果较好的方法。

滨海相软黏土　　　　　$C_u = 0.017q_c + 1.28(q_c \leqslant 700 \text{ kPa})$　　　（5-34）

饱和软黏土　　　　　　$C_u = 0.0696p_s - 2.7(p_s 为 300~1\,200 \text{ kPa})$　　（5-35）

上海、广州软黏土　　　$C_u = 0.0543q_c + 4.8(q_c 为 100~800 \text{ kPa})$　　（5-36）

（2）求软黏土灵敏度。根据中国地质大学在深圳和武汉软土地基的勘察和研究中，发现双桥静力触探和十字板测试的软土灵敏度（S_t）之间存在式（5-37）所示关系。

$$S_t = 100 \times R_f \tag{5-37}$$

（3）判别黏性土的塑性状态。铁道部《铁路工程地质原位测试规程》（TB 10018—2003）提出用孔压探头法（过滤片在锥面处），根据 B_q-q_T 的关系按表 5-3 判别黏性土的塑性状态。

表 5-3　用 B_q、q_T 判定黏性土稠度状态

稠度状态	液性指数	主要依据	辅助判别
半坚硬	$I_L \leqslant 0$	$q_T > 5$	$B_q < 0.2$
硬塑	$0 \leqslant I_L \leqslant 0.5$	$3.12B_q - 2.77q_T < -2.21$	$0 < B_q < 0.3$
软塑	$0.5 \leqslant I_L \leqslant 1$	$3.12B_q - 2.77q_T > -2.21$	$B_q > 0.2$
流塑	$I_L \geqslant 1$	$11.2B_q - 21.3q_T < -2.56$	$B_q \geqslant 0.42$
		$11.2B_q - 21.3q_T > -2.56$	

（4）计算饱和黏性土的固结系数。《铁路工程地质原位测试规程》（TB 10018—2003）建议用式（5-38）估算地基土的竖向固结系数。

$$C_v = \xi \frac{r_0^2}{t_{50}} T_{50} \qquad (5\text{-}38)$$

式中：ξ——经验修正系数，ξ取 0.25~0.80；

$\quad\quad r_0$——孔压静力触探探头的半径（cm）；

$\quad\quad t_{50}$——固结度 50%的历时（s）；

$\quad\quad T_{50}$——超孔压消散 50%的时间因数，其取值如表 5-4 所示。

表 5-4　T_{50} 的取值

I_r	A_f			
	1/3	2/3	1	4/3
10	1.145	1.593	2.095	2.622
50	2.487	3.346	4.504	5.931
100	3.524	4.761	6.447	8.629
200	5.025	6.838	9.292	12.790

注：表中 A_f 为破坏孔隙水压力系数，其取值见表 5-5，I_r 为土的刚度系数，其计算方法见式（5-39）。

$$I_r = E_u / [2(1+\mu)C_u] \qquad (5\text{-}39)$$

式中：E_u——土的不排水压缩模量（MPa）；

$\quad\quad \mu$——不排水泊松比，可恒取 μ=0.49；

$\quad\quad C_u$——土的不排水抗剪强度（MPa）。

表 5-5　A_f 的取值

饱和软黏土	A_f
极灵敏的	1.5 ~ 3.0
正常固结的	0.7 ~ 1.3
微超固结的	0.3 ~ 0.7
重超固结的	−0.5 ~ 0

（5）计算土的渗透系数 K（cm/s），按式（5-40）估算。

$$K = \frac{\lambda n r_0^2 \gamma_w}{\int_0^t f(\Delta u_t) dt} \times 10^{-2} \qquad (5\text{-}40)$$

式中：λ——综合修正系数，对于正常固结的软黏性土，孔压为圆球扩散时可取 0.8；圆柱扩散时，可取 0.2；对于其他类土，则宜通过试验对比后确定；

$\quad\quad n$——土的孔隙率；

r_w——水的重度（kN/m³）；

t——固结时间（s），固结度 100% 的历时一般用 t_{100} 表示；

$f(\Delta u_t)$——孔压随时间变化的函数。

（6）评价砂土的内摩擦角 φ。国内外试验对比资料表明，砂土贯入阻力 p_s、q_c 与其内摩擦角之间有较好的相关关系。

《铁路工程地质原位测试规程》（TB 10018—2003）建议按比贯入阻力 p_s 来估算砂土内摩擦角 φ，其相应的经验关系如表 5-6 所示。

表 5-6　按比贯入阻力 p_s 来估算砂土内摩擦角 φ

P_s/kPa	1 000	2 000	3 000	4 000	6 000	11 000	15 000	30 000
φ/（°）	29	31	32	33	34	36	37	39

（7）评价砂土的相对密实度 D_r。Lunne 等建议对于中细石英砂按式（5-41）计算其相对密实度。

$$D_r = \frac{1}{2.91} \ln\left[\frac{q_c}{6.1(\sigma'_{v0})^{0.71}}\right] \times 100\% \qquad (5-41)$$

式中：σ'_{v0}——有效上覆压力（kPa）。

（8）计算土的压缩模量 E_s 和变形模量 E_0。

① 计算黏性土的压缩模量 E_s 和变形模量 E_0。

国内不少单位在长期的实践过程中建立起了许多经验性的公式，其对比关系可查阅相关文献资料。

② 计算砂土的压缩模量 E_s 和变形模量 E_0。

《铁路工程地质原位测试规程》（TB 10018—2003）提出估算砂土 E_s 的经验值如表 5-7 所示。

表 5-7　p_s 与 E_s 的对比关系　　　　　　　　　单位：kPa

p_s	500	700	1 000	1 300	1 800	2 500	3 000
E_s	2.6~5.0	3.2~5.4	4.1~6.0	5.1~7.5	6.0~9.0	7.5~10.2	9.0~11.5

实际工程中常用的计算砂性地基土变形模量 E_0（MPa）的公式如表 5-8 所示。

表 5-8　用 p_s 估算 E_0 的经验公式

单位	经验关系	适用范围
铁道部一院	$E_0 = 3.57 p_s^{0.683\,6}$	粉、细砂
辽宁煤矿院	$E_0 = 2.5 p_s$	中、细砂

注：表中 p_s、q_c 的单位均为 MPa。

3．确定地基承载力

总结以往众多的经验式，进行统计分析后，建议采用下述较精确的经验式。

$$f_0 = 0.1\beta p_s + 0.32\alpha \tag{5-42}$$

式中：β，α——土类修正系数，可参见表 5-9。

表 5-9　各类土的修正系数

I_p 及修正系数值	土类											
	砂土			黏性土							特殊土	
	粉细砂	细中砂		粉土			粉质黏土			黏土		黄土	红土
I_p	<3			3～5	6～8	9～10	11～12	13～15	16～17	18～20	>21	9～12	>17
β	0.2	0.3	0.4	0.3	0.4	0.5	0.6	0.7	0.8	0.9	1.0	0.5～0.6	0.9
α	2.0			1.5			1.0			1.0		1.5[①]	3.0

注：①可用于老黏土。

式（5-42）使用方便，适应性广，相对误差小。应用式（5-42）时，首先要了解当地土质情况，特别是塑性指数 I_p 及土名，要有少量室内试验和钻探配合，或有附近的工程地质资料类比。一般是对地基土类了解得越清楚，用 $p_s(q_c)$ 求 f_0 的准确度越高。

4. 确定单桩承载力

在运用原位测试手段评价桩基承载力时，静力触探是使用较多、研究较深入、准确度较高的一种方法。

《建筑桩基技术规范》（JGJ 94—2008）在用静力触探确定单桩承载力时，规定采用单桥探头的圆锥底面积 15 cm²，底部带 7 cm 高的滑套，锥角 60°。根据单桥探头静力触探资料确定混凝土预制桩单桩竖向承载力标准值 P_{uk} 时，如无地区经验，可按式（5-43）计算。

$$P_{uk} = u\sum q_{sik}l_i + \alpha p_{sk}A_p \tag{5-43}$$

式中：u——桩身周长（m）；

q_{sik}——用静力触探比贯入阻力值估算的桩周第 i 层土的侧阻力标准值（kPa）；

l_i——桩穿越第 i 层土的厚度（m）；

α——桩端阻力修正系数；

p_{sk}——桩端附近静力触探比贯入阻力平均值（kPa）；

A_p——桩端面积（m²）。

三、标准贯入试验

（一）概　述

标准贯入试验（Standard Penetration Test，SPT），是动力触探测试方法的一种，其设备规格和测试程序在全世界上已趋于统一，使用范围目前仅适用于一般黏性土、粉土和砂类土，对胶结的、含碎石的土不适用，对于软黏土，由于标贯试验的精度较低，也不宜用。在地下水位以下的砂层中进行试验时，往往由于流砂现象而使 N 值失真，对于特殊土如黄土、膨胀土等尚无使用经验。

应用方面，标准贯入试验可以判断砂土密实程度或黏性土的塑性状态，评定砂类土、粉土的地震液化，确定土层剖面并可取扰动土样进行一般物理性质试验。标准贯入试验与动力触探测试的区别主要是触探头不是圆锥形，而是圆筒形。两者在测试方法上也不同，标准贯入试验是间断贯入（圆锥动力触探是连续贯入），每次测试只能按要求贯入 0.45 m，只计贯入 0.30 m 的锤击数 N，称标贯击数 N，N 没有下角标，因为全世界规格统一。

标准贯入试验的穿心锤质量为 63.5 kg，其动力设备要有钻机配合。标准贯入试验的探头部分通称贯入器（图 5-30），是由钻孔取土器转化而来的开口管状空心探头。在贯入过程中，整个贯入器的端部和周围土体将产生挤压和剪切作用。同时，由于贯入器是空心的，有部分土挤入，加之又是在冲击力作用之下，其工作情况及边界条件显得非常复杂。

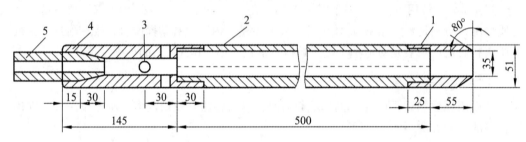

1—贯入器靴；2—贯入器身；3—排水孔；4—贯入器头；5—探（钻）杆接头。

图 5-30 标准贯入器

（二）标准贯入试验方法

标准贯入试验应采用自动脱钩的落锤法，并设法减小导向杆与锤间的摩阻力，以保持锤击能量的恒定。标准贯入试验所用钻杆应定期检查，钻杆相对弯曲应小于 1/1 000，接头应牢固，否则受锤击后钻杆会产生侧向晃动，影响测试精度。

1. 钻探成孔

为了保证标准贯入试验的钻孔质量，要求采用回转钻进，当钻进至试验标高以上 15 cm 处时，应停止钻进，仔细清除孔内残土到试验标高。为保持孔壁稳定，必要时可用泥浆或套管护壁。在地下水位以下钻进时或遇承压含水砂层时，孔内水位或泥浆面应始终高于地下水位足够高度，否则钻孔底涌土会降低标准贯入试验的 $N_{63.5}$ 值。当下套管时，要防止套管下过头，套管内的土未清除，会使 $N_{63.5}$ 值增大。

2. 贯入准备

贯入前，先要检查探杆与贯入器接头，以保证它们之间的连接不松脱，然后将标准贯入器放入钻孔内，保持导向杆、探杆和贯入器的垂直度，以保证穿心锤中心施力，贯入器垂直打入。

3. 贯　　入

贯入器从 76 cm 高度落下，先将贯入器打入土中 15 cm。然后再将贯入器继续贯入，记录每打入 10 cm 的锤击数，累计打入 30 cm 的锤击数即为标贯击数 $N_{63.5}$，在不致引起混淆的情况下，可简记为 N（以下均如此）。当土层较硬时，若累计击数已达 50 击，而贯入度未达 30 cm 时应终止试验，记录实际贯入度以及累计锤击数 N。按式（5-44）计算贯入 30 cm 时的锤击数 N。

$$N = 30\frac{N}{\Delta s} \tag{5-44}$$

式中：Δs——对应锤击数 N 的贯入度（cm）。

4. 土样描述和试验

拔出贯入器，取出贯入器中的土样，进行鉴别描述或进行土工试验。

（三）标准贯入试验数据校正

目前国内对 N 值的校正可分为三种情况。

（1）应用标贯试验成果确定地基土承载力时，建筑和铁道部门都要求进行杆长校正；港口规范则要求进行上覆有效压力影响的校正。

（2）应用标贯试验成果确定砂土物理力学指标，如相对密度 D_r、孔隙比 e、内摩擦角 φ 等，个别部门要求进行上覆有效压力影响及地下水的校正，一般不要求校正。

（3）应用标贯试验成果进行砂土和轻亚黏土判别可能液化时，一般都不进行校正。这是因为建立判别式时采用的实验资料 N 值是未经校正的。同时，液化判别式本身就包括了有关试验深度的影响因素。

（四）标准贯入试验应用

标准贯入试验成果的应用较广，本节主要讨论：① 判断砂土的密实状态；② 判定黏性土的稠度状态；③ 判别饱和砂土、粉土的液化；④ 确定地基土的容许承载力；⑤ 评定黏性土的强度指标。

1. 判断砂土的密实程度

标贯击数是砂土密实状态的直接反映。一般可参考表 5-10 来判别砂土的密实状态。《铁路工程地质原位测试规程》（TB 10018—2003）建议砂类土的密实程度可按表 5-11 来确定。

另外，N 与 D_r 之间的地区经验关系，如我国上海、唐山及国外（如日本）等地，可查阅相应的规范。

表 5-10　砂土的密实状态与 N 值的关系

密实程度		D_r	N					
国外	国内		国外	南京水科院、江苏水利厅	水利电力标准			冶金勘察规范
					粉砂	细砂	中砂	
极松	松散	0~0.2	0~4	<10	<4	<10	<10	<10
松			4~10					
稍密	稍密	0.20~33	10~15	10~30	>4	13~23	10~26	10~15
中密	中密	0.33~0.67	15~30					15~30
密实	密实	0.67~1.0	30~50	30~50	—		>26	>30
极密			>50	>50		>23		

注：表内所列的 N 值为人力松动落锤所得。人力松绳落锤所得标贯击数 N_2 与自动脱钩落锤的标贯击数 N_1 存在统计上的换算关系，参考其他规范。D_r 为砂土的相对密度。

表 5-11　砂类土的相对密实度划分

$\bar{N}$ /（击/30 cm）	≤10	10<$\bar{N}$≤15	15<$\bar{N}$≤30	>30
D_r	<0.33	0.33<D_r≤0.40	0.40<D_r≤0.67	≥0.67
密实程度	松散	稍密	中密	密实

2. 判断黏性土的稠度状态

根据《铁路工程地质原位测试规程》（TB 10018—2003），建议黏性土的塑性状态按表 5-12 确定。

表 5-12　黏性土的塑性状态划分

$\bar{N}$ /（击/30 cm）	≤2	2<$\bar{N}$≤8	8<$\bar{N}$≤32	>32
液性指数 I_L	>1	1≥I_L>0.5	0.40≥I_L>0	≤0
密实程度	流塑	软塑	硬塑	坚硬

3. 评定砂类土、粉土的地震液化

在中国邢台、海城、唐山地震后，结合现场调查并进行理论分析研究，参考 Seed 等人的成果，也以标贯击数 N 值为主要参数，同时考虑地震烈度、有效覆盖压力和地下水位等主要因素的砂土和粉土的可能液化判别式，即

$$N_{cr} = N_0[1+0.1(d_s-3)-0.1(d_w-2)]\sqrt{\frac{3}{\rho_c}} \qquad (5-45)$$

式中：N_0——当 d_s=3 m，d_w=2 m 时，土层的临界标贯击数；

　　　d_s——饱和砂土所处深度（m）；

　　　d_w——地面到地下水位的深度（m）；

　　　ρ_c——黏粒含量（%）。

当液化土层实测贯入击数 N 小于液化临界贯入击数 N_{cr} 时，应判定为液化土。N_{cr} 按下列公式计算。

$$N_{cr} = N_0\alpha_1\alpha_2\alpha_3\alpha_4 \tag{5-46}$$

$$\alpha_1 = 1-0.065(d_w - 2) \tag{5-47}$$

$$\alpha_2 = 0.52 + 0.175d_s - 0.05d_s^2 \tag{5-48}$$

$$\alpha_3 = 1 - 0.05(d_u - 2) \tag{5-49}$$

$$\alpha_4 = 1 - 0.17\sqrt{\rho_c} \tag{5-50}$$

式中：N_0——标准贯入试验深度 d_s=3 m，地下水埋深 d_w=2 m，上覆非液化土层厚度 d_u=2 m，土中黏粒含量 ρ_c（%）=0 时土层的液化临界贯入击数，如表 5-13 所示；

α_1——d_w 的修正系数，当地面常年有水且与地下水有水力联系，α_1 取 1.13；

α_2——d_s 的修正系数；

α_3——d_u 的修正系数，对于深基础 α_3 为 1；

α_4——黏粒含量百分比 ρ_c 的修正系数，当缺乏 ρ_c 数据，可按表 5-14 确定。

表 5-13　可液化土层贯入锤击基本数（N_0）

地震动峰值加速度	0.1g	0.2g	0.4g
N_0/（击/30 cm）	8	12	16

表 5-14　不同土的 α_4 值

土类	砂土类	粉土	
		$I_P \leqslant 7$	$7 < I_P \leqslant 10$
α_4	1	0.60	0.45

4. 确定地基土的容许承载力

用动力触探成果确定地基土的容许承载力（或称地基土承载力基本值）$[R]$，是一种快速简便的方法，已被多种规范所采纳，如国家标准《建筑地基基础设计规范》（GB 50007—2011）、《岩土工程勘察规范》（GB 50021—2001）和《湿陷性黄土地区建筑规范》（GB 50025—2004）等。《建筑地基基础设计规范》（GB 50007—2011）中明文规定，当根据标准贯入试验锤击数 N、轻便触探试验锤击数 N_0 查表 5-15 至表 5-18 来确定地基土容许承载力时，现场试验锤击数应经式（5-51）修正。

$$N(或 N_{10}) = \mu - 1.645\sigma \tag{5-51}$$

式中：μ——锤击数平均值；

σ——标准差，$\sigma = \sqrt{\dfrac{\sum\limits_{i=1}^{n} \mu_i^2 - n\mu^2}{n-1}}$，$\mu_i$ 为某一次试验值（锤击数），n 为实验次数。

N（或 N_{10}）按式（5-51）计算后按整数取值。

表 5-15　砂土地基容许承载力（标贯法）　　　　单位：kPa

土类 N	10	15	30	50
中、粗砂	180	250	340	500
粉、细砂	140	180	250	340

表 5-16　黏性土地基容许承载力　　　　单位：kPa

N	3	5	7	9	11	13	15	17	19	21	23
f_K	105	145	190	235	280	325	370	430	515	600	68

表 5-17　黏性土地基容许承载力（标贯法）　　　　单位：kPa

N_{10}	15	20	25	30
f_K	105	145	190	230

表 5-18　素填土地基容许承载力　　　　单位：kPa

N_{10}	10	20	30	40
f_K	85	115	135	160

5. 评定黏性土的强度指标（C、φ 值等）

利用标贯贯入试验确定黏性土的内聚力 C 及内摩擦角 φ 得到了较多经验数据，如表 5-19 所示。

软黏土　　　　　　$\phi = 0$时，$C = 6.25N$（kPa）　　　　　　　　　　（5-52）

黏性土　　　　　　$E_s = (9.27N + 42) \times 10N$（武汉冶金勘察公司）　　（5-53）

黏性土　　　　　　$M_V = -\dfrac{1}{fN}$（Stround等）　　　　　　　　　　（5-54）

式中：M_V——体积压缩系数（kPa^{-1}）；

　　　f——取 450~600 kPa（中-低塑性土）。

表 5-19　不同土的强度指标（C、φ、N）

土类	粉土			黏土			粉土夹砂			黏土夹砂		
N	2	4	6	2	4	6	2	4	6	2	4	6
C	12	14.5	19.5	8	12	16	7	10	12	8	11	13
φ	10	14	16	6	5	12	12	15	17	10	12	17

四、动力触探试验

（一）概　述

动力触探试验（Dynamic Penetration Test，DPT）是利用一定的锤击动能，将一定规格的探头打入土中，根据每打入土中一定深度的锤击数（或以能量表示）来判定土的性质，并对土进行力学分层，在国内外应用极为广泛，是土体的一种主要原位测试方法。该方法具有适应性强（黏性土、砂类土和碎石类土均可，见表 5-20），快速、经济，能连续测试土层，有些动力触探试验（如标准贯入）可同时取样、观察描述等独特优点。

表 5-20　DPT 适用的土类范围

类型	黏性土		粉土	砂类土					碎石类土（无胶结）		
	粉土	粉质黏土		粉砂	细砂	中砂	粗砂	砾砂	圆砾角砾	卵石角砾	漂石块石
轻型											
重型											
特重											

注：双线用于确定地基基本承载力（σ_0）和变形模量（E_0），单线用于划分土的力学分层、评价土层的均匀程度。

动力触探试验根据所用穿心锤的重量将其分为轻型（N_{10}）、重型（$N_{63.5}$）及特重型（N_{120}）（表 5-21）。轻型动力触探可确定一般黏性土地基承载力，重型和特重型动力触探可确定中砂以上的砂土类和碎石类土地基承载力，测定圆砾土、卵石土的变形模量。另外，动力触探试验还可用于查明地层在垂直和水平方向的均匀程度和确定桩基持力层。

表 5-21　常用动力触探类型及规格

类型		锤重 /kg	落距 /cm	探头（圆锥头）规格		探杆外径 /mm	触探指标（贯入一定深度的锤击数）	备注
				锥角 /（°）	底面积 /cm²			
轻型		10	50	60	12.6	25	贯入 30 cm 锤击数 N_{10}	工民建勘察规范等推荐
		10	30	45	4.9	12	贯入 10 cm 锤击数 N_{10}	英国 BS 规程
中型		28	80	60	30	33.5	贯入 10 cm 锤击数 N_{28}	工民建勘察规范等推荐
重型	（1）	120	100	60	43	60	同上 N_{120}	水电部土工试验规程推荐
	（2）	63.5	76	60	43	42	同上 $N_{63.5}$	岩土工程勘察规范推荐
	标准贯入	63.5	76	对开管式贯入器，外径为 51 mm，内径为 35 mm，长 700 mm，刃角为 18°～20°		42	贯入 30 cm 锤击数 N	国际通用，简称 SPT

　　动力触探的设备可以分为机械式动力触探和电测式动力触探两种形式。目前广泛应用的是机械式动力触探方法。

　　机械式动力触探的设备一般由导向杆、提引器、穿心锤、锤座、探杆和探头 6 部分组成，如图 5-31、图 5-32 所示。

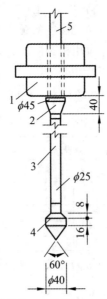

1—穿心锤；2—钢砧与锤垫；3—触探杆；4—圆锥探头；5—导向杆。

图 5-31　轻型动力触探仪

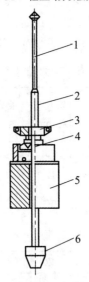

1—上导杆；2—下导杆；3—吊环；4—偏心轮；5—穿心锤；6—锤座。

图 5-32　偏心轮缩径式脱钩装置

　　根据锤重等试验参数，圆锥动力触探试验分为轻型、中型、重型和超重型，具体分类如表 5-22 所示。

表 5-22　中国动力触探分类及设备指标

	类型	轻型（N_{10}）	中型（N_{28}）	中型（$N_{63.5}$）	超重型（N_{120}）
落锤	锤的质量/kg	10±0.2	28±0.2	63.5±0.5	120±1
	落距/cm	50±2	80±2	76±2	100±2
探头	直径/mm	40	61.8	74	74
	锥角/（°）	60	60	60	60
探杆直径/mm		25	33.5	42	60
贯入指标		贯入 30 cm 锤击数	贯入 10 cm 锤击数	贯入 10 cm 锤击数	贯入 10 cm 锤击数

（二）动力触探测试方法

动力触探基本原理：动力触探的锤击能量除去一部分消耗于锤与触探杆的碰撞、探杆的弹性变形、探杆与孔壁土的摩擦等以外，用于克服土对探头贯入的阻力。前者为无效能量，后者为有效能量。如略去无效能量，则

$$eQgH = R_{d} As \qquad (5-55)$$

$$R_{d} = \frac{eQgHN}{Ah} \qquad (5-56)$$

式中：R_{d}——探头的单位动阻力（N/m²）；

A——探头横截面积（m²）；

s——每击的贯入度（m），$s=h/N$；

h——贯入深度（m）；

N——贯入深度为 h 时的锤击数；

e——锤击效率，与落锤方式、导杆摩擦、锤击偏心等有关；

g——重力加速度，g=9.81 m/s²；

Q——锤质量（kg）；

H——落距（m）。

当 e、Q、H、A、h 一定时，探头的单位动阻力或击数 N 的大小，反映了土层的动贯入阻力，它与土层的密实度、力学指标有联系。经过大量测试和试验数据分析，已经建立了锤击数 N 与土层的密实度或力学指标之间的区域性经验关系（可参考其他相关书籍或规范）。

（三）动力触探试验分类、设备及方法

虽然各种动力触探试验设备的重量相差较大，但试验方法却大致相同。一般先把穿心锤穿入带铁砧与锤垫的触探杆上，将动力触探探头和触探杆垂直地面置于测试地点，然后提升穿心锤至预定高度，使其自由下落锤击锤垫（或铁砧），将触探头垂直打入土层中，记录每贯入 30 cm 或 10 cm 的锤击数。重复上述步骤至探头打入预定深度。试验时，每一触探孔应连续贯入，只在换接探杆时才允许停顿。

（四）动力触探成果应用

根据动力触探击数可粗略划分土类。一般来说，锤击数越小，土的颗粒越细；锤击数越大，土的颗粒越粗。在某一地区进行多次勘测实践后，就可以建立起当地土类型与锤击数的关系。如与其他测试方法同时应用，则精度就会进一步提高。根据触探击数和触探曲线可以划分土层剖面。根据触探曲线形状，将触探击数相近段划为一层，并求出每一层触探击数的平均，定出土层名称。动力触探曲线和静力触探曲线一样，有超前段、常数段、滞后段。在确定上层分界面时，可参考静力触探的类似方法。

1. 确定地基基本承载力

（1）黏性土地基的标准承载力和极限承载力。当贯入深度小于 4 m 时，可根据场地土层的 $\overline{N}_{10}$ 按表 5-23 分别确定地基的标准承载力 f_K 和极限承载力 p_u。

表 5-23　黏性土地基的 f_K 和 p_u 值

$\overline{N}_{10}$ /（击/30 cm）	15	20	25	30
标准承载力 f_K/kPa	100	140	180	220
极限承载力 p_u/kPa	180	260	330	400

注：表内数值可以线性内插，p_u 的变异系数 δ 为 0.291。

（2）砂类土和碎石类土地基的基本承载力和极限承载力。冲积、洪积成因的中砂—砾砂土地基和碎石类土地基的标准承载力 f_K 和极限承载力 p_u 分别可按表 5-24 和表 5-25 来确定。

表 5-24　中砂—砾砂土、碎石类土 f_K

$\overline{N}_{63.5}$ /（击/10 cm）	3	5	6	7	8	9	10	12	14
中砂—砾砂/kPa	120	180	220	360	300	340	380	—	—
碎石类土/kPa	140	200	240	280	320	360	400	480	540
$\overline{N}_{63.5}$ /（击/10 cm）	16	20	22	24	26	28	30	35	40
中砂—砾砂/kPa	—	—	—	—	—	—	—	—	—
碎石类土/kPa	600	720	780	830	870	90	930	970	1 000

表 5-25　中砂—砾砂土、碎石类土 p_u

$\overline{N}_{63.5}$ /（击/10 cm）	3	4	5	6	7	8	9	10	12	14
中砂—砾砂/kPa	240	300	360	440	520	600	680	760	—	—
碎石类土/kPa	320	390	460	550	645	740	835	930	1 100	1 250
$\overline{N}_{63.5}$ /（击/10 cm）	16	18	20	22	24	26	28	30	35	40
中砂—砾砂/kPa	—	—	—	—	—	—	—	—	—	—
碎石类土/kPa	1 390	1 530	1 670	1 810	1 930	2 020	2 090	2 160	2 260	2 330

注：中砂—砾砂土、碎石类土 p_u 值的变异系数 δ 分别为 0.248 和 0.210。

2. 确定地基的变形模量

当贯入深度小于 12 m 时，冲积、洪积卵石土和圆砾土地基的变形模量 E_0 可根据场地土层的 $\bar{N}_{63.5}$ 按表 5-26 取值。

表 5-26　卵石土和圆砾土的 E_0 值

$\bar{N}_{63.5}$ /（击/10 cm）	3	4	5	6	8	10	12	14	16
E_0/MPa	9.9	11.8	13.7	16.2	21.3	26.4	31.4	35.2	39.0
$\bar{N}_{63.5}$ /（击/10 cm）	18	20	22	24	26	28	30	35	40
E_0/MPa	42.8	46.6	50.4	53.6	56.1	58.0	59.9	62.4	64.3

五、十字板剪切试验

十字板剪切试验又称现场十字板剪切试验（Field Vane Text，FVT），是土工原位测试技术中一种发展较早、使用较成熟的方法，由瑞典人 John Olsson 于 1919 年首先提出，主要用于测定饱和软黏土的不排水抗剪强度及灵敏度等参数，测试深度不大于 30 m。

（一）试验原理

十字板剪切试验是将具有一定高度与直径之比的十字板插入土层中，通过钻杆对十字板头施加扭矩使其等速旋转，根据土的抵抗扭矩求算地基土抗剪强度 C_u。十字板剪切试验可以很好模拟地基土排水条件和天然受力状态，对试验土层扰动性小、测试精度高。但严格地讲，十字板剪切试验只适用于内摩擦角为零的饱和软黏土。

十字板剪切试验所测得的抗剪强度值，相当于天然土层试验深度处，在上覆压力作用下的固结不排水抗剪强度，在理论上它相当于室内三轴不排水抗剪总强度或无侧限抗压强度的一半。

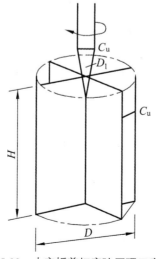

图 5-33　十字板剪切实验原理示意图

对插入土中的矩形十字板头施加扭转力矩时，土体中将形成一个圆柱形剪切面（图5-33），假设该圆柱上下面各点、侧面各点 C_u 值相等，则旋转过程中，土体产生的抵抗力矩 M_1 由圆柱体侧表面的抵抗力矩和圆柱上下面的抗力矩 M_2 两部分组成。其中

$$\begin{cases} M_1 = C_u \pi D H \dfrac{D}{2} \\[2mm] M_2 = 2C_u \dfrac{1}{4}\pi D^2 \dfrac{2}{3}\dfrac{D}{2} \\[2mm] M = M_1 + M_2 = C_u \dfrac{\pi}{2}D^2\left(H + \dfrac{D}{3}\right) \end{cases} \quad (5-57)$$

式中：M——土体破坏时的抵抗力矩（kN·m）；

M_1——圆柱体侧面产生的抵抗力矩（kN·m）；

M_2——圆柱体上下两端面所产生的抵抗力矩（kN·m）；

C_u——饱和黏土不排水抗剪强度（kPa）；

D——十字板圆柱的直径（m）；

H——圆柱体高度，对于软黏土相当于十字板的高度（m）。

十字板剪切试验点位置宜根据土层的静力触探分层情况，结合工程特点和要求进行布置。测定场地土的灵敏度时，宜根据土层情况和工程需要选择有代表性的孔段进行。每层土的试验次（孔）数宜为 3 ~ 5 次（孔）。

（二）十字板剪切试验设备

十字板剪切试验仪器主要有十字板头、传力系统、施力装置和测力装置等组成，目前国内的十字板剪切仪主要有开口铜环式和电调式两种类型，它们的主要区别在于量力设备上。

十字板剪切试验仪的基本构造如图 5-34 所示。

（三）十字板剪切试验成果应用

在软土地基勘察中，野外十字板剪切试验应用十分广泛，由于试验结果受很多因素影响，因此必须对试验数据进行修正处理。试验成果主要应用于以下几方面。

1. 估算地基标准承载力 f_k

利用十字板剪切试验确定软土地基承载力标准值一般按式（5-58）进行计算。

$$f_k = 2(C_u)_{Fv} + \gamma h \quad (5-58)$$

式中：$(C_u)_{Fv}$——扰动十字板不排水抗剪强度（kPa）；

γ——土的重度（kN/m³）；

h——基础埋置深度（m）。

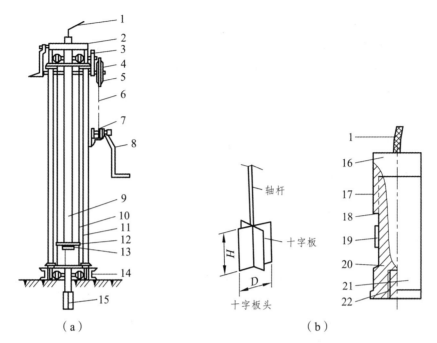

1—电缆；2—施加扭力装置；3—大齿轮；4—小齿轮；5—大链轮；6—链条；7—小链轮；8—摇把；9—钻杆；10—链条；
11—支架立杆；12—山形板；13—垫压块；14—槽钢；15—十字板头；16—钻杆接头；17—固定护套螺钉；
18—引线孔；19—电阻应变片；20—受阻立柱；21—护套；22—接十字板头丝扣。

图 5-34　电测式十字板剪切仪

2. 估算土的液性指数 I_L

黏性土的液性指数与十字板抗剪强度之间的关系可用式（5-59）表示。

$$I_L = \lg \frac{13}{\sqrt{(C_u)_{Fv}}} \qquad (5\text{-}59)$$

3. 估计土的应力历史

根据十字板剪切试验可以计算软土的超固结比 OCR，即

$$OCR = 4.3 \sqrt{\frac{(C_u)_F}{\sigma'_v}} \qquad (5\text{-}60)$$

式中：$(C_u)_F$——现场不排水抗剪强度（工程用）（kPa）；

　　　σ'_v——上覆有效土压力（kPa）。

4. 估算单桩侧阻力和桩端阻力

美国石油学会 API-RP2A 规程建议分别按式（5-61）和（5-62）估算桩侧阻力和桩端阻力。桩侧阻力为

$$p_f = \alpha_s (C_u)_F \qquad (5\text{-}61)$$

式中：p_f——桩侧阻力（kPa）；

α_s——折减系数，当 $(C_u)_F \leqslant 25$ kPa，$\alpha_s = 1.0$；当 25 kPa $< (C_u)_F \leqslant 75$ kPa，$\alpha_s = 0.5 \sim 1.0$ 之间线性内插；当 $(C_u)_F \geqslant 25$ kPa，$\alpha_s = 0.5$。

桩端极限阻力为

$$p_b = 9(C_u)_F \tag{5-62}$$

式中：p_b——桩端极限阻力（kPa）。

5. 估算地基土灵敏度

软黏土地基的灵敏度可按式（5-63）进行估算。

$$S_t = \frac{(C_u)_F}{C_{uO}} \tag{5-63}$$

式中：C_{uO}——扰动土的十字板强度（kPa）。

当 $S_t \leqslant 2$ 时，为地灵敏度土；当 $2 < S_t \leqslant 4$ 时，为中等灵敏度土；当 $S_t \geqslant 4$ 时，为高灵敏度土。

6. 检验地基加固效果

在对软土地基进行预压加固（或配以砂井排水）处理时，可用十字板剪切试验探测加固过程中强度变化，用于控制施工速率和检验加固效果。此时应在 3 ~ 10 min 内将土剪坏，单项工程十字板剪切试验孔不小于 2 个，试验点间距为 10 ~ 15 m，软弱夹层应有试验点，每层土的试验点不少于 3 ~ 5 个。

$$f_{ps,k} = 3[1 + m_c(n_c - 1)](C_u)_{Fv} \tag{5-64}$$

式中：$f_{ps,k}$——复合地基承载力的标准值（kPa）；

n_c——桩土应力比，无实测资料时可取 2 ~ 4，原状土强度时取低值，反之，取高值；

m_c——面积置换率。

六、旁压试验

旁压试验是将圆柱形的旁压器竖直地放入土中，利用旁压器的扩张，对周围土体施加均匀压力，测量径向压力和变形的关系，即可求得地基土在水平方向的应力应变关系，如图 5-35 所示。按将旁压器设置土中的方式不同，旁压仪分为预钻式、自钻式和压入式 3 种。

预钻式旁压试验应保证成孔质量，钻孔直径与旁压器直径应良好配合，防止孔壁坍塌。自钻式旁压试验的自钻钻头、钻头转速、钻进速率、刃口距离、泥浆压力和流量等应符合有关规定。

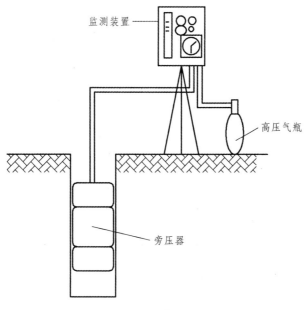

图 5-35　旁压仪示意图

最近的几十年来，旁压试验在国内外岩土工程实践中得到迅速发展并逐渐成熟，其试验方法简单、灵活、准确，适用于黏性土、粉土、砂土、碎石土、残积土、极软岩和软岩等地层的测试。

(一) 旁压试验类型

旁压试验按旁压器放置在土层中的方式可分为预钻式旁压试验、自钻式旁压试验和压入式旁压试验。

预钻式旁压试验是事先在土层中钻探成孔，再将旁压器放置到孔内试验深度进行试验，其结果很大程度上取决于成孔质量，一般用于成孔质量较好的地基土中。

自钻式旁压试验（简称 SBPMT）是在旁压器下端装置切削钻头和环形刃具，以静压力压入土中。同时，用钻头将进入刃具的土切碎，并用循环泥浆将碎土带到地面，到预定深度后进行试验。

压入式旁压试验又分为圆锥压入式和圆筒压入式两种，都是用静力将旁压器压入到指定深度进行试验，但在压入过程中对土有挤土效应，对试验结果有一定的影响。

(二) 旁压试验原理

旁压试验原理是通过向圆柱形旁压器内分级充气加压，在竖直的孔内使旁压膜侧向膨胀，并由该膜（或护套）将压力传递给周围土体，使土体产生变形直至破坏，从而得到压力与扩张体积（或径向位移）之间的关系。根据这种关系对地基土的承载力（强度）、变形性质等进行评价。

旁压试验可理想化为圆柱孔穴扩张课题，属于轴对称平面应变问题。典型的旁压曲线（p-V 曲线或 p-S 曲线）如图 5-36 所示，可划分为以下三段：

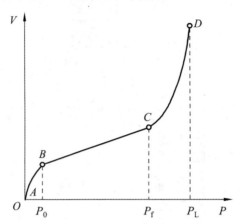

P_0—初始水平压力；P_f—临塑压力；P_L—极限压力。

图 5-36　典型的旁压曲线

Ⅰ段（曲线段 *AB*）：初始阶段，反映孔壁受扰动后土的压缩与恢复。

Ⅱ段（直线段 *BC*）：似弹性阶段，此阶段内压力与体积变化量（测管水位下降值）大致成直线关系。

Ⅲ段（曲线段 *CD*）：塑性阶段，随着压力的增大，体积变化量（测管水位下降值）逐渐增加，最后急剧增大，直至达到破坏。

旁压曲线Ⅰ段与Ⅱ段之间的界限压力相当于初始水平压力 p_0，Ⅱ段与Ⅲ段之间的界限压力相当于临塑压力 p_f，Ⅲ段末尾渐近线的压力为极限压力 p_1。

进行旁压试验测试时，由加压装置通过增压缸的面积变换，将较低的气压转换为较高压力的水压，并通过高压导管传至试验深度处的旁压器，使弹性膜侧向膨胀导致钻孔孔壁受压而产生相应的侧向变形。其变形量可由增压缸的活塞位移值 S 确定，压力 P 由与增压缸相连的压力传感器测得。根据所测结果，得到压力 P 和位移值 S（或换算为旁压腔的体积变形量 V）间的关系，即旁压曲线。根据旁压曲线可以得到试验深度处地基土层的初始压力、临塑压力、极限压力，以及旁压模量等有关土力学指标。

依据旁压曲线似弹性阶段（*BC* 段）的斜率，由圆柱扩张轴对称平面应变的弹性理论解，可得旁压模量 E_M 和旁压剪切模量 G_M，即

$$E_M = 2(1+\mu)\left(V_c + \frac{V_0 + V_f}{2}\right)\frac{\Delta p}{\Delta V} \tag{5-65}$$

$$G_M = \left(V_c + \frac{V_0 + V_f}{2}\right)\frac{\Delta p}{\Delta V} \tag{5-66}$$

式中：μ——土的泊松比；

V_c——旁压器的固有体积（cm^3）；

V_0——与初始压力 p_0 对应的体积（cm^3）；

V_f——与临塑压力 p_f 对应的体积（cm^3）；

$\dfrac{\Delta p}{\Delta V}$——旁压曲线直线段的斜率。

（三）旁压试验设备

旁压试验所需的仪器设备主要由旁压器、变形测量系统和加压稳压装置等部分组成，如图 5-37 所示。

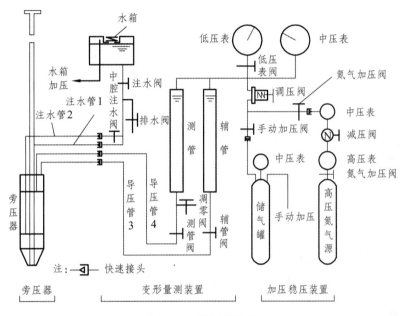

图 5-37　旁压仪结构

1. 旁压器

旁压器又称旁压仪，是旁压试验的主要部件，整体呈圆柱形，为三腔式圆柱形骨架，外套弹性膜。分上、中、下三腔，中腔为测试腔，连接地上液体管路部分；上下为辅助腔，连接地上气体管路部分。旁压器放入试验位置，加压后上下辅助腔迅速膨胀贴紧钻孔侧壁，用于固定旁压器，并使之保持竖直状态；中部测试腔按试验要求在不同氮气压力下，随注入其中的液体而变形。

2. 变形测量系统

变形测量系统主要由水位测管和导压管组成。水位测管为有机玻璃材质，内截面积 11.75 cm^2，其主要功能是显示旁压器的体积变化。水位测管两侧分别设置了 S、ΔV、ΔR 三个标尺刻度。S 为标准长度，最小刻度 1 mm，表示由于旁压器变形引起的水位测管液面下降值；ΔV 为体积增量，表示由于旁压器变形引起的水位测管内液体体积变化值；ΔR 为半径增量，表示旁压器变形根据测试段长度换算得到的旁压器半径增量。

3. 加压稳定装置

加压稳定装置主要由氮气源、调压阀、压力表组成。氮气源为高压氮气，其最低压力值，宜大于试验预估最大压力 1~2 MPa。当氮气源压力过大时，为保护试验设备和人员安全，建议配置减压阀后连接旁压仪。调压阀为压力精密调节装置，可以在输入稳定压力后，调节输出压力从零到最大值，该部分是旁压试验的主要控制部分。为方便读数，配置大小量程两块压力表。小量程压力表范围为 0~1 MPa，当试验压力大于 1 MPa 时，关闭小量程压力表下方阀门，使用大量程压力表读数，后者的范围是 0~4 MPa。

（四）旁压试验作用

根据旁压试验成果，并结合地区经验，可实现以下岩土工程目的：

（1）测求地基土的临塑荷载和极限荷载强度，从而估算地基土的承载力；

（2）测求地基土的变形参数，从而估算沉降量；

（3）估算桩基承载力；

（4）计算土的侧向基床系数；

（5）根据自钻式旁压试验的旁压曲线推求地基土的原位水平应力、静止侧压力系数和不排水抗剪强度参数。

（五）旁压试验方法

1. 试验前的准备工作

试验前，必须熟悉仪器的基本原理、管路图和各阀门的作用，并按以下步骤做好准备工作：

（1）向水箱注满蒸馏水或纯净水；

（2）连通管路；

（3）试压：打开高压气瓶阀门并调节减压器，使其输出压力为 0.15 MPa 左右；

（4）调零：提高旁压器，使其测试腔的中点与测压管"0"刻度齐平；

（5）检查传感器和记录仪的连接是否正常工作，并设置好试验时间。

2. 仪器校正

试验前，应对仪器进行弹性膜（包括保护套）约束力校正和仪器综合变形校正。

（1）弹性膜约束力的校正方法：将旁压器竖立地面，按试验加压步骤适当加压（0.05 MPa 左右即可）使其自由膨胀。当测水管水位降至近 36 cm 时，卸压至零，如此反复 5 次以上，再进行正式校正。压力增量采用 10 kPa，按 1 min 的相对稳定时间测记压力及水位下降值，并据此绘制弹性膜约束力校正曲线图，如图 5-38 所示。

（2）仪器综合变形的校正方法：连接好合适长度的导管，注水至要求高度后，将旁压器放入校正筒内，在旁压器受到刚性限制的状态下进行。按试验加压步骤对旁压器加压，压力增量为 100 kPa，逐级加压至 800 kPa 以上后，终止校正试验。各级压力下的观测时间等均与正式试验一致，根据所测压力与水位下降值绘制关系曲线。该曲线应为一斜线，如图 5-39 所示，取直线的斜率 $\dfrac{\Delta s}{\Delta p}$ 为综合变形校正系数。

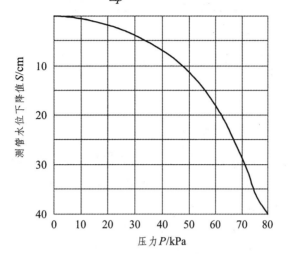

图 5-38　弹性膜约束力校正曲线示意图

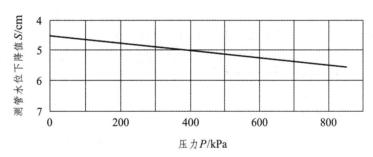

图 5-39　仪器综合变形校正曲线示意图

3. 预钻成孔

针对不同性质的土层及深度，可选用与其相应的提土器或与其相适应的钻机钻头。例如，对于软塑流塑状态的土层，宜选用提土器；对于坚硬—可塑状态的土层，可采用勺型钻；对于钻孔孔壁稳定性差的土层，宜采用泥浆护壁钻进。

孔径根据土层情况和选用的旁压器外径确定，一般要求比所用旁压器外径大 2～3 mm 为宜，不允许过大。钻孔深度应以旁压器测试腔中点处为试验深度。

值得注意的是，试验必须在同一土层，否则，不但试验资料难以应用，而且当上、下两种土层差异过大时，会造成试验中旁压器弹性膜的破裂，导致试验失败。另外，钻孔中取过土样或进行标贯试验的孔段，由于土体已经受到不同程度的扰动，不宜进行旁压试验。

4. 旁压试验

成孔后，应尽快进行试验。压力增量等级和相对稳定时间（观测时间）标准可根据现场情况及有关旁压试验规程选取。其中，压力增量建议选取预估临塑压力 p_f 的 1/8～

1/12，如不易估计，压力增量可参考《PY 型预钻式旁压试验规程》（JGJ 69），如表 5-27 所示。

表 5-27　旁压试验压力增量建议值

土的特征	压力增量/kPa
淤泥、淤泥质土、流塑状态的黏性土、松散的粉细砂	≤15
软塑状态的黏性土、疏松的黄土、稍密饱和粉土、稍密很湿的粉土或细砂、稍密的粗砂	15～20
可塑或硬塑状态的黏性土、一般性质的黄土、中密或密实的饱和粉土、中密或密实很湿的粉土或细砂、中密的粗砂	25～50
硬塑或坚硬状态的黏性土、密实的粉土、密实的中粗砂	50～100

各级压力下的观测时间，可根据土的特征等具体情况确定，采用 1 min 或 2 min，按下列间隔来观测水位下降值 s。

（1）观测时间为 1 min 时：15 s，30 s，60 s；

（2）观测时间为 2 min 时：15 s，30 s，60 s，120 s。

当测管水位下降接近 40 cm 或水位急剧下降无法稳定时，应立即终止试验，以防弹性膜胀破。

试验结束后，利用试验中系统内的压力将水排净后旋松调压阀。另外，在试验过程中，由于钻孔直径较大或被测岩土体的弹性区较大时，有可能发生水量不够的情况，此时如需继续试验，则应给仪器进行补水。

（六）试验资料整理与成果应用

1. 试验结果校正

在试验资料整理时，应分别对各级压力和相应的扩张体积（或径向增量）进行约束力和体积校正。

$$P = P_m + P_w - P_i \qquad (5\text{-}67)$$

式中：P——校正后的压力（kPa）；

　　　P_m——压力表读数（kPa）；

　　　P_w——静水压力（kPa）；

　　　P_i——弹性膜约束曲线上与测管水位下降值对应的弹性膜约束力（kPa）。

$$S = S_m - (P_m + P_w)\alpha \qquad (5\text{-}68)$$

式中：S——校正后的测管水位下降值（cm）；

　　　S_m——实测测管水位下降值（kPa）；

　　　α——仪器综合变形校正系数（cm/kPa）。

2. 旁压曲线绘制

用校正后的压力 P 和校正后的测管水位下降值 S，绘制 P-S 曲线，即旁压曲线。

3. 确定特征压力值

（1）原位水平土压力（初始压力）P_0。

P-S 曲线直线段与纵轴相交于 S_0，与 S_0 对应的压力即为原位水平土压力 P_0。

（2）临塑压力 P_f。

① P-S 曲线直线段的终点所对应的压力为 P_f；

② 按各级压力下 30～60 s 的体积增量 $\Delta S_{60\sim30}$ 或 30～120 s 的体积增量 $\Delta S_{120\sim30}$ 与压力 P 的关系曲线辅助分析确定，如图 5-40 所示。

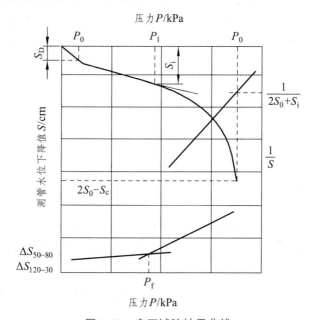

图 5-40　旁压试验结果曲线

（3）极限压力 P_l。

① 手工外推法：将实测曲线光滑延伸，取 $S = 2S_0 + S_f$ 所对应的压力为极限压力 P_l。

② 倒数曲线法：将临塑压力 P_f 以后曲线部分各点的水位下降值 S 取倒数 $1/S$，与 S 所对应的压力 P 作 P-（$1/S$）关系曲线，此曲线为一近似直线，在直线上取 $1/(2S_0 + S_f)$ 所对应的压力为极限压力 P_l。

4. 影响因素分析

（1）成孔质量。

对预钻式旁压试验，成孔质量是试验成败的关键，除要求钻孔垂直、横截面呈圆形外，还需钻孔大小与旁压器直径相匹配，孔壁土体要尽量少受扰动。

（2）加压方式。

对预钻式旁压试验，加压等级选择不当会影响试验参数的确定，如过密则试验历时过长，过疏则不易获得 P_0 及 P_f 值。

加荷速率（或相对稳定时间）反映了排水条件，不同的加荷速率对极限压力值影响较大。

（3）旁压器的构造和规格。

旁压器的有效长（l）径（D）比是设计旁压器的关键参数。

l/D 为 4~10 时，土体变形近似为圆柱形，当单腔式旁压器的长径比为 10 时，与三腔式旁压器所取得的变形模量结果没有明显差别，但单腔式的临塑压力和极限压力则偏小。

（4）旁压测试临界深度的影响。

在均质土层测试，P_f 自地表向下逐渐增大，当超过一定深度后，才趋近一个常数，这个土层表面一定深度就称为临界深度。

砂土中表现明显，临界深度随砂土密实度的增加而增加，一般为 1~3 m。

在临界深度内，由于地面是临空面，土体可以产生较明显的垂向变形，而在临界深度以下，因上覆土层压力加大，限制了垂向变形，基本上只有径向变形。

七、现场剪切试验

（一）概　述

大型直剪试验原理与室内直剪试验基本相同，但由于试件尺寸大且在现场进行，因此能把岩土体的非均质性及软弱面等对抗剪强度的影响更真实地反映出来。现场大型直剪试验分为土体现场大型直剪试验和岩体现场大型直剪试验。

岩体现场大型直剪试验可分为岩体本身、岩体沿软弱结构面和岩体与混凝土接触面的剪切试验 3 种类型，每一种类型进一步可以分成岩体试样在法向应力作用下沿剪切面破坏的抗剪断试验、岩体剪断后沿剪切面继续剪切的抗剪试验（摩擦试验）和法向应力为零时岩体剪切的抗切试验。

同一组试验应尽量可能在同一高程或层位上，其地质条件应基本相同，试验过程中的受力状态应与岩体在工程中的受力状态相近。

岩体现场直剪试验的目的是测定其抵抗剪切破坏的能力，为地（坝）基、地下建筑物和边坡的稳定计算分析提供抗剪强度参数。

（二）试体制备

1. 一般规定

同一组试验的试体不少于 5 块。试体剪切面积一般为 70 cm×70 cm，并不小于 50 cm×50 cm。试体高度为其边长之半。

试体间距应便于试体制备和试验仪器设备安装，且不小于剪切面边长的 1.5 倍，以免试验过程中互相影响。

在岩洞内进行平行试验时，试验部位洞顶应先开挖成大致平整的岩面，以便浇筑混凝土垫层。在施加剪力的后座部位，应按液压千斤顶的形状和尺寸开挖。

2. 混凝土与岩体胶结面直剪试验试体制备

在试验点部位用人工挖除（不能爆破）表面松动岩石，形成平整岩面。

在试点按剪切方向立模并浇筑混凝土试体。有时在浇筑混凝土试体之前，按设计要求，在岩面上先浇筑一层厚约 5 cm 的砂浆垫层。在浇筑砂浆垫层和混凝土试体的同时，浇制一定数量的砂浆试块（7 cm×7 cm×7 cm）和混凝土试块（15 cm×15 cm×15 cm）与试体在相同条件下养护，以测定其不同龄期的强度。

3. 岩体弱面、软弱岩体直剪试验的试体制备

开挖至试点部位后，在岩面上按剪切方向定出剪切面积。将试体与周边岩体切开。对于岩体弱面的试体，应使弱面处于剪切部位。

为防止制备过程中，因吸（浸）水、应力松弛或扰动而导致试体膨胀，可采用以下方法：

（1）切断地下水来源；

（2）用水泥砂浆抹试体顶面，而后在其上施加一定的垂直荷载。

为避免在安装垂直、水平加载系统和试验过程中损坏试体，可在试体上浇筑钢筋混凝土保护罩，其底部应处于预定的剪切面上。

4. 倾斜岩体弱面直剪试验的试体制备

在探明倾斜岩体弱面的部位和产状后，制备试体，采取措施，防止试体下滑。

（三）记录描述

1. 试验前描述

（1）试验地段岩石名称、风化破碎程度。

（2）岩体弱面的成因、类型、产状、分布状况及其间充填物的性状（厚度、颗粒组成、泥化程度和含水状态等）。在岩洞内，记录岩洞编号、位置、洞线走向、洞底高程，试验地段的纵、横地质剖面。在露天或基坑内，记录试点位置、高程及其周围的地形、地质条件。

（3）试验地段开挖情况和试体制备方法。

（4）试体岩性、编号、位置、剪切方向和剪切面尺寸，试验地段地下水类型、化学成分、活动规律及流量等。

2. 试验后描述

（1）测量剪切面尺寸；

（2）记录剪切破坏形式；

（3）剪切面起伏差；

（4）擦痕方向和长度；

（5）碎块分布状况。

同时，描述剪切面上充填物的性状，必要时取样测定其含水量、液塑限以及颗粒组成，并对剪切面进行照相。

（四）试验过程

1. 仪器设备安装

岩体现场直剪试验设备通常由加荷、传力、测量三个系统组成（图 5-41）。试验步骤主要包括现场制备试体、描述试体、仪器设备安装、施加垂直荷载并同时测读垂直位移量表，施加剪切荷载（分为平推法和斜推法两种方式）并同时测读水平位移量表。

图 5-41　现场直剪试验设备

2. 施加垂直荷载

按设计要求，确定作用在剪切面上的最大垂直（法向）压应力。一般按等差（或等比）将最大垂直压应力分成 4~5 级。对岩体弱面、软弱岩体试体，施加其上的最大垂直压应力，以不挤出弱面上的充填物或破坏试体为限。

作用在一个试体上的垂直荷载，一般分 4~5 级施加，每施加一级荷载，立即测读垂直位移测量表。此后，每隔 5 min 测读一次，待连续两次测读位移差不超过 0.01 mm，当垂直位移稳定时，才施加下一级荷载。依次施加荷载至预定荷载（垂直压应力）为止。

3. 施加剪切荷载

直剪试验是一组试体在不同垂直压应力作用下进行剪切的试验。试验前，应预估最大剪力作为试验的依据。剪切荷载位于剪切缝中心（平推法）或作用于剪切面中心（斜推法）。

平推法
$$Q_{max} = (\sigma \cdot f + c)F \tag{5-69}$$

斜推法 $$Q_{\max} = \frac{(\sigma \cdot f + c)F}{\cos \alpha}$$ （5-70）

式中：$Q_{\max}$——预估最大剪力（MN）；

　　σ——作用在剪切面上的垂直压应力（MPa）；

　　f——预估摩擦系数；

　　c——预估黏聚力（MPa）；

　　F——剪切面积（m²）；

　　α——剪力作用线倾角（°）。

试验时，按预估最大剪力的 8%~10%，分级施加剪力。每 5 min 施加一级剪力（对于岩体弱面、软弱岩体，视其性状及充填情况，可每 10~15 min 施加一级剪力）。施加剪力前、后，应测读各位移测量表。

当施加剪力所引起的剪切位移为前一级的 1.5 倍以上时，下一级剪力则减半施加。当达到剪力峰值、发生不断剪切位移（即滑动破坏），或出现剪力残余值时，终止试验。

试验过程中，应保持剪切面上的垂直压应力为常量。为此，对于斜推法，应同步降低由于施加剪力在剪切面上增加的垂直压应力。试验过程中剪切面上的垂直压应力可按式（5-71）进行计算。

$$p = \sigma - g \cdot \sin \alpha$$ （5-71）

式中：p——试验过程中剪切面上的垂直压应力（MPa）；

　　g——试验过程中作用在剪切面上的单位斜向剪力（MPa）。

4. 试验结束

直剪试验结束后，依次将剪切和垂直荷载卸载归零。拆除测量仪表、支架及加载设备，并按相关要求进行试体和剪切面的描述。

（五）试验结果整理

1. 剪切面应力计算

平推法： $$\sigma = \frac{P}{F}$$ （5-72）

$$\tau = \frac{Q}{F}$$ （5-73）

斜推法： $$\sigma = \frac{P + Q \sin \alpha}{F}$$ （5-74）

$$\tau = \frac{Q \cos \alpha}{F}$$ （5-75）

斜面剪切： $$\sigma = \sigma_y \cdot \cos^2 \alpha + \sigma_x \cdot \sin^2 \alpha$$ （5-76）

$$\tau = \frac{1}{2}(\sigma_y - \sigma_x)\sin^2\alpha \qquad (5\text{-}77)$$

2. 绘制剪应力与剪切位移关系曲线

根据同一组直剪试验结果，以剪应力为纵轴，剪切位移为横轴，绘制每一次试验的剪应力与剪切位移关系曲线，如图 5-42 所示。然后，从曲线上选取剪应力的峰值和残余值，也可以从曲线的线性比例极限点或屈服点选取剪应力值。

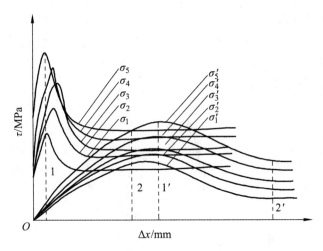

图 5-42　剪应力与剪切位移关系曲线

3. 绘制剪应力与垂直压应力关系曲线

根据剪应力峰值（或屈服值、残余值等）与相应的垂直压应力，以剪应力为纵轴，垂直压应力为横轴，绘制剪应力与垂直压应力关系曲线，如图 5-43 所示。

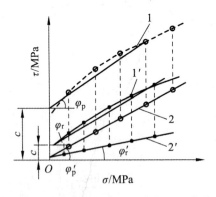

图 5-43　剪应力与垂直压应力关系曲线

根据试验过程中的测读数据，可以绘制剪应力与剪切位移关系曲线、剪应力与垂直压应力关系曲线，根据曲线特征，可以确定岩体的 c、ϕ 值，确定岩体的比例强度、屈服强度、峰值强度、剪胀点和剪胀强度等。

4. 确定抗剪强度参数

根据剪应力和垂直压应力关系，可按图解法或最小二乘法确定抗剪强度参数、摩擦系数和黏聚力。

（六）试验影响因素分析

（1）试体（剪切面）尺寸的大小。

（2）剪切面起伏；剪切面起伏差不宜大于剪切方向边长的 1%~2%。

（3）对剪切面的扰动程度。

（4）剪切面上垂直压应力的分布。

（5）剪切力施加速率。直剪试验的剪力施加速率有快速、时间控制和剪切位移控制三种方式。为使试验结果能尽可能符合工程实际，以剪切位移控制法施加剪力最为理想。

参考文献

[1] 赵树德，廖红建，徐林荣. 高等工程地质学[M]. 北京：机械工业出版社，2005.

[2] 张倬元，王士天，王兰生. 工程地质分析原理[M]. 北京：地质出版社，2005.

[3] 高玮. 岩石力学[M]. 北京：北京大学出版社，2010.

[4] 赖天文，梁庆国，刘德仁. 工程地质[M]. 成都：西南交通大学出版社，2012.

[5] 刘天佑. 地球物理勘探概论[M]. 武汉：中国地质大学出版社，2017.

[6] 本书编委会. 延安新区黄土丘陵沟壑区域工程造地实践[M]. 北京：中国建筑工业出版社，2019.

[7] 威廉·H. 沃勒，保罗·W. 霍奇. 星系与星际边缘[M]. 师且兴，译. 北京：外语教学与研究出版社，2009.